T0255255

Einführung in die Technische Mechanik

Herbert Balke

Einführung in die Technische Mechanik

Kinetik

4., überarbeitete Auflage

Springer Vieweg

Herbert Balke
Institut für Festkörpermechanik
Technische Universität Dresden
Dresden, Deutschland

ISBN 978-3-662-59095-9 ISBN 978-3-662-59096-6 (eBook)
https://doi.org/10.1007/978-3-662-59096-6

Die Deutsche Nationalbibliothek verzeichnet diese Publikation in der Deutschen Nationalbibliografie; detaillierte bibliografische Daten sind im Internet über http://dnb.d-nb.de abrufbar.

Einbandabbildung: Herbert Balke, Dresden

Springer Vieweg ist ein Imprint der eingetragenen Gesellschaft Springer-Verlag GmbH, DE und ist ein Teil von Springer Nature.
Die Anschrift der Gesellschaft ist: Heidelberger Platz 3, 14197 Berlin, Germany

Vorwort zur vierten Auflage

Mit dem Erscheinen des Bandes „Statik“ im Jahr 2005 wurde für die vorliegende Lehrbuchreihe „Einführung in die Technische Mechanik“ das Modell des Körpers endlicher Abmessungen an den Anfang aller Überlegungen gestellt. Der Körper, ein Objekt wie in der elementaren Geometrie, ist derselbe, unabhängig davon, ob er wie in der Statik unter Lasten ruht oder ob er sich wie in der Kinetik infolge von Lasten bewegt. Die Größe der Körperabmessungen liegt über der Größe realer Atomabmessungen. Zur Aufrechterhaltung der Ruhe des Körpers müssen die Gleichgewichtsbedingungen der Kräfte und der Momente erfüllt werden. Die Bewegung wird unter Berücksichtigung der Körpermasse durch die Bilanzen des Impulses und des Drehimpulses beschrieben, in denen die Gleichgewichtsbedingungen widerspruchsfrei als Sonderfall enthalten sind.
Das angedeutete einheitliche Konzept für die Grundannahmen der Technischen Mechanik wurde von mir in dem Vortrag „Zu den Bilanzgleichungen in der Technischen Mechanik“ auf dem Jahreskolloquium des gemeinsamen Graduiertenkollegs „Kontinuumsmechanik inelastischer Festkörper“ der Technischen Universitäten Dresden und Chemnitz (Sprecher: V. Ulbricht, Dresden 2000) für die Lehre vorgeschlagen. Es fand Eingang in meine Vorlesungsmanuskripte zur Kinematik/Kinetik (ab 2000) und Statik (ab 2001). Das Konzept wurde seit dieser Zeit durch das Institut für Festkörpermechanik der Technischen Universität Dresden in der Lehre der Technischen Mechanik in verschiedenen Ingenieurstudiengängen erfolgreich angewendet. Es floss auch in die drei Bände „Statik“, „Festigkeitslehre“ und „Kinetik“ meiner „Einführung in die Technische Mechanik“ ein. Bisher sind jeweils drei Auflagen erschienen. Die letzte Auflage der „Kinetik“ liegt über acht Jahre zurück. In dieser Zeit hatten sich einige Verbesserungsvorschläge angesammelt, die in der vierten Auflage der „Kinetik“ Berücksichtigung gefunden haben. Außerdem wurde ein neues Kapitel aufgenommen, das die anschaulichen und historischen Aspekte der Grundannahmen sowohl der Statik als auch der Kinetik betrifft und damit die vorgenommene Auswahl des auf dem Körpermodell beruhenden einheitlichen Konzepts über den schon vorliegenden Lehrbuchtext hinaus motiviert.
Auch nach Erscheinen der dritten Auflage der „Kinetik“ haben mir viele Kollegen freundlicherweise Diskussionen gewährt, die mich in meiner Konzeptauswahl für die Technische Mechanik als Ganzes bestärkten. Hierfür bedanke ich mich sehr herzlich bei den Professoren V. Ulbricht, R. Kreißig, P. Haupt, H. Theilig, S. Liebig, H. Altenbach, A. Bertram, P. Ruge (Technische Mechanik) sowie H. Gründemann (Mathematik), P. Ziesche (Theoretische Physik), D. Michel (Experimentalphysik), A. Reibiger (Theoretische Elektrotechnik) und K. Reinschke (Regelungs- und Steuerungstheorie).

Die aktuellen und ehemaligen Mitarbeiter des Institutes für Festkörpermechanik Dr.-Ing. J. Brummund, Dr.-Ing. M. Hofmann, Dr.-Ing. S. Werdin, Dr.-Ing. S. Stark, Dr.-Ing. P. Neumeister, Dr.-Ing. habil. V. Hellmann und Dr.-Ing. V. B. Pham haben die verschiedenen Manuskriptversionen des neuen Kapitels kritisch gelesen und mich mit ihren Hinweisen zu einigen Verbesserungen angeregt. Dafür bedanke ich mich vielmals.
Besonderer Dank gilt Herrn Dr.-Ing. M. Hofmann, der meine ständigen Änderungen des Buchmanuskripts während der Neufassung mit geduldigem Korrekturlesen begleitet hat.
Die amtierenden Professoren des Institutes für Festkörpermechanik, Prof. T. Wallmersperger, Prof. M. Kästner und Prof. M. Beitelschmidt, haben das auf dem Körpermodell beruhende einheitliche Konzept der Technischen Mechanik für ihre aktuellen Vorlesungen übernommen. Ihnen, insbesondere meinem Nachfolger, Herrn Prof. T. Wallmersperger, danke ich für die hervorragenden Bedingungen während der Bearbeitung des Buchprojektes am Institut für Festkörpermechanik.
Die Herstellung des reproduktionsreifen Manuskriptes lag wieder in den bewährten Händen von Frau K. Müller (früher Wendt). Hierfür bedanke ich mich ganz herzlich.
Nicht zuletzt bin ich dem Springer-Verlag für die erwiesene Geduld und die gute Zusammenarbeit verbunden.

Dresden, im Frühjahr 2020 H. Balke

Vorwort zur ersten Auflage

Die „Einführung in die Technische Mechanik/Kinetik“ schließt an den vorliegenden Band „Einführung in die Technische Mechanik/Statik“ an. In der Statik wurden die Gleichgewichtsbedingungen belasteter starrer Körper untersucht. Der Inhalt der Kinetik besteht darin, unter Beachtung der Kinematik, d. h. der geometrisch-zeitlichen Beschreibung der Körperbewegungen, den Zusammenhang zwischen den Bewegungen und den damit verbundenen Lasten aufzuklären.
Inhalt und Umfang des Buches entsprechen im Wesentlichen meiner einsemestrigen Vorlesung für den Studiengang „Mechatronik“ an der Technischen Universität Dresden, orientieren sich aber auch stark am traditionellen Lehrstoff der Technischen Mechanik im Grundstudium für Maschinenbauingenieure an technischen Hochschulen und Universitäten.

Konzeptionell beruht die Kinetik in diesem Buch auf den beiden für beliebige Körper und Körperteile gültigen Grundgesetzen der Mechanik, der Impulsbilanz und der Drehimpulsbilanz. Dieses Konzept, das widerspruchsfrei die Gleichgewichtsbedingungen der Statik als Sonderfall einschließt, erlaubt es, beispielunterstützt von einfachen Situationen allmählich auf kompliziertere Probleme überzugehen und so die Fähigkeit zur mechanischen Modellbildung zu entwickeln. Bei paralleler Aneignung des erforderlichen mathematischen Wissens wird damit ein direkter Weg zum Verständnis der modernen Kontinuumsmechanik als Grundlage computergestützter Berechnungsmethoden eröffnet. Darüber hinaus unterstützt die gewählte Vorgehensweise die Bereitstellung der Grundlagen für den anschließenden Aufbau einer Feldtheorie, die es gestattet, zusammen mit den mechanischen Phänomenen auch thermodynamische und elektromagnetische Erscheinungen zu analysieren. Eine solche Theorie gewinnt zunehmend an Bedeutung, da immer häufiger technische Strukturen aus Werkstoffen mit physikalisch gekoppelten Eigenschaften, so genannte smarte oder intelligente Materialien, zum Einsatz kommen.
Die für das Verständnis der Kinetik erforderlichen Voraussetzungen umfassen außer den schon in der Statik benötigten Hilfsmitteln Kenntnisse in folgenden mathematischen Teilgebieten: Vektorrechnung, Kurvengeometrie, Linien- und Mehrfachintegrale, gewöhnliche lineare Differenzialgleichungen, Transformation kartesischer Koordinaten und homogene Gleichungssysteme einschließlich Eigenwertprobleme symmetrischer Matrizen.
Ein tieferes Eindringen in die Technische Mechanik ist nur durch das selbstständige Lösen entsprechender Übungsaufgaben möglich. Deshalb wird dem Leser empfohlen, die ausgeführten Beispiele zunächst ohne Zuhilfenahme der angegebenen Ergebnisse zu lösen.
Meinen verehrten Lehrern, den Herren Professoren H. Göldner, F. Holzweißig, G. Landgraf und A. Weigand, bin ich dafür verpflichtet, dass sie meine Begeisterung für das Fach „Technische Mechanik" geweckt haben. Besonderer Dank gilt den Herren Dr.-Ing. J. Brummund, Prof. P. Haupt (Universität Kassel) und Prof. V. Ulbricht, mit denen die in den einführenden Lehrbüchern zum Teil vorhandenen Widersprüche bei der Darlegung der Grundlagen von Statik und Kinetik ausdiskutiert werden konnten. In dieser Entstehungsphase des Lehrbuchprojektes waren für mich auch die häufigen Gespräche mit Herrn Prof. R. Kreißig (Technische Universität Chemnitz) und Herrn Prof. H. Theilig (Hochschule Zittau/Görlitz) hilfreich. Herr Prof. S. Liebig hat mir freundlicherweise zahlreiche Diskussionen gewährt, die mich in meinen Entscheidungen über die Stoffauswahl bestärkten. Zur Aufnahme eines seperaten Abschnittes über die Kinematik von Mehrkörpersystemen wurde ich von Herrn Dr.-Ing. S. Marburg angeregt. Das gesamte Kapitel zur Kinematik habe ich in Abstimmung mit dem Fachvertreter für Bewegungs- und Mechanismentechnik, Herrn Prof.

K.-H. Modler, formuliert. Mit der Wahl des Beispiels zur Kinetik von Mehrkörpersystemen bin ich einem Wunsch von Herrn Prof. K. Reinschke (Institut für Regelungs- und Steuerungstheorie) gefolgt. Für zahlreiche Detailhinweise bedanke ich mich bei Frau Dr.rer.nat. E. Junkert, Herrn Priv.-Doz. Dr.-Ing. habil. R. Schmidt und Herrn Doz. Dr.-Ing. habil. D. Weber. Bei der Korrekturlesung der letzten Manuskriptversion wurde ich von den Herren Dipl.-Ing. C. Häusler, Dipl.-Ing. M. Hofmann, Dipl.-Ing. A. Liskowsky, Dipl.-Ing. P. Neumeister und Dr.-Ing. V.B. Pham unterstützt. Besonders Herr Dipl.-Ing. C. Häusler hat mich mit seiner kritischen Hinterfragung aller Zusammenhänge zu manchen Verbesserungen der Textabfassung veranlasst.
Dank gebührt Frau C. Pellmann, die den größten Teil meiner Bildvorlagen in eine elektronische Form gebracht hat. Die Herstellung des reproduktionsreifen Manuskriptes lag in den bewährten Händen von Frau K. Wendt. Bei der Text- und Zeichenverarbeitung von Herrn Dipl.-Ing. G. Haasemann unterstützt, hat sie mit unermüdlichem Einsatz nicht nur den Schriftsatz realisiert, sondern auch meine ergänzenden Bildvorlagen in die elektronische Fassung eingearbeitet. Hierfür bedanke ich mich ganz herzlich. Nicht zuletzt bin ich dem Springer-Verlag für die erwiesene Geduld und die gute Zusammenarbeit verbunden.

Dresden, im Herbst 2005 H. Balke

Inhaltsverzeichnis

Einführung

Ein häufig zitierter, der Mechanik zugerechneter Satz lautet:

> Ein Körper bleibt in Ruhe oder gleichförmiger, geradliniger Bewegung, solange keine Kräfte auf ihn wirken.

Wie problematisch dieser Satz ist, zeigt das folgende Gedankenexperiment. Ein Rugbyball, der bekanntlich keine Kugelform besitzt, werde mit Effet getreten. Bei anschließender Ausschaltung der Schwerkraft und des Luftwiderstandes wirken keine Kräfte auf ihn. Wie ist seine gleichförmige, geradlinige Bewegung trotz seiner Eigendrehung festzustellen? Auf diese Frage sind verschiedene Antworten möglich.

Eine erste Antwort könnte folgendermaßen lauten. Man betrachte den Ball durch ein verkehrt herum angeordnetes Fernglas. Die Abmessungen des Balles werden dann infolge ihrer Kleinheit im Vergleich zur Beobachtungsschärfe nicht mehr im Detail wahrgenommen. Man sieht also eine gleichförmige Bewegung des Balles auf gerader Bahn. Infolge der unvollständigen Beobachtung ist allerdings keine Aussage darüber möglich, mit welchem Oberflächenpunkt der Ball z. B. auf eine Ebene in einer bestimmten geometrischen Anordnung auftrifft.

Die gegebene Antwort führt auf den Begriff der Punktmasse, d. h. der in einem geometrischen Punkt konzentriert gedachten Masse des Balles. Die Bahnbewegung der Punktmasse ist messbar. Von der Eigendrehung der Punktmasse um sich selbst zu sprechen, hat keinen Sinn. Das Modell der Punktmasse ist damit offensichtlich unzureichend für die Beschreibung der Bewegung der in Natur und Technik vorkommenden Körper, die Abmessungen haben und deren Eigendrehung meistens bestimmt werden muss. Befürworter des Punktmassenmodells behelfen sich in diesem Zusammenhang mit zusätzlichen Annahmen, indem sie behaupten, ein Körper sei aus vielen Punktmassen aufgebaut. Auf den Verbindungsgeraden zwischen den Punktmassen wirken wechselseitig konzentrierte Kräfte, wobei für jede Punktmasse das so genannte NEWTONsche Grundgesetz gilt, so dass die resultierende Kraft dem Produkt aus Masse und Beschleunigung gleicht. Diese Vorstellung, in die noch Überlegungen zur Statistik einfließen müssen, wird in einführenden Lehrbüchern üblicherweise nicht oder nicht schlüssig ausgeführt. Sie scheint auch für die Anwendung auf konkrete Materialien mit definierter chemischer Zusammensetzung nicht allgemein genug zu sein, denn es werden hierfür u. a. Materialmodelle entwickelt, die nicht nur konzentrierte Wechselwirkungskräfte, sondern auch konzentrierte Wechselwirkungsmomente zulassen. Die Wechselwirkungsmomente haben die Eigenschaft, dass sie eine Drehung der Teilstruktur, an der sie angreifen, verursachen. Sie

H. Balke, *Einführung in die Technische Mechanik*,
https://doi.org/10.1007/978-3-662-59096-6_1

erfahren keine Erklärung auf Basis der oben skizzierten NEWTONschen Punktmechanik.
Die angedeuteten Schwierigkeiten bei den Bemühungen, über eine Erklärung der Mikrostruktur das makroskopische Verhalten der Körper verstehen zu wollen, und unser ausgeprägter Wunsch, die der Anschauung zugänglichen makroskopischen Bewegungen der Körper ohne Umwege mit einer Theorie zu verknüpfen, veranlassen uns, direkt auf die Einheit zweier empirischer Grundgesetze, der Impulsbilanz und der Drehimpulsbilanz, zurückzugreifen. Dieses Modell, das auf Kernideen von ARCHIMEDES, STEVIN, GALILEI, NEWTON und EULER beruht, vermeidet die schwer prüfbaren Annahmen der Punktmechanik und besitzt die für unsere Zwecke erforderliche Allgemeingültigkeit.
Kommen wir nun zu dem eingangs zitierten Satz und dem Gedankenversuch des mit Effet getretenen Rugbyballes zurück. Wir nehmen den Satz so, wie er vorliegt, und verstehen unter dem Körper einen Gegenstand mit Abmessungen. Auf die anfangs gestellte Frage geben wir jetzt eine zweite, durch die Erfahrung gestützte, Antwort. Der Schwerpunkt des Balles ist festzustellen. Seine Bahn wird geradlinig und seine Geschwindigkeit konstant sein. Da der Ball keiner Wirkung von Momenten unterliegt, wird er eine Drehbewegung um seinen Schwerpunkt ausführen, die bei gegebenen Ballabmessungen nur von seinem anfänglichen Bewegungszustand abhängt.
Das eigentliche Problem der von uns angestrebten Theorie besteht in der Beschreibung der allgemeinen Bewegung eines beliebigen Körpers unter der Wirkung von Lasten, d. h. von sowohl Kräften als auch Momenten. Die allgemeine Bewegung enthält translatorische und rotatorische Beschleunigungen des Körpers. Für die Bestimmung der Beschleunigungen setzen wir ein mit einem starren Bezugskörper verbundenes, unbeschleunigtes Bezugssystem einschließlich einer Uhr voraus. In diesem Bezugssystem wird die Bewegung durch die beiden unabhängig voneinander geltenden, gemeinsam zu erfüllenden Bilanzen von Impuls und Drehimpuls beschrieben. Erstere bestimmt die Beschleunigung des Körperschwerpunktes, letztere im Fall starrer Körper die rotatorische Beschleunigung des Körpers.
Die an die zweite Antwort angeknüpften Gedanken umfassen den wesentlichen Inhalt der Kinetik. Sie werden im vorliegenden Band nach Bereitstellung der kinematischen Grundlagen durch das Kapitel 1 im Kapitel 2 ausgeführt. Die verbleibenden Kapitel über Schwingungen, Stoßprobleme, LAGRANGEsche Gleichungen zweiter Art und Rotorbewegungen stellen dann Anwendungen der allgemeinen Theorie aus Kapitel 2 dar.
Das neu angefügte 8. Kapitel enthält einige anschauliche Fakten, die dem tieferen Verständnis der Impulsbilanzen dienen können.

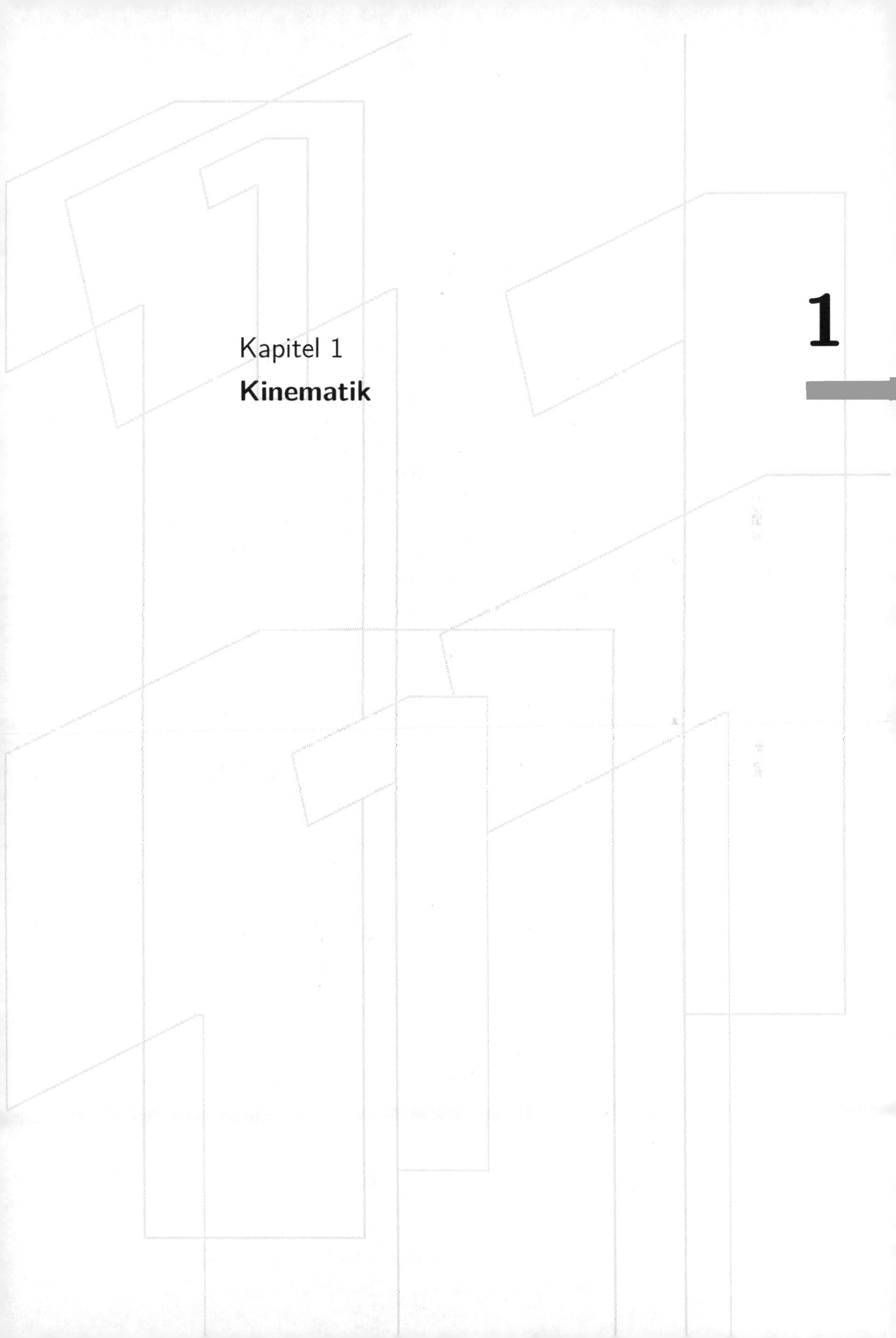

Kapitel 1

Kinematik

1

1

1 Kinematik

Die in der Realität vorliegenden technischen Objekte (Konstruktionen, Maschinenteile, Bauelemente u. Ä.) können Bewegungen ausführen. Beim Studium dieser Bewegungen, die mit der Zeit ablaufen, ist es zweckmäßig, zunächst nur die geometrischen Einzelheiten dieser Bewegungen zu betrachten und noch nicht nach den Ursachen der Bewegungen zu fragen.
Wie in der Statik (im Folgenden bezieht sich das Wort „Statik" außer auf allgemeine Zusammenhänge noch auf den vorangehenden Band „Einführung in die Technische Mechanik/Statik") werden auch in der Kinematik die häufig kompliziert geformten technischen Objekte durch einfache Körper ersetzt. In diese Idealisierung gehen nur die Abmessungen der technischen Objekte ein. Damit besitzen die Körper ein Volumen und eine Oberfläche. Die allgemeine Bewegung eines technischen Objektes umfasst gewöhnlich Orts- und Winkeländerungen sowie Verformungen. Beispiele hierfür sind der Rahmen und die Reifen eines Fahrzeuges in der Kurvenfahrt auf unebener Straße. Bei der Modellierung der Bewegung können häufig Verformungen, die klein im Vergleich zu den Abmessungen sind, unberücksichtigt bleiben. Dies führt zum Modell des starren Körpers, in dem die Abstände zweier beliebiger Körperpunkte sich a priori nicht ändern. In den noch zu besprechenden Grundgesetzen der Kinetik treten dann wie in den statischen Gleichgewichtsbedingungen keine Verformungen auf. Eine solche Vereinfachung entsteht auch durch die Vernachlässigung hinreichend kleiner Verformungen deformierbarer Körper (eingeschränkte Starrheit). Der starre Körper wird abkürzend auch als Körper bezeichnet.
Das Verständnis der Bewegung der Körper lässt sich schrittweise durch die Betrachtung der Bewegung einzelner Körperpunkte gewinnen. Zunächst wird ein Körperpunkt herausgegriffen und im Folgenden sein Ort in Raum und Zeit mathematisch beschrieben. Mit dieser Vorgehensweise können darüber hinaus schon solche praktischen Probleme gelöst werden, bei denen alle Körperpunkte die gleiche Bewegung ausführen. Dieser auch als Translation bezeichnete Sonderfall ist ein Bestandteil der später zu untersuchenden allgemeinen Bewegung der Körper.

1.1 Kinematik des Körperpunktes

Zur Festlegung des Ortes eines Körperpunktes im Raum benötigt man ein Bezugssystem. Als solches können die starren Wände eines ruhenden Labors dienen. Außerdem ist ein Ereignis zu wählen, ab dem die Zeit gemessen werden kann. Bei vielen Problemen wird die Ruhe hinreichend eingehalten, wenn das Labor auf der Erdoberfläche fixiert ist. Darf die Bewegung der Erdoberfläche

H. Balke, *Einführung in die Technische Mechanik*,
https://doi.org/10.1007/978-3-662-59096-6_2

nicht vernachlässigt werden, ist das als ruhend geltende Bezugssystem an weniger bewegten Objekten, z. B. einem Fixstern, festzumachen. Wir bezeichnen ein so empirisch eingeführtes Bezugssystem als Inertialsystem oder raumfestes Bezugssystem. In Bild 1.1 sind die Schnittlinien der als eben angenommenen

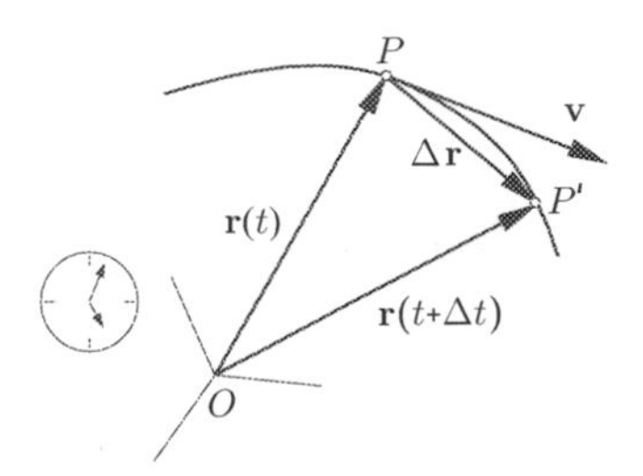

Bild 1.1. Bahnkurve im raumfesten Bezugssystem

Laborwände angedeutet. Sie treffen sich im Raumpunkt O. Der Körperpunkt durchläuft die eingezeichnete Bahnkurve. Er befindet sich zur Zeit t, welche mittels der symbolisierten Uhr im NEWTONschen Sinne als absolute Größe gemessen wird, am Raumpunkt P (auch als Ort bezeichnet). Die Bahnkurve wird durch den zeitabhängigen Ortsvektor $\mathbf{r}(t)$, der vom raumfesten Punkt O zu dem vom Körperpunkt aktuell eingenommenen Raumpunkt P zeigt, in Parameterform mit der Zeit t als Parameter beschrieben. Als Symbole für Vektoren dienen fette Buchstaben. Bild 1.1 enthält noch den infolge eines zeitlichen Zuwachses Δt geänderten Ortsvektor $\mathbf{r}(t + \Delta t)$ zum neuen Ort P' des Körperpunktes. Damit lässt sich der von P nach P' gerichtete Verschiebungsvektor,

$$\Delta\mathbf{r} = \mathbf{r}(t + \Delta t) - \mathbf{r}(t)$$

der auch Sekantenvektor der Bahnkurve ist, berechnen. Für abnehmende Beträge von $\Delta\mathbf{r}$ rückt P' immer näher an P heran, so dass die durch PP' gelegte Gerade schließlich in die Bahntangente bei P übergeht. Die Geschwindigkeit $\mathbf{v}$ des Körperpunktes in P ist dann definiert durch

$$\mathbf{v}(t) = \lim_{\Delta t \to 0} \frac{\mathbf{r}(t + \Delta t) - \mathbf{r}(t)}{\Delta t} = \lim_{\Delta t \to 0} \frac{\Delta\mathbf{r}}{\Delta t} = \frac{d\mathbf{r}(t)}{dt} = \dot{\mathbf{r}}(t)\ . \tag{1.1}$$

Bei der Differenziation (1.1), die einer Division des Vektors $d\mathbf{r}$ mit dem Skalar dt entspricht, wird der Vektorcharakter von $d\mathbf{r}$ nicht geändert. Die Geschwindigkeit $\mathbf{v}$ ist deshalb wie die Verschiebung ein Vektor, für den das Parallelogrammgesetz der Zerlegung und Zusammensetzung gilt. Die Richtung dieses Vektors stimmt gemäß der vorangegangenen Überlegung mit der Richtung der Bahntangente im Punkt P überein.

Die Einheit der Geschwindigkeit $\mathbf{v}$ ergibt sich wegen der in dem Quotienten (1.1) enthaltenen Grundgrößen Länge und Zeit zu m/s.

Der Beschleunigungsvektor $\mathbf{a}$ des Körperpunktes am Ort P wird aus (1.1) mittels der Definition

$$\mathbf{a}(t) = \frac{d\mathbf{v}(t)}{dt} = \dot{\mathbf{v}}(t) = \ddot{\mathbf{r}}(t) \tag{1.2}$$

gewonnen. Seine Richtung gleicht der Richtung des Differenzials $d\mathbf{v}$. Bei einer gekrümmten Bahn ändert sich die Richtung von $\mathbf{v}$. Dann kann $d\mathbf{v}$ nicht die Richtung von $\mathbf{v}$ haben. Die Beschleunigung $\mathbf{a}$ wird gemäß (1.2) in der Einheit $\mathrm{m/s^2}$ gemessen.

Es sei noch vermerkt, dass der Körperpunkt auf einer gegebenen Bahnkurve nur eine Bewegungsmöglichkeit, nämlich die längs der Bahnkurve, besitzt. Die Anzahl der unabhängigen Bewegungsmöglichkeiten eines geometrischen Objektes wird auch als Freiheitsgrad f bezeichnet. Der Körperpunkt hat also auf einer gegebenen Bahnkurve den Freiheitsgrad $f = 1$. Für die Bewegung eines Körperpunktes auf einer gegebenen räumlichen Fläche gilt $f = 2$ und im Raum $f = 3$. Der Freiheitsgrad entspricht der Anzahl der Festhaltungen, die notwendig und hinreichend dafür sind, dass der Körperpunkt sich nicht bewegt.

In der Literatur wird häufig der Begriff „Freiheitsgrad" für eine Bewegungsmöglichkeit gebraucht. Gemäß dieser Sprechweise hätte der Körperpunkt auf einer gegebenen räumlichen Fläche zwei Freiheitsgrade und im Raum drei. Wir bleiben bei der erstgenannten Terminologie, in der das Wort „Freiheitsgrad" ähnlich wie bei dem Begriff „Schwierigkeitsgrad" den angestrebten Sinn einer Skala, hier für die Anzahl der Bewegungsmöglichkeiten, enthält.

1.1.1 Kartesische Koordinaten

Das raumfeste Bezugssystem entstehe jetzt aus unbewegten Ebenen, die senkrecht zueinander angeordnet und deren Schnittlinien Geraden sind. Die Abstände eines Raumpunktes P von diesen Wänden sollen im gleichen Maßstab gemessen werden. Sie heißen dann kartesische Koordinaten. Im Bild 1.2 befin-

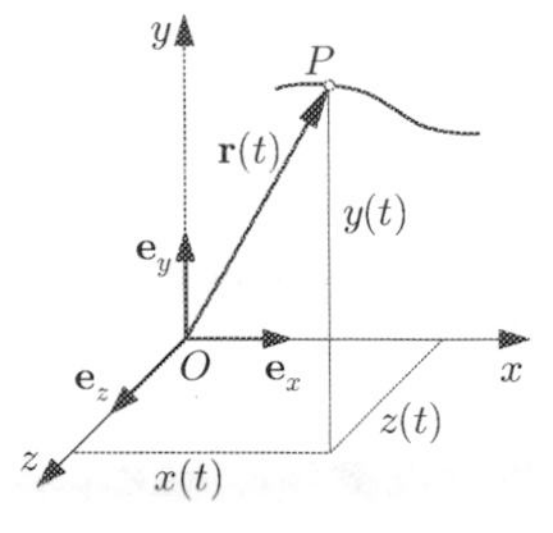

Bild 1.2. Bahnkurve im raumfesten kartesischen Bezugssystem

det sich der bewegte Körperpunkt zur Zeit t in P. Seine Lage wird durch die kartesischen Koordinaten $x(t)$, $y(t)$ und $z(t)$ beschrieben. Die Schnittlinien der

auch als Koordinatenflächen bezeichneten Ebenen $y = 0$ und $z = 0$, $x = 0$ und $z = 0$, $x = 0$ und $y = 0$ tragen die raumfesten Koordinatenachsen x, y, z, die durch den Ursprung O verlaufen. Sowohl der als Ursprung bezeichnete Raumpunkt O als auch der Raumpunkt P können als Schnittpunkt von jeweils drei zueinander senkrechten Koordinatenflächen aufgefasst werden. Je zwei zueinander senkrechte Koordinatenflächen schneiden sich in einer Koordinatenlinie. In jedem Raumpunkt sind drei rechtwinklig zueinander angeordnete Einheitsbasisvektoren $\mathbf{e}_x, \mathbf{e}_y, \mathbf{e}_z$, parallel zu den Koordinatenlinien und gleich orientiert wie die Koordinatenachsen x, y, z, angebbar. Sie bilden eine so genannte kartesische Vektorbasis, die an allen Raumpunkten gleich und unabhängig von der Zeit ist. In Bild 1.2 sind diese drei Basisvektoren an einem möglichen Raumpunkt, hier dem Ursprung O, eingetragen. Die Gesamtheit von kartesischen Koordinaten und Basisvektoren soll kartesisches Bezugssystem heißen.
Der Ortsvektor $\mathbf{r}$ lässt sich nach den Basisvektoren $\mathbf{e}_x, \mathbf{e}_y, \mathbf{e}_z$ zerlegen:

$$\mathbf{r}(t) = x(t)\mathbf{e}_x + y(t)\mathbf{e}_y + z(t)\mathbf{e}_z \ . \tag{1.3}$$

Wegen $|\mathbf{e}_k| = 1$ mit $k = x, y, z$ besitzen die Maßzahlen (auch als Vektorkoeffizienten oder -koordinaten bezeichnet) des Ortsvektors $\mathbf{r}$ dieselben Werte wie die kartesischen Koordinaten x, y, z des Körperpunktes in P.
Mit der Zeitunabhängigkeit der $\mathbf{e}_k$, $k = x, y, z$, folgt aus (1.1) und (1.3) der Geschwindigkeitsvektor

$$\mathbf{v}(t) = \dot{\mathbf{r}}(t) = \dot{x}(t)\mathbf{e}_x + \dot{y}(t)\mathbf{e}_y + \dot{z}(t)\mathbf{e}_z \ . \tag{1.4}$$

Sein Betrag ist

$$|\mathbf{v}| = \sqrt{\dot{x}^2 + \dot{y}^2 + \dot{z}^2} \ . \tag{1.5}$$

Diese Größe ist in der Technischen Mechanik wesentlich kleiner als die Lichtgeschwindigkeit.
Aus (1.2) mit (1.3) ergeben sich der Beschleunigungsvektor

$$\mathbf{a}(t) = \ddot{\mathbf{r}}(t) = \ddot{x}(t)\mathbf{e}_x + \ddot{y}(t)\mathbf{e}_y + \ddot{z}(t)\mathbf{e}_z \tag{1.6}$$

und sein Betrag

$$|\mathbf{a}| = \sqrt{\ddot{x}^2 + \ddot{y}^2 + \ddot{z}^2} \ . \tag{1.7}$$

Die kartesischen Bezugssysteme mit raumfesten Koordinatenachsen und raumfesten Basisvektoren reichen grundsätzlich zur Beschreibung aller technischen Probleme aus. Dies gilt auch in dem besonders einfachen Fall der Bewegung auf einer geraden raumfesten Bahn. Statt des Ortsvektors $\mathbf{r}(t)$ ist dann nur die von einem raumfesten Punkt auf dieser Bahn gemessene Weglänge $s(t)$

anzugeben. Die Geschwindigkeit

$$v(t) = \frac{ds(t)}{dt} = \dot{s}(t) \tag{1.8}$$

und die Beschleunigung

$$a(t) = \dot{v}(t) = \ddot{s}(t) \tag{1.9}$$

auf dieser Bahn sind mittels Zeitableitung aus $s(t)$ gewinnbar. Liegen die Geschwindigkeit bzw. die Beschleunigung vor, gewinnt man den Weg bzw. die Geschwindigkeit mittels Integration unter Berücksichtigung erforderlicher Anfangsbedingungen der Form

$$s(t_0) = s_0 \ , \quad v(t_0) = v_0 \tag{1.10}$$

aus

$$s(t) = s_0 + \int_{t_0}^{t} v(\tilde{t})d\tilde{t} \ , \quad v(t) = v_0 + \int_{t_0}^{t} a(\tilde{t})d\tilde{t} \ , \tag{1.11}$$

wobei die Integrationsvariable $\tilde{t}$ von der oberen variablen Integrationsgrenze t unterschieden wurde. Ist die Geschwindigkeit als Funktion vom Weg $v(s)$ gegeben, so folgen die Beschleunigung aus der Kettenregel

$$a = \frac{dv}{dt} = \frac{dv}{ds}\frac{ds}{dt} = v\frac{dv}{ds} = \frac{1}{2}\frac{d}{ds}(v^2) \tag{1.12}$$

und die Zeit als Funktion vom Weg durch Integration nach Trennung der Variablen

$$t(s) = t_0 + \int_{s_0}^{s} \frac{d\tilde{s}}{v(\tilde{s})} \ . \tag{1.13}$$

Bei wegabhängiger Beschleunigung $a(s)$ liefert die Integration von (1.12) die wegabhängige Geschwindigkeit

$$v(s) = [v_0^2 + 2\int_{s_0}^{s} a(\tilde{s})d\tilde{s}]^{\frac{1}{2}} \ . \tag{1.14}$$

Eine geschwindigkeitsabhängige Beschleunigung $a(v)$ führt mittels (1.12) auf

$$s(v) = s_0 + \int_{v_0}^{v} \frac{\tilde{v}}{a(\tilde{v})}d\tilde{v} \tag{1.15}$$

und

$$t(v) = t_0 + \int_{v_0}^{v} \frac{d\tilde{v}}{a(\tilde{v})} \ . \tag{1.16}$$

Beispiel 1.1
Ein Fahrzeug wird in Geradeausfahrt über die Strecke L von der Anfangsgeschwindigkeit v_0 gleichmäßig auf die Endgeschwindigkeit v_1 verzögert. Wie groß ist die Verzögerung, und wie lange wirkt sie?
Lösung:
Es liegt die translatorische Bewegung eines Körpers vor, welche durch die Bewegung eines Körperpunktes bestimmt ist. Die Anfangsbedingungen lauten

$$s(0) = 0 \ , \quad v(0) = v_0 \ .$$

Nach der Verzögerungszeit T gilt

$$s(T) = L \ , \quad v(T) = v(L) = v_1 \ .$$

Damit folgt für $a =$ konst. aus (1.14)

$$a = -\frac{v_0^2 - v_1^2}{2L}$$

und aus (1.16)

$$T = \frac{v_1 - v_0}{a} = 2L\frac{v_0 - v_1}{v_0^2 - v_1^2} = \frac{2L}{v_0 + v_1} \ .$$

□

In manchen Anwendungen ist es zweckmäßig, von einem kartesischen Bezugssystem ausgehend, den speziellen Gegebenheiten angepasste Bezugssysteme mit krummlinigen Koordinatenlinien und zeitlich veränderlichen Basisvektoren einzuführen. Im Folgenden werden zwei solche Möglichkeiten dargelegt.

1.1.2 Natürliche Koordinaten

In Bild 1.3 ist wieder die Bahnkurve des bewegten Körperpunktes eingezeichnet. Die Anordnung der von dem Körperpunkt eingenommenen Raumpunkte P und P' enthält jetzt in Fortführung von Bild 1.1 bereits den durch das Differenzial $d\mathbf{r}$ des Ortsvektors im differenziellen Zeitzuwachs dt ausgedrückten Grenzübergang. Mit einer gegebenen festen Bahnkurvengeometrie gilt für den Körperpunkt $f = 1$, und sein Ort kann durch Angabe der als Bahnkoordinate $s(t)$ bezeichneten Bogenlänge bestimmt werden. Weiterhin wurden in Bild 1.3

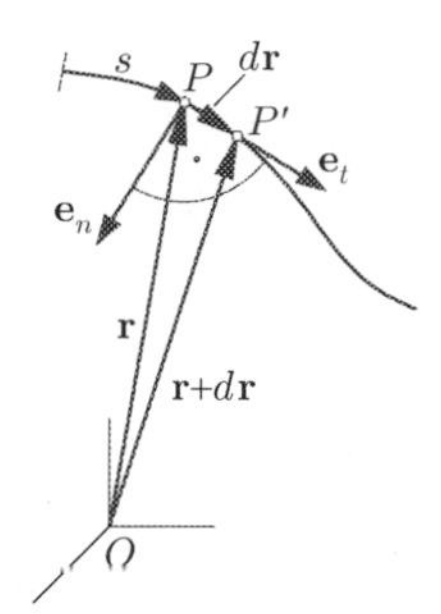

Bild 1.3. Mitgeführte Basis am bewegten Körperpunkt

noch die beiden zeitabhängigen, zueinander senkrechten Einheitsbasisvektoren $\mathbf{e}_t(t)$, $\mathbf{e}_n(t)$ der so genannten mitgeführten Basis eingetragen. Der Tangentenbasisvektor $\mathbf{e}_t$ ergibt sich mit $\widehat{PP'} = ds$ zu

$$\mathbf{e}_t = \frac{d\mathbf{r}}{ds} \,. \tag{1.17}$$

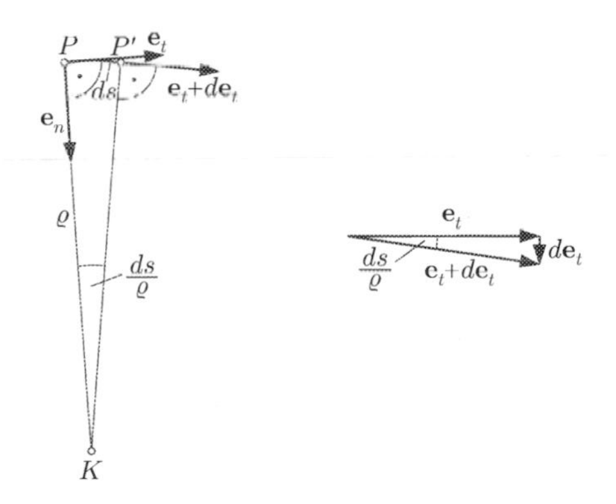

Bild 1.4. Zur Berechnung des Normaleneinheitsvektors

Der Normalenbasisvektor $\mathbf{e}_n$ zeigt gemäß Bild 1.4 zum Krümmungsmittelpunkt K der Bahnkurve mit dem Krümmungsradius ϱ. Er hat folglich dieselbe Orientierung wie $d\mathbf{e}_t$, und es gilt

$$\mathbf{e}_n = \frac{d\mathbf{e}_t}{1 \cdot ds/\varrho} = \varrho \frac{d\mathbf{e}_t}{ds} \,. \tag{1.18}$$

Beide Einheitsbasisvektoren sind offensichtlich durch die Kurvengeometrie selbst bestimmt. Mittels der Bahnkoordinate $s(t)$ lässt sich der Ortsvektor als

$$\mathbf{r} = \mathbf{r}[s(t)] \tag{1.19}$$

darstellen. Der Geschwindigkeitsvektor folgt dann als Zeitableitung über die Kettenregel mit (1.17) und $ds/dt = v$ zu

$$\mathbf{v} = \frac{d\mathbf{r}}{ds}\frac{ds}{dt} = v\,\mathbf{e}_t \; . \tag{1.20}$$

Er ist, wie es sein muss, tangential zur Bahn orientiert. Seine Vektorkoordinate v gleicht deshalb der Bahngeschwindigkeit. Die Zeitableitung von (1.20) liefert mit (1.18) und Berücksichtigung der Kettenregel den Beschleunigungsvektor

$$\mathbf{a} = \dot{\mathbf{v}} = \dot{v}\,\mathbf{e}_t + v\,\dot{\mathbf{e}}_t = \dot{v}\,\mathbf{e}_t + v\frac{v}{\varrho}\mathbf{e}_n$$

bzw. mit

$$a_t = \dot{v} \; , \quad a_n = \frac{v^2}{\varrho} \tag{1.21}$$

das Ergebnis

$$\mathbf{a} = a_t\mathbf{e}_t + a_n\mathbf{e}_n \; . \tag{1.22}$$

Wie (1.22) zu entnehmen ist, besitzt der Beschleunigungsvektor in seiner natürlichen Zerlegung eine tangentiale Komponente $a_t\mathbf{e}_t$ und eine zum Krümmungsmittelpunkt der Bahnkurve hin gerichtete Normalkomponente $a_n\mathbf{e}_n$. Sein Betrag ist damit

$$|\mathbf{a}| = \sqrt{a_t^2 + a_n^2} \; . \tag{1.23}$$

Beispiel 1.2
Auf der Ellipse mit den Halbachsen a, b

$$\left(\frac{x}{a}\right)^2 + \left(\frac{y}{b}\right)^2 = 1$$

bewegt sich ein Körperpunkt mit konstanter Bahngeschwindigkeit v_0. Gesucht ist der Betrag des Beschleunigungsvektors.
Lösung:
Mit (1.21) und (1.22) gilt

$$a_t = \dot{v} = 0 \; , \quad |\mathbf{a}| = |a_n\mathbf{e}_n| = \frac{v_0^2}{\varrho} \; .$$

Der Krümmungsradius im Punkt (x, y) ist nach den Rechenregeln der Kurventheorie, angewendet auf die Elipsengleichung,

$$\varrho = \frac{\left[1 + (dy/dx)^2\right]^{\frac{3}{2}}}{d^2y/dx^2} = a^2b^2\left(\frac{x^2}{a^4} + \frac{y^2}{b^4}\right)^{\frac{3}{2}} \; .$$

Da hier die tangentiale Beschleunigungskomponente verschwindet, besteht der Beschleunigungsvektor nur aus der zum Bahnkrümmungsmittelpunkt gerichteten normalen Beschleunigungskomponente. □

1.1.3 Zylinderkoordinaten

Während kartesische Koordinaten als gerade Schnittlinien paarweise senkrecht zueinander liegender Ebenenscharen entstehen, erzeugen konzentrische Kreiszylinderflächen, Ebenen senkrecht zur Zylinderachse und Ebenen, die die Zylinderachse enthalten, kreisförmige, radiale und zur Zylinderachse parallele Koordinatenlinien.

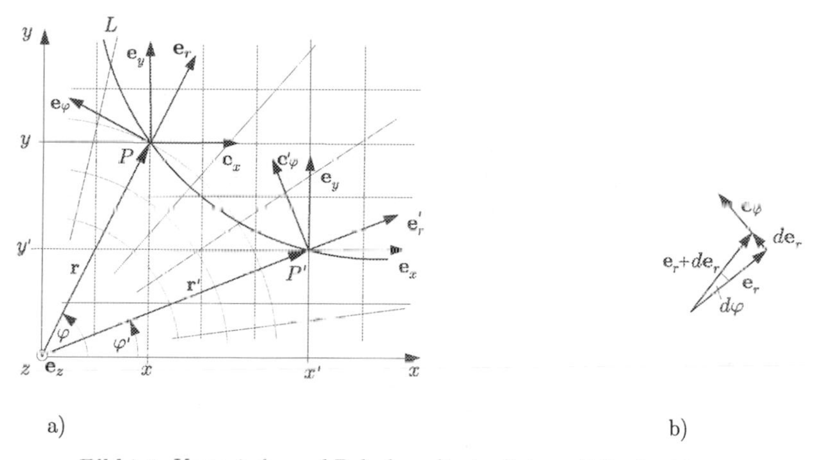

Bild 1.5. Kartesische und Polarkoordinatenlinien mit Basisvektoren

Wir betrachten zunächst die Koordinatenebene $z = 0$ (Bild 1.5a). Diese Ebene ist mit einem raumfesten kartesischen Koordinatenliniennetz x = konst., y = konst. überdeckt. An einem Punkt P der Ebene mit den kartesischen Koordinaten x, y kann ein Einheitsbasisvektorsystem $\mathbf{e}_x, \mathbf{e}_y$ tangential zu den Koordinatenlinien angegeben werden. Wegen der Parallelität der Koordinatenlinien existiert an dem von P verschiedenen Punkt P' mit den kartesischen Koordinaten x', y' dasselbe Einheitsbasisvektorsystem $\mathbf{e}_x, \mathbf{e}_y$.
Von den Zylinderkoordinaten verbleiben in der Ebene $z = 0$ Polarkoordinaten. Die Koordinatenlinien sind raumfeste radiale Geraden φ = konst. und raumfeste konzentrische Kreise r = konst. Die Einheitsbasisvektoren liegen wieder tangential zu den Koordinatenlinien. Die lokale Orientierung der Koordinatenlinien ist jedoch im Allgemeinen an jedem Ebenenpunkt verschieden. Deshalb besitzen die Einheitsbasisvektoren $\mathbf{e}_r, \mathbf{e}_\varphi$ am Punkt P mit den Polarkoordinaten $r = |\mathbf{r}|, \varphi$ eine andere Orientierung als die Basisvektoren $\mathbf{e}'_r, \mathbf{e}'_\varphi$ am Punkt P' mit den Polarkoordinaten $r' = |\mathbf{r}'|, \varphi'$.

Das Bild 1.5a enthält auch die Bahnkurve L eines bewegten Körperpunktes. Die Vektoren der Geschwindigkeit und Beschleunigung des zur Zeit t in P befindlichen Körperpunktes lassen sich nach (1.4) und (1.6) bezüglich der kartesischen Basis ausdrücken. Anschließend können sie nach den Basisvektoren $\mathbf{e}_r, \mathbf{e}_\varphi$ zerlegt werden. Es ist aber auch möglich, den Ortsvektor des bewegten Körperpunktes vor Bildung seiner Zeitableitungen in der Form

$$\mathbf{r} = r(t)\mathbf{e}_r(t) \tag{1.24}$$

darzustellen, wo die Zeitabhängigkeit in $\mathbf{e}_r(t)$ die Änderung von $\mathbf{e}_r$ beschreibt, die infolge des Durchlaufens verschiedener Raumpunkte mit ihrer individuellen Basis $\mathbf{e}_r, \mathbf{e}_\varphi$ während der Bewegung des Körperpunktes auf der Bahnkurve eintritt. Die Berücksichtigung der Zeitabhängigkeit von $\mathbf{e}_r(t)$ in (1.24) ergibt für den Geschwindigkeitsvektor

$$\mathbf{v} = \dot{\mathbf{r}} = \dot{r}\,\mathbf{e}_r + r\,\dot{\mathbf{e}}_r\ . \tag{1.25}$$

Wegen der gleichen Orientierung von $d\mathbf{e}_r$ und $\mathbf{e}_\varphi$ (s. Bild 1.5b) gilt

$$d\mathbf{e}_r = 1 \cdot d\varphi \cdot \mathbf{e}_\varphi$$

und folglich nach Division durch dt

$$\dot{\mathbf{e}}_r = \dot{\varphi}\,\mathbf{e}_\varphi\ . \tag{1.26}$$

Dies liefert mit (1.25)

$$\mathbf{v} = \dot{r}\,\mathbf{e}_r + r\dot{\varphi}\,\mathbf{e}_\varphi = v_r\mathbf{e}_r + v_\varphi\mathbf{e}_\varphi\ , \tag{1.27}$$

wo $v_r = \dot{r}$ die radiale und $v_\varphi = r\dot{\varphi}$ die zirkulare Koordinate des Geschwindigkeitsvektors darstellen. Die Zeitableitung von (1.27) führt auf den Beschleunigungsvektor

$$\mathbf{a} = \dot{\mathbf{v}} = \ddot{r}\mathbf{e}_r + \dot{r}\dot{\mathbf{e}}_r + \dot{r}\dot{\varphi}\,\mathbf{e}_\varphi + r\ddot{\varphi}\,\mathbf{e}_\varphi + r\dot{\varphi}\,\dot{\mathbf{e}}_\varphi\ ,$$

der sich wegen $d\mathbf{e}_\varphi = -1 \cdot d\varphi \cdot \mathbf{e}_r$ (Bild 1.6), bzw.

$$\dot{\mathbf{e}}_\varphi = -\dot{\varphi}\,\mathbf{e}_r\ , \tag{1.28}$$

und (1.26) in der Form

$$\mathbf{a} = (\ddot{r} - r\dot{\varphi}^2)\mathbf{e}_r + (2\dot{r}\dot{\varphi} + r\ddot{\varphi})\mathbf{e}_\varphi = a_r\mathbf{e}_r + a_\varphi\mathbf{e}_\varphi \tag{1.29}$$

mit $a_r = \ddot{r} - r\dot{\varphi}^2$ als radialer und $a_\varphi = 2\dot{r}\dot{\varphi} + r\ddot{\varphi}$ als zirkularer Vektorkoordinate schreiben lässt.

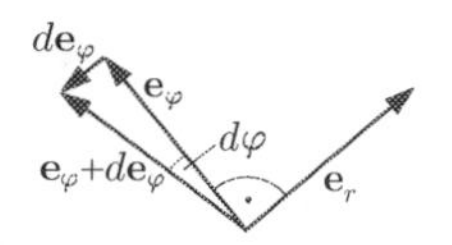

Bild 1.6. Zur Berechnung von $\dot{\mathbf{e}}_\varphi$

Die Gleichungen (1.27) und (1.29) geben die Vektoren der Geschwindigkeit und Beschleunigung der ebenen Bewegung eines Körperpunktes in Polarkoordinaten an.
Bei einer räumlichen Bewegung steht anstelle von (1.24)

$$\mathbf{r} = r(t)\mathbf{e}_r(t) + z(t)\mathbf{e}_z \ , \tag{1.30}$$

wo $\mathbf{e}_z$ nicht von der Zeit abhängt. Die Vektoren von Geschwindigkeit und Beschleunigung der räumlichen Bewegung in Zylinderkoordinaten lauten deshalb

$$\mathbf{v} = \dot{r}\,\mathbf{e}_r + r\dot{\varphi}\,\mathbf{e}_\varphi + \dot{z}\,\mathbf{e}_z \ , \tag{1.31}$$

$$\mathbf{a} = (\ddot{r} - r\dot{\varphi}^2)\mathbf{e}_r + (2\dot{r}\dot{\varphi} + r\ddot{\varphi})\mathbf{e}_\varphi + \ddot{z}\mathbf{e}_z \ . \tag{1.32}$$

Polarkoordinaten haben besondere Vorteile bei der Beschreibung der Bewegungen von Punkten auf Kreisbahnen. Dort gelten die Spezialisierungen

$$r = \text{konst.} \ , \quad \dot{r} = 0 \ , \quad \ddot{r} = 0 \tag{1.33}$$

und deshalb mit (1.24), (1.27), (1.29)

$$\mathbf{r} = r\mathbf{e}_r \ , \quad \mathbf{v} = r\dot{\varphi}\,\mathbf{e}_\varphi \ , \quad \mathbf{a} = -r\dot{\varphi}^2\mathbf{e}_r + r\ddot{\varphi}\,\mathbf{e}_\varphi \ . \tag{1.34}$$

Die auftretenden Vektorkoordinaten führen folgende Bezeichnungen:

$r\dot{\varphi} = v_\varphi$	–	Umfangsgeschwindigkeit (tangential zur Bahn),
$-r\dot{\varphi}^2 = a_r$	–	Radialbeschleunigung (normal zur Bahn, zum Bahnkrümmungsmittelpunkt orientiert, deshalb auch Zentripetalbeschleunigung),
$r\ddot{\varphi} = a_\varphi$	–	Umfangsbeschleunigung (tangential zur Bahn).

Die Zeitableitung $\dot{\varphi} = d\varphi/dt$ wird Winkelgeschwindigkeit ω genannt,

$$\omega = \dot{\varphi} \ , \tag{1.35}$$

und definitionsgemäß in der Einheit 1/s gemessen. Ihre Zeitableitung ist die Winkelbeschleunigung

$$\dot{\omega} = \ddot{\varphi} \tag{1.36}$$

mit der Einheit $1/\mathrm{s}^2$.
Bei konstanter Winkelgeschwindigkeit ω wird für einen Umlauf mit dem Winkel 2π die Umlaufzeit T benötigt:

$$\omega \cdot T = 2\pi \ , \quad T = \frac{2\pi}{\omega} \ . \tag{1.37}$$

Die Anzahl der Umläufe je Zeiteinheit, die Frequenz f, ergibt sich aus dem Kehrwert der Umlaufzeit

$$f = \frac{1}{T} = \frac{\omega}{2\pi} \tag{1.38}$$

mit der abgeleiteten Einheit Hz (Hertz, nach HERTZ, 1857-1897)

$$1\mathrm{Hz} = 1/\mathrm{s} \ .$$

Wegen (1.38) heißt $\omega = 2\pi f$ auch Kreisfrequenz.

Beispiel 1.3
Man drücke die Basisvektoren $\mathbf{e}_r, \mathbf{e}_\varphi$ der Polarkoordinaten von Bild 1.5 durch die kartesischen Basisvektoren $\mathbf{e}_x, \mathbf{e}_y$ aus und bilde ihre Zeitableitung.
Lösung:
Es gilt nach den Regeln der linearen Algebra für orthogonale Einheitsvektorbasen

$$\begin{aligned} \mathbf{e}_r &= \mathbf{e}_x \cos\varphi + \mathbf{e}_y \sin\varphi \\ \mathbf{e}_\varphi &= -\mathbf{e}_x \sin\varphi + \mathbf{e}_y \cos\varphi \end{aligned}$$

bzw.

$$\begin{aligned} \dot{\mathbf{e}}_r &= \dot{\varphi}(-\mathbf{e}_x \sin\varphi + \mathbf{e}_y \cos\varphi) = \dot{\varphi}\,\mathbf{e}_\varphi \\ \dot{\mathbf{e}}_\varphi &= \dot{\varphi}(-\mathbf{e}_x \cos\varphi - \mathbf{e}_y \sin\varphi) = -\dot{\varphi}\,\mathbf{e}_r \ , \end{aligned}$$

d. h. die Bestätigung von (1.26), (1.28). □

Beispiel 1.4
Die Bahnkurve L von Bild 1.5a sei ein Kreis mit dem Radius $r = r_0$ und dem Koordinatenursprung als Mittelpunkt. Unter Verwendung kartesischer Koordinaten und der Ergebnisse von Beispiel 1.3 sind die Beziehungen (1.34) herzuleiten.

Lösung:
Der Ortsvektor (1.3) lautet im ebenen Fall in kartesischen Koordinaten

$$\mathbf{r} = x\,\mathbf{e}_x + y\,\mathbf{e}_y \ .$$

Aus Bild 1.5a folgen für $|\mathbf{r}| = r_0$ die Beziehungen $x = r_0 \cos\varphi$ und $y = r_0 \sin\varphi$. Die Zeitableitungen von $\mathbf{r}$

$$\begin{aligned}\dot{r} &= \dot{x}\,\mathbf{e}_x + \dot{y}\,\mathbf{e}_y = r_0(\cos\varphi)^{\cdot}\mathbf{e}_x + r_0(\sin\varphi)^{\cdot}\mathbf{e}_y \\ &= r_0\dot{\varphi}(-\mathbf{e}_x \sin\varphi + \mathbf{e}_y \cos\varphi) = r_0\dot{\varphi}\,\mathbf{e}_\varphi = \mathbf{v}\end{aligned}$$

und

$$\begin{aligned}\ddot{\mathbf{r}} &= r_0\ddot{\varphi}(-\mathbf{e}_x \sin\varphi + \mathbf{e}_y \cos\varphi) + r_0\dot{\varphi}^2(-\mathbf{e}_x \cos\varphi - \mathbf{e}_y \sin\varphi) \\ &= r_0\ddot{\varphi}\,\mathbf{e}_\varphi - r_0\dot{\varphi}^2\mathbf{e}_r = \mathbf{a}\end{aligned}$$

bestätigen (1.34). □

Beispiel 1.5
Ein geradliniger Stab dreht sich gemäß Bild 1.7a mit der Winkelbeschleunigung $\ddot{\phi} = C\cos\phi$ um den raumfesten Punkt B und erzeugt mit dem Halbkreis vom Radius R einen Schnittpunkt P. In der horizontalen Ausgangslage befand sich der Stab in Ruhe. Gesucht sind die Geschwindigkeits- und Beschleunigungsvektoren von P in Polar- und Bahnkoordinaten als Funktion von ϕ.

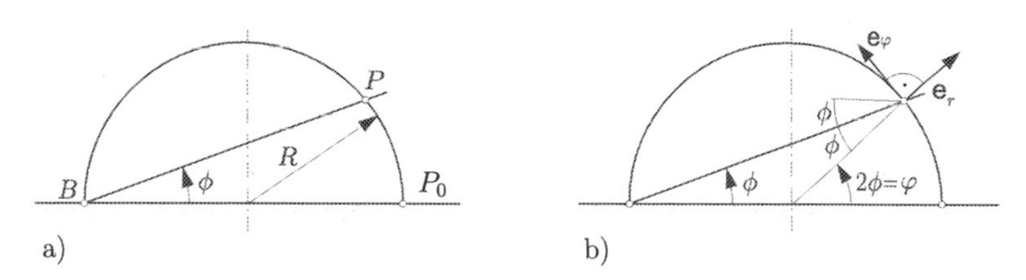

Bild 1.7. Kinematische Anordnung a) und benutzte Basis mit Lagekoordinate b)

Lösung:
Als Polarkoordinaten werden zweckmäßig der Winkel φ und der Radius R benutzt, die die Bahn als Koordinatenlinie enthalten (Bild 1.7b). Die Winkelbeschleunigung $\ddot{\phi}$ lässt sich mittels (1.12) sinngemäß umformen

$$\ddot{\phi} = \frac{d(\dot{\phi})}{d\phi}\dot{\phi} = C\cos\phi$$

bzw. nach Integration

$$\frac{(\dot{\phi})^2}{2} = C\sin\phi + K_1 \ .$$

Aus der Anfangsbedingung $\dot{\phi}(\phi = 0) = 0$ folgt $K_1 = 0$ und damit

$$\dot{\phi} = \sqrt{2C \sin \phi} \ .$$

Der Geschwindigkeitsvektor auf der Kreisbahn ist mit (1.34) wegen $\varphi = 2\phi$ (Bild 1.7b)

$$\mathbf{v} = v_\varphi \mathbf{e}_\varphi = R\dot{\varphi}\,\mathbf{e}_\varphi = 2R\sqrt{2C \sin \phi}\,\mathbf{e}_\varphi \ .$$

Der Beschleunigungsvektor ergibt sich aus (1.34) zu

$$\begin{aligned} \mathbf{a} &= -r\dot{\varphi}^2 \mathbf{e}_r + r\ddot{\varphi}\,\mathbf{e}_\varphi = -R \cdot 4(\dot{\phi})^2 \mathbf{e}_r + R \cdot 2\ddot{\phi}\,\mathbf{e}_\varphi \\ &= -8RC \sin \phi\,\mathbf{e}_r + 2RC \cos \phi\,\mathbf{e}_\varphi \ . \end{aligned}$$

Sein Betrag ist

$$|\mathbf{a}| = 2RC\sqrt{1 + 15 \sin^2 \phi} \ .$$

Die Basisvektoren der gewählten Polarkoordinaten und die natürliche Vektorbasis fallen bis auf das Vorzeichen in $\mathbf{e}_n = -\mathbf{e}_r$ zusammen. So gilt unter Ausnutzung des Vergleiches von (1.20) mit (1.27) für die Bahngeschwindigkeit

$$v = v_\varphi = 2R\sqrt{2C \sin \phi} \ .$$

Der Vergleich von (1.22) mit (1.34) liefert

$$a_t = a_\varphi = 2RC \cos \phi \ , \quad a_n = -a_r = 8RC \sin \phi \ .$$

□

1.2 Kinematik des starren Körpers

1.2.1 Translation

Ein starrer Körper kann verschiedenen Bewegungsformen unterliegen. Eine davon ist die schon erwähnte Translation, bei der alle Körperpunkte deckungsgleiche Bahnen durchlaufen. Dies ist in Bild 1.8 am Beispiel der ebenen Bahnen $AA'A''$ und $BB'B''$ veranschaulicht.

Das Bild zeigt auch, dass keine Rotationen auftreten. Zu jedem Zeitpunkt sind die auf den beiden Bahnen zurückgelegten Weglängen, die erzeugten Geschwindigkeiten und Beschleunigungen identisch. Zur Erfassung der translatorischen Bewegung reicht die Betrachtung eines Körperpunktes aus. Folglich entspricht der Freiheitsgrad der Translation im Raum dem eines Körperpunktes, nämlich $f = 3$. Offensichtlich muss die Bahn des Körperpunktes keine gerade Linie sein.

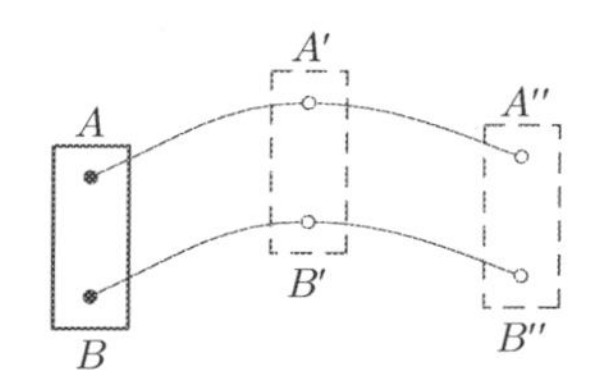

Bild 1.8. Ebene Translation eines Körpers

Als Beispiel kann die Kabine eines Paternosteraufzuges dienen. Mit der in Abschnitt 1.1 bereitgestellten Kinematik des Körperpunktes sind also alle, auch räumliche, Translationsbewegungen beschreibbar.

1.2.2 Rotation um einen raumfesten Punkt

Ein Körperpunkt sei gleichzeitig der Ursprung O eines raumfesten kartesischen Bezugssystems (Bild 1.9a, die Körperkontur wurde nicht eingezeichnet). Die derart eingeschränkte Bewegungsmöglichkeit wird auch als Kreiselbewegung bezeichnet. Gegeben ist jetzt ein weiterer Körperpunkt P. Da O und P körperfest sind, bilden alle Raumpositionen von P eine Kugelfläche mit O als Mittelpunkt. Der zeitabhängige Ortsvektor $\mathbf{r}$, der beide Punkte miteinander verbindet, besitzt eine konstante Länge $r = |\mathbf{r}|$. Er kann um die drei Achsen des raumfesten Bezugssystems rotieren und beschreibt damit drei unabhängige Winkeländerungen. Der Körper hat deshalb unter diesen Bedingungen den Freiheitsgrad $f = 3$.

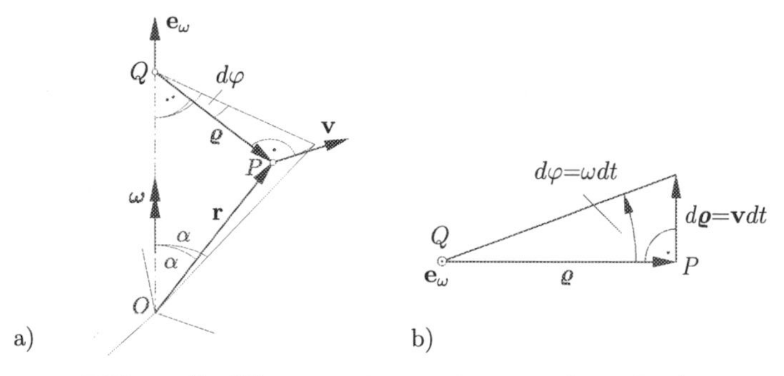

Bild 1.9. Zur Körperrotation um einen raumfesten Punkt

Zunächst werde eine differenzielle Drehung $d\varphi > 0$ des Körpers in der Zeit $dt > 0$ betrachtet. Diese erfolgt um die momentane Drehachse durch den raumfesten Punkt O (Bild 1.9a). Die zeitabhängige Orientierung der Drehachse ist durch den Einheitsbasisvektor $\mathbf{e}_\omega$ senkrecht zum Element der Kreisbahn des Körperpunktes P um den Körperpunkt Q auf der Drehachse gegeben. In dem Punkt P enden die körperfesten Vektoren $\boldsymbol{\varrho}$ und $\mathbf{r}$. Infolge der Drehung $d\varphi$ von

$\boldsymbol{\varrho}$ verschiebt sich P um $d\boldsymbol{\varrho} = d\mathbf{r} = \mathbf{v}dt$, wobei $|d\boldsymbol{\varrho}| = |\mathbf{v}|dt = |\boldsymbol{\varrho}|d\varphi$ gilt (Bild 1.9b). Die Vektoren $\boldsymbol{\varrho}$, $d\boldsymbol{\varrho}$ und $\mathbf{e}_\omega$ bilden ein orthogonales Rechtssystem. Per Definition ergeben sich dann das vektorielle Winkeldifferenzial $d\boldsymbol{\varphi} = d\varphi\mathbf{e}_\omega$ und der Winkelgeschwindigkeitsvektor $\boldsymbol{\omega} = \omega\mathbf{e}_\omega = \mathbf{e}_\omega d\varphi/dt$. Letzterer ist wegen des zugeordneten Drehsinns ein axialer Vektor und wird durch einen Doppelpfeil gekennzeichnet (Bild 1.9a). Infolge der Rechtwinkligkeit von $\mathbf{v}$ auf $\boldsymbol{\omega}$ und $\boldsymbol{\varrho}$ bzw. $\mathbf{r}$ sowie wegen $|\boldsymbol{\varrho}| = |\mathbf{r}|\sin\alpha$ ergibt sich mit dem Kreuzproduktsymbol „×“ für das Vektorprodukt schließlich

$$\mathbf{v} = \dot{\mathbf{r}} = \boldsymbol{\omega} \times \boldsymbol{\varrho} = \boldsymbol{\omega} \times \mathbf{r} \; . \tag{1.39}$$

Die Gültigkeit des Parallelogrammgesetzes als Ausdruck des Vektorcharakters von $\boldsymbol{\omega}$ ergibt sich aus der Vektoraddition von zwei infinitesimalen Verschiebungen $\mathbf{v}_1 dt$ und $\mathbf{v}_2 dt$, die entstehen, wenn sich der körperfeste Vektor $\mathbf{r}$ nacheinander mit den Winkelgeschwindigkeiten $\boldsymbol{\omega}_1$ und $\boldsymbol{\omega}_2$ jeweils während einer Zeitdauer dt um zwei zueinander geneigte Achsen durch den körper- und raumfesten Punkt O dreht. Die resultierende Verschiebung ist dann

$$\begin{aligned} \mathbf{v}_{res}dt &= \mathbf{v}_1 dt + \mathbf{v}_2 dt = \boldsymbol{\omega}_1 \times \mathbf{r}dt + \boldsymbol{\omega}_2 \times \mathbf{r}dt \\ &= (\boldsymbol{\omega}_1 + \boldsymbol{\omega}_2) \times \mathbf{r}dt = \boldsymbol{\omega}_{res} \times \mathbf{r}dt \; . \end{aligned} \tag{1.40}$$

Aus (1.40) folgt

$$\mathbf{v}_{res} = \boldsymbol{\omega}_{res} \times \mathbf{r} \; , \tag{1.41}$$

wo $\mathbf{v}_{res}$ die resultierende Geschwindigkeit und $\boldsymbol{\omega}_{res} = \boldsymbol{\omega}_1 + \boldsymbol{\omega}_2$ die resultierende Winkelgeschwindigkeit bezeichnen. Die in (1.40) ausgeführte Vektoraddition von $\boldsymbol{\omega}_1$ und $\boldsymbol{\omega}_2$ gemäß dem Parallelogrammgesetz liefert also mit $\boldsymbol{\omega}_{res}$ das richtige Ergebnis $\mathbf{v}_{res}$ und folglich die Bestätigung des Vektorcharakters von $\boldsymbol{\omega}$.
Die in (1.39) enthaltene Zeitableitung eines körperfesten Abstandsvektors $\mathbf{r}$ konstanter Länge

$$\dot{\mathbf{r}} = \boldsymbol{\omega} \times \mathbf{r} \tag{1.42}$$

gilt für beliebige, mit Bezug auf den Körper konstante, Vektoren. Deren Betrag ist in jedem Bezugssystem konstant. Ihre zeitliche Änderung im raumfesten Bezug ist nur durch die Drehung ihres (auch körperfesten) Einheitsvektors bedingt.
Mit (1.39) ergibt sich noch der Beschleunigungsvektor

$$\mathbf{a} = \dot{\mathbf{v}} = \dot{\boldsymbol{\omega}} \times \mathbf{r} + \boldsymbol{\omega} \times \dot{\mathbf{r}} = \dot{\boldsymbol{\omega}} \times \mathbf{r} + \boldsymbol{\omega} \times (\boldsymbol{\omega} \times \mathbf{r}) \; , \tag{1.43}$$

wo $\dot{\boldsymbol{\omega}}$ den Winkelbeschleunigungsvektor bezeichnet. Hier und für künftige Auswertungen des doppelten Kreuzproduktes dreier Vektoren $\mathbf{a}, \mathbf{b}, \mathbf{c}$ sei an die Formel

$$\mathbf{a} \times (\mathbf{b} \times \mathbf{c}) = (\mathbf{a} \cdot \mathbf{c})\mathbf{b} - (\mathbf{a} \cdot \mathbf{b})\mathbf{c}$$

aus der Vektoralgebra erinnert.
Abschließend ist zu vermerken, dass zwar die Winkelgeschwindigkeit $\boldsymbol{\omega}$ eines Körpers und das Winkeldifferenzial $\boldsymbol{\omega}dt$ dem Parallelogrammgesetz genügen, nicht aber die endliche Winkeländerung. Dreht man z. B. einen Quader nacheinander jeweils 90° um zwei raumfeste Achsen, zu denen anfänglich zwei Quaderkanten parallel lagen, so hängt die resultierende Anordnung von der Reihenfolge der beiden Drehungen ab, was dem Parallelogrammgesetz widerspricht. Deshalb kann die endliche Winkeländerung kein Vektor sein.

Beispiel 1.6
In einer raumfesten Lagerung B (Bild 1.10) rotiert eine Welle mit der konstanten Winkelgeschwindigkeit $\boldsymbol{\Omega}$. Mit ihr läuft eine unter dem Winkel α schräg liegende Achse um, auf der ein Rad R mit der Winkelgeschwindigkeit $\boldsymbol{\omega}$ rotiert, wobei $|\boldsymbol{\omega}| = \omega =$ konst. gilt. Gesucht sind die Beträge der resultierenden Winkelgeschwindigkeits- und Winkelbeschleunigungsvektoren des Rades.

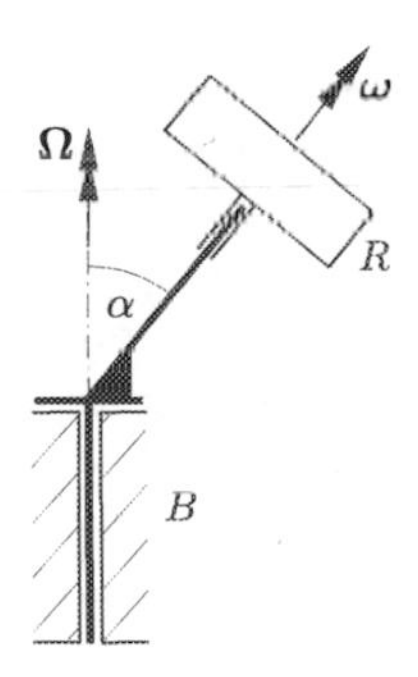

Bild 1.10. Rotierendes Rad auf umlaufender Achse

Lösung:
Der Betrag ω_{res} der resultierenden Winkelgeschwindigkeit $\boldsymbol{\omega}_{res} = \boldsymbol{\omega} + \boldsymbol{\Omega}$ des Rades folgt nach Zerlegung von $\boldsymbol{\omega}$ in Komponenten parallel und senkrecht zu $\boldsymbol{\Omega}$ aus

$$\omega_{res}^2 = (\Omega + \omega\cos\alpha)^2 + (\omega\sin\alpha)^2,$$

$$\omega_{res} = \sqrt{\Omega^2 + \omega^2 + 2\Omega\omega\cos\alpha}\ .$$

Zur Berechnung der Winkelbeschleunigung wird zunächst die Zeitableitung des bezüglich der Anordnung Welle/Achse körperfesten Vektors $\boldsymbol{\omega}$ gemäß (1.42)

$$\dot{\boldsymbol{\omega}} = \boldsymbol{\Omega} \times \boldsymbol{\omega}$$

gebildet. Dabei wurden in (1.42) $\boldsymbol{\omega}$ durch $\boldsymbol{\Omega}$ und $\mathbf{r}$ durch $\boldsymbol{\omega}$ ersetzt. Der resultierende Beschleunigungsvektor $\dot{\boldsymbol{\omega}}_{res}$ folgt dann aus $\dot{\boldsymbol{\omega}}_{res} = \dot{\boldsymbol{\Omega}} + \dot{\boldsymbol{\omega}}$ bzw. wegen $\dot{\boldsymbol{\Omega}} = \mathbf{0}$ aus $\dot{\boldsymbol{\omega}}_{res} = \dot{\boldsymbol{\omega}} = \boldsymbol{\Omega} \times \boldsymbol{\omega}$. Sein Betrag ist deshalb

$$|\dot{\boldsymbol{\omega}}_{res}| = \Omega\omega \sin\alpha \ .$$

□

1.2.3 Ebene Bewegung

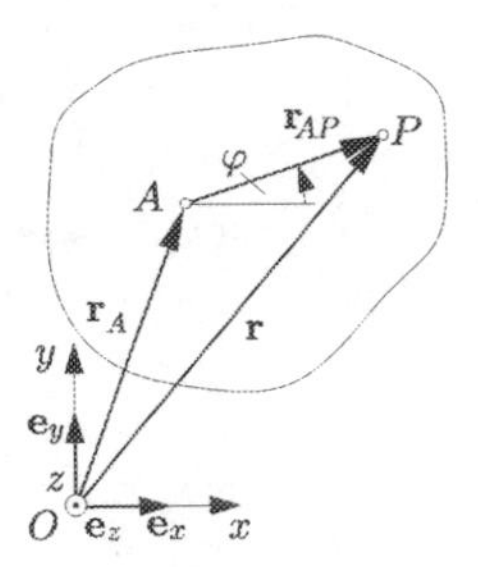

Bild 1.11. Ebene Bewegung eines Körpers

Eine ebene Bewegung liegt vor, wenn sich die Punkte einer körperfesten Ebene in einer raumfesten Ebene bewegen. Dies verdeutlicht Bild 1.11. In der raumfesten Ebene $z = 0$ liegt die durch die Umrandung symbolisierte körperfeste Ebene. Die Ortsvektoren $\mathbf{r}_A$ und $\mathbf{r}$ zeigen von dem raumfesten Punkt O zu den körperfesten Punkten A und P. Letztere bewegen sich in der raumfesten Ebene $z = 0$, wobei der Betrag des körperfesten Vektors $\mathbf{r}_{AP}$ konstant bleibt. Es gelten

$$\mathbf{r} = \mathbf{r}_A + \mathbf{r}_{AP} \tag{1.44}$$

bzw.

$$\mathbf{v} = \dot{\mathbf{r}} = \dot{\mathbf{r}}_A + \dot{\mathbf{r}}_{AP} \tag{1.45}$$

und wegen $|\mathbf{r}_{AP}|^{\cdot} = 0$ mit (1.42) und $\dot{\mathbf{r}}_A = \mathbf{v}_A$

$$\mathbf{v} = \mathbf{v}_A + \boldsymbol{\omega} \times \mathbf{r}_{AP} \ . \tag{1.46}$$

Der Winkelgeschwindigkeitsvektor $\boldsymbol{\omega}$ steht sowohl auf der körperfesten als auch auf der raumfesten Ebene senkrecht, d. h. es ist $\boldsymbol{\omega} = \omega \mathbf{e}_z$ und folglich

$$\mathbf{v} = \mathbf{v}_A + \omega \mathbf{e}_z \times \mathbf{r}_{AP} \ . \tag{1.47}$$

Die Geschwindigkeit eines beliebigen Körperpunktes P bei der ebenen Bewegung des Körpers ergibt sich also aus der Geschwindigkeit eines körperfesten Bezugspunktes A und der Winkelgeschwindigkeit um die momentane Drehachse durch A. Die Unabhängigkeit der Winkelgeschwindigkeit von der Wahl des körperfesten Bezugspunktes A wird später im Fall der allgemeinen Bewegung bewiesen. Aus (1.47) ist ersichtlich, dass der starre Körper bei der ebenen Bewegung mit den beiden in der Bewegungsebene liegenden unabhängigen Komponenten des Geschwindigkeitsvektors $\mathbf{v}_A$ und dem senkrecht auf der Bewegungsebene stehenden Winkelgeschwindigkeitsvektors $\boldsymbol{\omega}$ den Freiheitsgrad $f = 3$ besitzt.
Bei nichtverschwindender Winkelgeschwindigkeit lässt sich gemäß (1.44) immer ein Bezugspunkt $\mathbf{r}_M = \mathbf{r}_A + \mathbf{r}_{AM}$ finden, der momentan in Ruhe ist, d. h.

$$\mathbf{v}_M = \mathbf{v}_A + \omega\, \mathbf{e}_z \times \mathbf{r}_{AM} = \mathbf{0} \ .$$

Die Lage $\mathbf{r}_M$ dieses Punktes, der auch als Momentan- oder Geschwindigkeitspol bezeichnet wird, folgt dann aus $\mathbf{v}_M$ nach Vektorproduktbildung mit $\mathbf{e}_z$,

$$\begin{aligned} \mathbf{e}_z \times \mathbf{v}_M &= \mathbf{e}_z \times \mathbf{v}_A + \omega\, \mathbf{e}_z \times (\mathbf{e}_z \times \mathbf{r}_{AM}) \\ &= \mathbf{e}_z \times \mathbf{v}_A + \omega[(\mathbf{e}_z \cdot \mathbf{r}_{AM})\mathbf{e}_z - (\mathbf{e}_z \cdot \mathbf{e}_z)\mathbf{r}_{AM}] = \mathbf{0} \ , \end{aligned}$$

wegen der Orthogonalität der Vektoren $\mathbf{e}_z$ und $\mathbf{r}_{AM}$ zu

$$\mathbf{r}_M = \mathbf{r}_A + \mathbf{r}_{AM} = \mathbf{r}_A + \frac{\mathbf{e}_z \times \mathbf{v}_A}{\omega} \ . \tag{1.48}$$

Mit der Wahl des Bezugspunktes $A = M$ in (1.47) und $\mathbf{v}_M = \mathbf{0}$ ist die Geschwindigkeit des beliebigen Körperpunktes P einfach

$$\mathbf{v} = \mathbf{v}_M + \omega\, \mathbf{e}_z \times \mathbf{r}_{MP} = \omega\, \mathbf{e}_z \times \mathbf{r}_{MP} \ , \tag{1.49}$$

wo $\mathbf{r}_{MP}$ eine zu $\mathbf{v}$ normale Richtung hat. Zwei Körperpunkte ergeben zwei solche Richtungen, deren Schnittpunkt den Momentanpol liefert. Während der ebenen Bewegung des Körpers ändert sich der Ort des Momentanpols. Die Verbindung aller dieser Orte in der raumfesten Bewegungsebene liefert eine Kurve, die so genannte Rastpolbahn, die Verbindung der Orte in der bewegten körperfesten Ebene die so genannte Gangpolbahn. Letztere rollt auf ersterer ab.

Für die ebene Bewegung ist noch der Beschleunigungsvektor des beliebigen Körperpunktes P anzugeben. Aus (1.47) ergibt sich wegen $\dot{\mathbf{e}}_z = \mathbf{0}$

$$\begin{aligned}\mathbf{a} &= \dot{\mathbf{v}}_A + \dot{\omega}\,\mathbf{e}_z \times \mathbf{r}_{AP} + \omega\,\mathbf{e}_z \times \dot{\mathbf{r}}_{AP} \\ &= \dot{\mathbf{v}}_A + \dot{\omega}\,\mathbf{e}_z \times \mathbf{r}_{AP} + \omega\,\mathbf{e}_z \times (\omega\,\mathbf{e}_z \times \mathbf{r}_{AP})\end{aligned}$$

und wegen $\mathbf{e}_z \perp \mathbf{r}_{AP}$

$$\mathbf{a} = \dot{\mathbf{v}}_A + \dot{\omega}\,\mathbf{e}_z \times \mathbf{r}_{AP} - \omega^2 \mathbf{r}_{AP} \ . \tag{1.50}$$

Gemäß (1.50) setzt sich der Beschleunigungsvektor des Körperpunktes P aus einem Verschiebungsanteil des körperfesten Bezugspunktes A und einem Anteil zusammen, der infolge beschleunigter Rotation des körperfesten Vektors $\mathbf{r}_{AP}$ um A entsteht. Letzterer zerfällt in die bezüglich der Rotation tangentiale Komponente $\dot{\omega}\,\mathbf{e}_z \times \mathbf{r}_{AP}$ sowie in die radiale Komponente $-\omega^2\mathbf{r}_{AP}$.
Es existiert auch ein Beschleunigungspol, der hier nicht untersucht werden soll.
Abschließend werden die Koordinatendarstellungen der Gleichungen (1.44), (1.47) und (1.50) mitgeteilt. Der Betrag des körperfesten Vektors $\mathbf{r}_{AP}$ wird abkürzend als $\hat{r} = |\mathbf{r}_{AP}|$ bezeichnet. Mit $\mathbf{r} = x\,\mathbf{e}_x + y\,\mathbf{e}_y$, $\mathbf{r}_A = x_A\mathbf{e}_x + y_A\mathbf{e}_y$ und $\mathbf{r}_{AP} = \hat{r}\cos\varphi\,\mathbf{e}_x + \hat{r}\sin\varphi\,\mathbf{e}_y$ folgt dann aus (1.44)

$$x = x_A + \hat{r}\cos\varphi \ , \quad y = y_A + \hat{r}\sin\varphi \ , \tag{1.51}$$

aus (1.47) oder Zeitableitung von (1.51) mit $\dot{\varphi} = \omega$

$$v_x = \dot{x} = \dot{x}_A - \hat{r}\omega\sin\varphi \ , \quad v_y = \dot{y} = \dot{y}_A + \hat{r}\omega\cos\varphi \tag{1.52}$$

und aus (1.50) oder Zeitableitung von (1.52)

$$a_x = \ddot{x} = \ddot{x}_A - \hat{r}\dot{\omega}\sin\varphi - \hat{r}\omega^2\cos\varphi \ , \tag{1.53a}$$

$$a_y = \ddot{y} = \ddot{y}_A + \hat{r}\dot{\omega}\cos\varphi - \hat{r}\omega^2\sin\varphi \ . \tag{1.53b}$$

Während die koordinatenfreie Vektordarstellung der kinematischen Zusammenhänge für theoretische Betrachtungen zweckmäßig ist, empfiehlt es sich bei der ausführlichen Lösung konkreter Aufgaben häufig, aus der Aufgabenstellung die Koordinatengleichungen direkt abzulesen und anschließend nach der Zeit abzuleiten.

Beispiel 1.7
Eine Kreisscheibe vom Radius R rollt auf einer ebenen horizontalen Unterlage (Bild 1.12a). Die Horizontalgeschwindigkeit ihres Mittelpunktes A beträgt v_A, ihre Winkelgeschwindigkeit $\dot{\alpha}$. Gesucht sind die Vektoren der Geschwindigkeit und Beschleunigung des im Abstand $\overline{AP} = \hat{r}$ von A befindlichen körperfesten

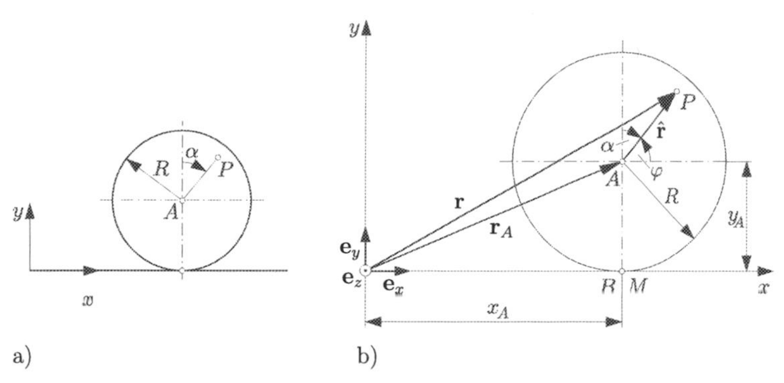

Bild 1.12. Rollende Kreisscheibe

Punktes P, die Bedingung für reines Rollen, der Momentanpol M für reines Rollen und der Betrag der Geschwindigkeit von P als Folge der Drehung um M. Am Rollbeginn bildet der körperfeste Vektor $\hat{\mathbf{r}}$ mit der Vertikalen den Winkel α.

Lösung:

Der Ortsvektor von P ist nach Bild 1.12b

$$\begin{aligned}\mathbf{r} = \mathbf{r}_A + \hat{\mathbf{r}} &= (x_A + \hat{r}\cos\varphi)\mathbf{e}_x + (R + \hat{r}\sin\varphi)\mathbf{e}_y \\ &= (x_A + \hat{r}\sin\alpha)\mathbf{e}_x + (R + \hat{r}\cos\alpha)\mathbf{e}_y \ .\end{aligned}$$

Der Geschwindigkeitsvektor von P ergibt sich mit $\dot{\alpha} = -\omega$ aus (1.46) bzw. mit (1.52) oder Zeitableitung der Koordinatendarstellung von $\mathbf{r}$ zu

$$\begin{aligned}\mathbf{v} = \mathbf{v}_A + \boldsymbol{\omega} \times \hat{\mathbf{r}} &= \dot{x}_A\mathbf{e}_x - \dot{\alpha}\,\mathbf{e}_z \times \hat{\mathbf{r}} \\ &= (\dot{x}_A + \hat{r}\dot{\alpha}\cos\alpha)\mathbf{e}_x - \hat{r}\dot{\alpha}\sin\alpha\,\mathbf{e}_y \ .\end{aligned}$$

Der Beschleunigungsvektor folgt aus (1.50) bzw. (1.53) oder aus der Zeitableitung der Koordinatendarstellung von $\mathbf{v}$ zu

$$\mathbf{a} = (\ddot{x}_A + \hat{r}\ddot{\alpha}\cos\alpha - \hat{r}\dot{\alpha}^2\sin\alpha)\mathbf{e}_x - \hat{r}(\ddot{\alpha}\sin\alpha + \dot{\alpha}^2\cos\alpha)\mathbf{e}_y \ .$$

Zur Dimensionskontrolle der Zeitableitungen wurde die Schreibweise $v_A = \dot{x}_A$ verwendet.

Die Bedingung für reines Rollen erfordert, dass ein zur Zeit t an dem raumfesten Punkt B befindlicher körperfester Punkt P' keine horizontale Geschwindigkeit besitzt. Mit $P = P'$ bzw. $\alpha = \pi$ und $\hat{r} = R$ ergibt sich

$$\dot{x}_A + \hat{r}\dot{\alpha}\cos\alpha = \dot{x}_A - R\dot{\alpha} = 0 \ .$$

Die Länge des abgerollten Scheibenumfanges gleicht dann dem Betrag der Verschiebung des Berührungspunktes. Der Momentanpol folgt aus (1.48), wo $\mathbf{r}_{AM} = \hat{\mathbf{r}}$ und $\mathbf{v}_A = v_A \mathbf{e}_x = \dot{x}_A \mathbf{e}_x$ zu setzen sind,

$$\hat{\mathbf{r}} = \frac{\mathbf{e}_z \times \dot{x}_A \mathbf{e}_x}{\omega} = -\frac{\dot{x}_A}{\dot{\alpha}} \mathbf{e}_y = -R\mathbf{e}_y \; .$$

Er liegt im aktuell bei B befindlichen Berührungspunkt.
Der Betrag des Geschwindigkeitsvektors $\mathbf{v}$ ist für reines Rollen

$$\begin{aligned} |\mathbf{v}| &= \left[(\dot{x}_A + \hat{r}\dot{\alpha}\cos\alpha)^2 + (\hat{r}\dot{\alpha}\sin\alpha)^2\right]^{\frac{1}{2}} \\ &= (\dot{x}_A^2 + 2\dot{x}_A\hat{r}\dot{\alpha}\cos\alpha + \hat{r}^2\dot{\alpha}^2)^{\frac{1}{2}} = \dot{\alpha}(R^2 + 2R\hat{r}\cos\alpha + \hat{r}^2)^{\frac{1}{2}} \; . \end{aligned}$$

Die Interpretation der Rollbewegung als Drehung um den Momentanpol M liefert mit (1.49) und

$$\mathbf{r}_{MP} = \hat{r}\sin\alpha\mathbf{e}_x + (R + \hat{r}\cos\alpha)\mathbf{e}_y$$

sowie mit $\dot{\alpha} = -\omega$

$$\begin{aligned} |\mathbf{v}| &= \left|\dot{\alpha}\,\mathbf{e}_z \times \left[\hat{r}\sin\alpha\,\mathbf{e}_x + (R + \hat{r}\cos\alpha)\mathbf{e}_y\right]\right| \\ &= \dot{\alpha}\left[(\hat{r}\sin\alpha)^2 + (R + \hat{r}\cos\alpha)^2\right]^{\frac{1}{2}} = \dot{\alpha}(R^2 + 2R\hat{r}\cos\alpha + \hat{r}^2)^{\frac{1}{2}} \; , \end{aligned}$$

d. h. die Gleichwertigkeit beider Rechnungen. □

Beispiel 1.8

Im Inneren eines raumfesten Kreises vom Radius R rollt, ohne zu gleiten, ein Rad mit dem Radius r aus der angegebenen Lage abwärts.

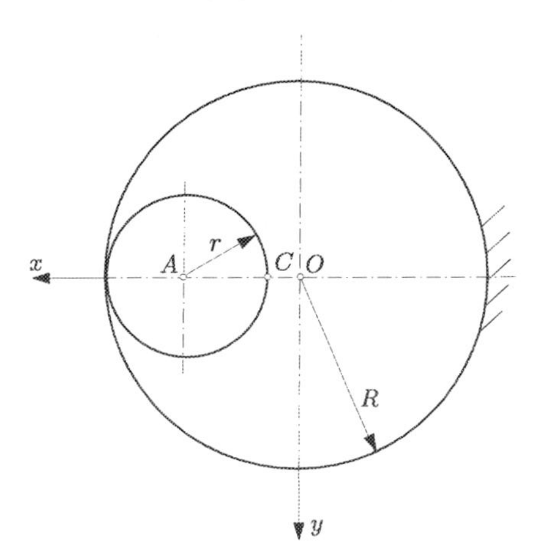

Bild 1.13. Ausgangslage des rollenden Innenrades

Gesucht sind die Koordinaten der Orts-, Geschwindigkeits- und Beschleunigungsvektoren der Punkte A und C des rollenden Rades sowie die Winkelgeschwindigkeit und -beschleunigung des rollenden Rades.

Lösung:

Der Punkt A bewegt sich auf einer Kreisbahn vom Radius $\overline{AO} = \overline{A'O} = \rho = R - r$ um den raumfesten Punkt O (Bild 1.14). Dabei ist das abgerollte

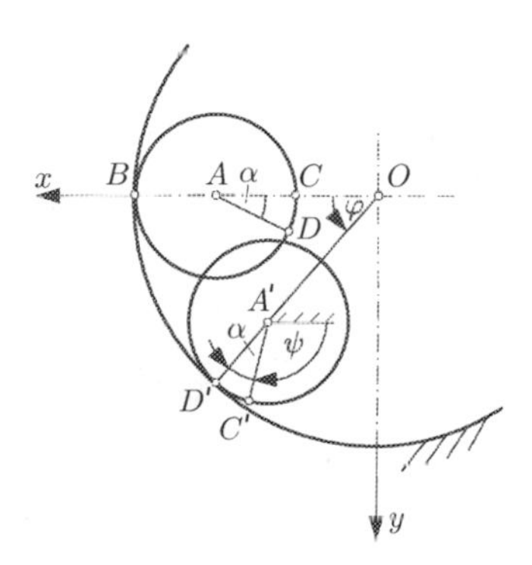

Bild 1.14. Zur aktuellen Lage des Innenrades

Umfangsstück $\widehat{BD}$ gleich dem raumfesten Umfangsstück $\widehat{BD'}$ bzw. $r(\pi - \alpha) = R\varphi$. Der Drehwinkel ψ des Rades, der wie der Winkel φ gegenüber einer raumfesten Geraden gemessen wird, folgt aus $\psi = \pi - \varphi - \alpha$, d. h.

$$\psi = \frac{R}{r}\varphi - \varphi = (\frac{R}{r} - 1)\varphi \,.$$

Die Koordinaten der Orts-, Geschwindigkeits- und Beschleunigungsvektoren des Radmittelpunktes A in der Position A' werden mittels des Winkels φ ausgedrückt:

$$x = \rho \cos\varphi \,, \qquad y = \rho \sin\varphi \,,$$
$$\dot{x} = -\rho\dot{\varphi}\sin\varphi \,, \qquad \dot{y} = \rho\dot{\varphi}\cos\varphi \,,$$
$$\ddot{x} = -\rho(\ddot{\varphi}\sin\varphi + \dot{\varphi}^2\cos\varphi) \,, \qquad \ddot{y} = \rho(\ddot{\varphi}\cos\varphi - \dot{\varphi}^2\sin\varphi) \,.$$

Die Koordinaten der Orts-, Geschwindigkeits- und Beschleunigungsvektoren des Radpunktes C ergeben sich daraus und gemäß (1.51), (1.52), (1.53) zu

$$x_C = x - r\cos\psi \,, \qquad y_C = y + r\sin\psi \,,$$
$$\dot{x}_C = \dot{x} + r\dot{\psi}\sin\psi \,, \qquad \dot{y}_C = \dot{y} + r\dot{\psi}\cos\psi \,,$$
$$\ddot{x}_C = \ddot{x} + r(\ddot{\psi}\sin\psi + \dot{\psi}^2\cos\psi) \,, \qquad \ddot{y}_C = \ddot{y} + r(\ddot{\psi}\cos\psi - \dot{\psi}^2\sin\psi) \,.$$

Die Winkelgeschwindigkeit $\dot{\psi}$ und -beschleunigung $\ddot{\psi}$ des Rades betragen

$$\dot{\psi} = (\frac{R}{r} - 1)\dot{\varphi} \, , \quad \ddot{\psi} = (\frac{R}{r} - 1)\ddot{\varphi} \, .$$

Die Lösung der Aufgabe verdeutlicht, wie wichtig es ist, eine übersichtliche Skizze anzufertigen, aus der die geometrischen Bestimmungsstücke und Zusammenhänge abgelesen werden können. □

1.2.4 Allgemeine Bewegung

In einem raumfesten Bezugssystem mit dem Ursprung O sei jetzt ein Körper gegeben, der eine allgemeine Bewegung ausführt (Bild 1.15).

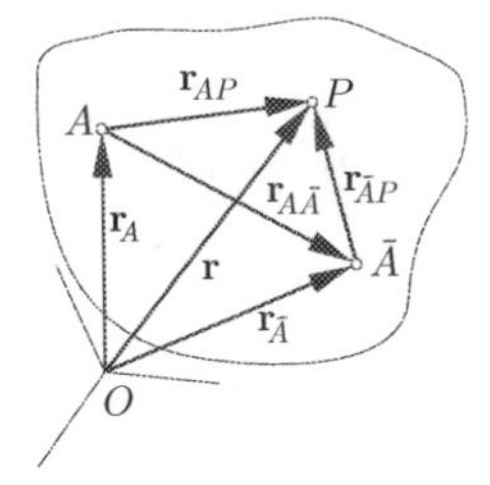

Bild 1.15. Zur Berechnung der allgemeinen Bewegung

Die Bewegung der Körperpunkte A und P wird durch die zeitabhängigen Ortsvektoren $\mathbf{r}_A$ und $\mathbf{r}$ beschrieben, wobei der körperfeste Differenzvektor $\mathbf{r}_{AP}$ eine konstante Länge besitzt. Es gilt

$$\mathbf{r} = \mathbf{r}_A + \mathbf{r}_{AP} \, , \quad |\mathbf{r}_{AP}| = \text{konst.} \tag{1.54}$$

Der Geschwindigkeitsvektor des Körperpunktes P ist deshalb unter Benutzung von (1.42)

$$\mathbf{v} = \dot{\mathbf{r}} = \dot{\mathbf{r}}_A + \dot{\mathbf{r}}_{AP} = \mathbf{v}_A + \boldsymbol{\omega} \times \mathbf{r}_{AP} \, , \tag{1.55}$$

ein wichtiges Ergebnis, das bereits von EULER angegeben wurde (EULERsche Formel). Demnach berechnet sich der Geschwindigkeitsvektor $\mathbf{v}$ eines beliebigen Körperpunktes bei allgemeiner Bewegung des Körpers als Summe der Geschwindigkeit $\mathbf{v}_A$ eines beliebig gewählten körperfesten Bezugspunktes A und des Kreuzproduktes des momentanen Winkelgeschwindigkeitsvektors $\boldsymbol{\omega}$ mit dem körperfesten Abstandsvektor $\mathbf{r}_{AP}$, der vom Bezugspunkt A zum beliebigen Körperpunkt P zeigt. Mit den jeweils drei unabhängige Komponenten der beiden Vektoren $\mathbf{r}_A, \mathbf{r}_{AP}$ in (1.54) bzw. $\mathbf{v}_A, \boldsymbol{\omega}$ in (1.55) ergibt sich für den Freiheitsgrad der allgemeinen Bewegung des Körpers $f = 6$.
Der Vergleich von (1.55) mit (1.46) zeigt, dass die allgemeine Formel (1.55) die spezielle Formel (1.46) enthält.

Der Winkelgeschwindigkeitsvektor $\boldsymbol{\omega}$ in der grundlegenden kinematischen Formel (1.55) hängt nicht von der Wahl des Bezugspunktes A ab. So liefert die Anwendung von (1.55) bei Benutzung von $\bar{A}$ nach Bild 1.15 für die notwendigerweise eindeutige Geschwindigkeit des Punktes P zunächst zwei Darstellungen

$$\mathbf{v} = \mathbf{v}_A + \boldsymbol{\omega} \times \mathbf{r}_{AP} = \mathbf{v}_{\bar{A}} + \bar{\boldsymbol{\omega}} \times \mathbf{r}_{\bar{A}P} \ . \tag{1.56}$$

Die Geschwindigkeit des Punktes $\bar{A}$ lässt sich auch mittels (1.55) ausdrücken

$$\mathbf{v}_{\bar{A}} = \mathbf{v}_A + \boldsymbol{\omega} \times \mathbf{r}_{A\bar{A}} \ , \tag{1.57}$$

so dass aus (1.56), (1.57) zusammen mit $\mathbf{r}_{A\bar{A}} = \mathbf{r}_{AP} - \mathbf{r}_{\bar{A}P}$ gemäß Bild 1.15

$$\mathbf{v}_A + \boldsymbol{\omega} \times \mathbf{r}_{AP} = \mathbf{v}_A + \boldsymbol{\omega} \times (\mathbf{r}_{AP} - \mathbf{r}_{\bar{A}P}) + \bar{\boldsymbol{\omega}} \times \mathbf{r}_{\bar{A}P}$$

bzw.

$$(\boldsymbol{\omega} - \boldsymbol{\omega}) \times \mathbf{r}_{\bar{A}P} = \mathbf{0} \tag{1.58}$$

entsteht. Wegen der zuzulassenden Beliebigkeit des Vektors $\mathbf{r}_{\bar{A}P}$ kann die Beziehung (1.58) nur für $\boldsymbol{\omega} = \boldsymbol{\omega}$ erfüllt werden, womit die Unabhängigkeit des Winkelgeschwindigkeitsvektors $\boldsymbol{\omega}$ in (1.55) von der Wahl des Bezugspunktes A in (1.55) gezeigt wurde. Da (1.55) für eine allgemeine Bewegung eines starren Körpers gilt, gibt es für diese Bewegung einen eindeutigen Winkelgeschwindigkeitsvektor. Der Beweis gilt auch für den Fall der ebenen Bewegung und beantwortet die diesbezüglich offene Frage in Abschnitt 1.2.3.
Der Vektor der Beschleunigung des Punktes P ergibt sich aus der Zeitableitung von (1.55) unter Berücksichtigung von (1.42) zu

$$\begin{aligned} \mathbf{a} = \dot{\mathbf{v}} = \ddot{\mathbf{r}} = \ddot{\mathbf{r}}_A + \ddot{\mathbf{r}}_{AP} &= \dot{\mathbf{v}}_A + \dot{\boldsymbol{\omega}} \times \mathbf{r}_{AP} + \boldsymbol{\omega} \times (\boldsymbol{\omega} \times \mathbf{r}_{AP}) \\ &= \dot{\mathbf{v}}_A + \dot{\boldsymbol{\omega}} \times \mathbf{r}_{AP} + (\boldsymbol{\omega} \cdot \mathbf{r}_{AP})\boldsymbol{\omega} - \omega^2 \mathbf{r}_{AP} \ . \end{aligned} \tag{1.59}$$

Der Vergleich der Beschleunigung bei allgemeiner Bewegung (1.59) mit der Beschleunigung bei ebener Bewegung (1.50) zeigt, dass die allgemeine Formel (1.59) den ebenen Fall (1.50) wegen des rechten Winkels zwischen $\dot{\boldsymbol{\omega}} = \dot{\omega}\mathbf{e}_z$ und $\mathbf{r}_{AP}$ enthält.
Mit (1.59) können nun noch die eingangs empirisch eingeführten raumfesten Bezugssysteme dahingehend spezifiziert werden, dass sie keine Beschleunigung erfahren. Die Beschleunigung von Bezugssystemen hat für die in den Bezugssystemen befindlichen Körper wegen der Gültigkeit der kinetischen Grundgesetze Folgen (s. Kapitel 2).
Auf Berechnungsbeispiele für die allgemeine Bewegung wird wegen des damit verbundenen Aufwandes in dieser Einführung verzichtet.

Die grundlegende kinematische Beziehung (1.55) und die darin enthaltene Gleichung (1.39) sollen nun noch für endliche Körperdrehungen mit Bezug auf kartesische raumfeste Einheitsbasisvektoren $\mathbf{e}_x, \mathbf{e}_y, \mathbf{e}_z$ diskutiert werden. Zunächst ergibt sich für das Vektorprodukt (1.39)

$$\begin{aligned} \dot{\mathbf{r}} = \boldsymbol{\omega} \times \mathbf{r} &= \begin{vmatrix} \mathbf{e}_x & \mathbf{e}_y & \mathbf{e}_z \\ \omega_x & \omega_y & \omega_z \\ x & y & z \end{vmatrix} \\ &= (z\omega_y - y\omega_z)\mathbf{e}_x + (x\omega_z - z\omega_x)\mathbf{e}_y + (y\omega_x - x\omega_y)\mathbf{e}_z \; . \end{aligned} \tag{1.60}$$

Mit der Zerlegung $\dot{\mathbf{r}} = \dot{x}\,\mathbf{e}_x + \dot{y}\,\mathbf{e}_y + \dot{z}\,\mathbf{e}_z$ entsteht durch Vergleich mit der rechten Seite von (1.60) das ortsabhängige Geschwindigkeitsfeld in Buchstaben- und Zahlenindexdarstellung

$$\begin{aligned} v_x &= \dot{x} = z\omega_y - y\omega_z \; , \qquad & \dot{x}_1 &= \qquad\quad - \omega_3 x_2 + \omega_2 x_3 \\ v_y &= \dot{y} = x\omega_z - z\omega_x \; , \qquad & \dot{x}_2 &= \omega_3 x_1 \qquad\qquad - \omega_1 x_3 \\ v_z &= \dot{z} = y\omega_x - x\omega_y \; , \qquad & \dot{x}_3 &= -\omega_2 x_1 + \omega_1 x_2 \; . \end{aligned} \tag{1.61a,b}$$

Beliebig große Drehungen des körperfesten Ortsvektors $x_k(t)$ zur Zeit t gegenüber dem körperfesten Ortsvektor $x_k(0)$ am Bewegungsbeginn $t = 0$ werden durch die orthogonale Matrix $R_{kl}(t)$ gemäß

$$x_k(t) = \sum_{l=1}^{3} R_{kl}(t) x_l(0) \tag{1.62}$$

erzeugt. Die Orthogonalität von R_{kl} ist durch

$$\sum_{l=1}^{3} R_{kl} R_{ml} = \sum_{l=1}^{3} R_{lk} R_{lm} = \delta_{km} \; , \qquad \delta_{km} = \begin{cases} 1, k = m \\ 0, k \neq m \end{cases} \tag{1.63a}$$

gegeben. Sie lässt, wie man zeigen kann, körperfeste Längen und Winkel ungeändert. Die Zeitableitung von (1.63a) ergibt

$$\sum_{l=1}^{3} \dot{R}_{kl} R_{ml} + \sum_{l=1}^{3} R_{kl} \dot{R}_{ml} = 0 \quad \text{bzw.} \quad \sum_{l=1}^{3} \dot{R}_{kl} R_{ml} = -\sum_{l=1}^{3} R_{kl} \dot{R}_{ml} \; . \tag{1.63b}$$

Aus der Zeitableitung von (1.62), $\dot{x}_k(t) = \sum_l \dot{R}_{kl}(t) x_l(0)$, entsteht mit Hilfe der orthogonalitätsbegründeten Inversion von (1.62), $x_l(0) = \sum_m R_{ml}(t) x_m(t)$, noch

$$\dot{x}_k(t) = \sum_{l=1}^{3} \sum_{m=1}^{3} \dot{R}_{kl}(t) R_{ml}(t) x_m(t) = \sum_{m=1}^{3} w_{km}(t) x_m(t) \; . \tag{1.64}$$

Hier bezeichnet $w_{km} = \sum_l \dot{R}_{kl} R_{ml}$ die Koordinaten des sogenannten Drehgeschwindigkeitstensors. Dieser ist wegen (1.63b) antisymmetrisch, d. h., $w_{km} = -w_{mk}$. Seine Diagonalelemente verschwinden. Es verbleiben nur drei unabhängige Terme, welche durch Vergleich von (1.64) mit (1.61b) die Koordinaten ω_k, $k = 1, 2, 3$ des Winkelgeschwindigkeitsvektors $\boldsymbol{\omega}$ ergeben:

$$\omega_1 = -w_{23} \ , \quad \omega_2 = w_{13} \ , \quad \omega_3 = -w_{12} \ . \tag{1.65}$$

Mit dem Ergebnis (1.64) und Ersatz von x_m durch x_{APm} lautet die grundlegende kinematische Vektorformel (1.55) in Koordinaten-Schreibweise

$$\dot{x}_k = \dot{x}_{Ak} + \sum_{l=1}^{3} w_{kl} x_{APl} \ , \quad k = 1, 2, 3 \ . \tag{1.66}$$

Ergänzend zur Interpretation von (1.55) sei noch erwähnt, dass der momentane Geschwindigkeitszustand einer allgemeinen Bewegung aus einem momentanen Geschwindigkeitszustand in einer Ebene, aufgefasst als Drehung um den Momentanpol in dieser Ebene, und einer Translationsgeschwindigkeit senkrecht zu dieser Ebene zusammengesetzt werden kann.

1.3 Kinematik von Mehrkörpersystemen

1.3

Die bisherigen Betrachtungen betrafen die Kinematik von einzelnen Körperpunkten bzw. Körpern. Technische Systeme bestehen häufig aus mehreren Körpern, die in definierter Weise miteinander verbunden sind. Die Konstruktion der Bindungen zwischen den Körpern verhindert dabei in idealisierter Weise einen Teil der relativen Bewegungsmöglichkeiten zwischen den Körpern des Systems, reduziert also den bei Abwesenheit der Bindungen vorliegenden Freiheitsgrad. Die Situation ist vergleichbar mit der zusammengesetzter Tragwerke in der Statik, wie am Beispiel ebener Tragwerke in der Statik gezeigt wird. Dort wie hier werden die verschiedenen Bindungsarten auch zwischen Körpern des Systems und der Umgebung realisiert und dann als Lager bezeichnet. Typische Beispiele sind das Gelenk bzw. das gelenkige Festlager oder die Führung. Im ersten Fall werden Relativverschiebungen verhindert, im zweiten Fall Relativverdrehungen. Die in der Kinematik existierenden Bindungen, die Relativbewegungen in eingeschränkter Weise zulassen können, werden mathematisch durch Funktionsgleichungen beschrieben, die Zwangsbedingungen heißen. Als unabhängige Variable in den Funktionsgleichungen treten hier die schon früher eingeführten Koordinaten körperfester Punkte und Winkel körperfester Geraden bezüglich eines raumfesten Bezugssystems sowie die Zeit auf.

Liegt ein System von N Körpern im Raum vor, so beträgt der Freiheitsgrad des Systems wegen der sechs Bewegungsmöglichkeiten eines Körpers im Raum (vgl. Abschnitt 1.2.4)

$$f_u = 6N \; . \tag{1.67}$$

Dieser Freiheitsgrad entspricht f_u Ausgangskoordinaten $s_i = s_i(t), i = 1, ..., f_u$, die aus Längen- und Winkelangaben bestehen. Der Index u weist auf die ursprüngliche Zahl von Koordinaten der zunächst ungebundenen Körper hin. Werden dem System z Zwangsbedingungen Z_k zwischen den f_u Ausgangskoordinaten s_k auferlegt,

$$Z_k(s_1, ..., s_z, s_{z+1}, ..., s_{fu}, t) = 0, \; k = 1, ..., z \; , \tag{1.68}$$

wobei $z < f_u$, so lassen sich die z Koordinaten s_k, $k = 1, ..., z$, mittels der z Gleichungen (1.68) durch die $f = f_u - z$ verbleibenden Koordinaten $s_{z+1}, ..., s_{fu}$ ausdrücken. Die verbleibenden Koordinaten, die zur eindeutigen Beschreibung der Bewegung des Systems ausreichen, heißen verallgemeinerte Koordinaten und bekommen die neue Bezeichnung $q_l = s_{z+l}$, $l = 1, ..., f$. Ihre Anzahl ist gleich dem infolge der Zwangsbedingungen reduzierten Freiheitsgrad f des Systems. Die gedachte, nicht notwendig durchführbare Auflösung von (1.68) nach den überzähligen z Koordinaten liefert damit z funktionelle Abhängigkeiten h_k in der Form

$$s_k = h_k(q_l, t) \; , \quad k = 1, ..., z \; , \quad l = 1, ..., f \; . \tag{1.69}$$

Der reduzierte Freiheitsgrad f des Systems, der letztlich für das System maßgeblich ist, wird gewöhnlich als Freiheitsgrad schlechthin bezeichnet, insbesondere wenn die Zwangsbedingungen von vornherein vorliegen. Er ist gleich der Zahl der zusätzlichen Festhaltungen, die das System blockieren.
Für ebene Systembewegungen ist in (1.67), ..., (1.69) entsprechend dem Freiheitsgrad eines ungebundenen Körpers in der Ebene $f_u = 3N$ zu setzen.
Es sei noch bemerkt, dass Zwangsbedingungen der Art (1.68), worin die Zeit explizit vorkommt, als holonom-rheonom bezeichnet werden, bei fehlender expliziter Zeitabhängigkeit als holonom-skleronom. Nichtholonome Zwangsbedingungen, die nichtintegrable Abhängigkeiten von den $\dot{s}_i$ enthalten, bleiben außerhalb der folgenden Betrachtungen.
Welche der Ausgangskoordinaten als verallgemeinerte Koordinaten zu wählen sind, hängt vom jeweiligen Problem und angestrebten Lösungsweg ab. Empfehlenswert ist die Anfertigung einer Skizze des idealisierten Systems im allgemeinen Bewegungszustand, aus der sich durch gedankliche Realisierung der Bindungswirkung die verallgemeinerten Koordinaten erkennen lassen. Zur Erläuterung werden zwei Fälle ebener Systembewegungen diskutiert. Bild 1.16a

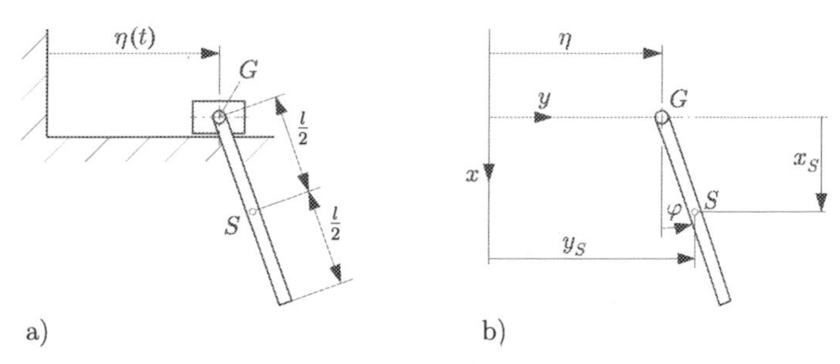

Bild 1.16. Schlitten mit Pendelstab a) und Ausgangskoordinaten b)

zeigt einen auf horizontaler Unterlage geführten Schlitten, an dem ein homogener Stab der Länge l gelenkig befestigt ist. Die gegebene Koordinate $\eta(t)$ beschreibt vollständig die translatorische Bewegung des Schlittens. Es reicht aus, in der Skizze gemäß Bild 1.16b nur den allgemeinen Bewegungszustand des Stabes zu betrachten. Festhalten des zwangsgeführten Gelenkes G, das als körperfester Punkt des Schlittens und des Stabes aufgefasst wird, ergibt den Drehwinkel φ als alleinige verallgemeinerte Koordinate q_1, d. h. $f = 1$. Die ebene Bewegung des ungebundenen Stabes, der zunächst den Freiheitsgrad $f_u = 3$ gemäß den Ausgangskoordinaten x_G, y_G, φ besitzt, unterliegt den beiden Zwangsbedingungen

$$x_G = 0 \; , \quad y_G = \eta(t) \; , \tag{1.70}$$

die hier schon nach den beiden überzähligen Koordinaten x_G, y_G aufgelöst sind. Der Vergleich von (1.69) mit (1.70) ergibt

$$s_1 = h_1(q_1, t) = x_G = 0 \; , \tag{1.71a}$$

$$s_2 = h_2(q_1, t) = y_G = \eta(t) \; . \tag{1.71b}$$

Für eine spätere kinetische Untersuchung des Systems werden die Koordinaten des Stabschwerpunktes S benötigt, die hier stellvertretend für einen gewählten körperfesten Punkt stehen. Aus Bild 1.16b liest man die Zwangsbedingungen

$$x_S = \frac{l}{2}\cos\varphi \; , \quad y_S = \eta + \frac{l}{2}\sin\varphi \tag{1.72}$$

ab. Der Vergleich der nun überzähligen Ausgangskoordinaten x_S, y_S aus (1.72) mit denen von (1.69) liefert anstelle von (1.71)

$$s_1 = h_1(q_1, t) = x_S = \frac{l}{2}\cos\varphi(t) \; , \tag{1.73a}$$

$$s_2 = h_2(q_1, t) = y_S = \eta(t) + \frac{l}{2}\sin\varphi(t) \; . \tag{1.73b}$$

Wegen des expliziten Auftretens der Zeit in (1.71b) bzw. (1.73b) ist das System holonom-rheonom.
Bei dem ebenen Doppelpendel nach Bild 1.17, bestehend aus zwei homogenen Stäben der Längen l_1 und l_2, ist der körperfeste Punkt A auch raumfest. Folg-

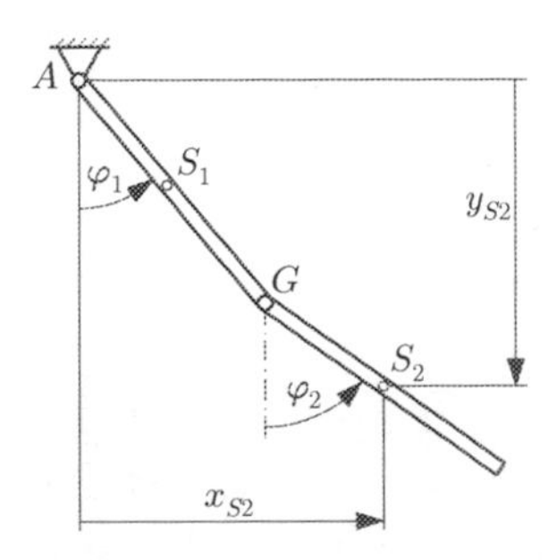

Bild 1.17. Doppelpendel mit Ausgangskoordinaten

lich reicht der Winkel φ_1 als verallgemeinerte Koordinate zur Beschreibung der Bewegung des Stabes 1 aus. Damit sind aber auch die Koordinaten des Gelenkes G festgelegt. Zur Angabe der Lage des Stabes 2 muss nur noch der Winkel φ_2 eingeführt werden. Es gilt also $f = 2,\ q_i = \varphi_i$.
Für die später interessierende Bewegung des in Mitte des Stabes 2 befindlichen Schwerpunktes S_2 ergibt sich aus Bild 1.17

$$x_{S2} = l_1 \sin\varphi_1 + \frac{l_2}{2}\sin\varphi_2\ , \tag{1.74a}$$

$$y_{S2} = l_1 \cos\varphi_1 + \frac{l_2}{2}\cos\varphi_2\ . \tag{1.74b}$$

Zu den sechs Ausgangskoordinaten x_A, y_A, x_{S2}, y_{S2}, φ_1 und φ_2, die alle im raumfesten Bezugssystem gemessen werden, liegen die nach den vier überzähligen Koordinaten aufgelösten vier Zwangsbedingungen $x_A = 0$, $y_A = 0$ und (1.74a,b) vor, d. h. die Bestätigung von $f = f_u - z = 6 - 4 = 2$. Da die Zeit nicht explizit in den Zwangsbedingungen auftritt, ist das System holonom-skleronom.

1.4

1.4 Relativbewegung des Körperpunktes

Die Bewegung von Körperpunkten und Körpern war bisher unter Zugrundelegung eines raumfesten Bezugssystems betrachtet worden. Häufig begegnet man Situationen, bei denen sich Körper gegenüber anderen Körpern bewegen. Als Beispiel diene der freie Fall eines Gegenstandes in einem Fahrzeug. Das Fahrzeug bewege sich mit konstanter Geschwindigkeit geradeaus. Der Gegenstand werde ohne anfängliche Winkelgeschwindigkeit losgelassen. Dann ergibt sich eine translatorische Bewegung des Gegenstandes, die der Beobachter im Fahrzeug

als gerade Bahn aller Punkte des Gegenstandes wahrnimmt, während der Beobachter außerhalb des Fahrzeuges deckungsgleiche gekrümmte Bahnen aller Punkte des Gegenstandes registriert. Die Situation wird komplexer, wenn der Gegenstand im Fahrzeug eine geführte Bewegung erleidet und das Fahrzeug in einer Kurve beschleunigt. Zur Beschreibung solcher Sachverhalte kann es zweckmäßig sein, ein mit einem der beiden bewegten Körper (im Beispiel das Fahrzeug) verbundenes Bezugssystem einschließlich gleicher Zeitmessung einzuführen, in dem die Bewegung des anderen bewegten Körpers (im Beispiel der Gegenstand) beschrieben wird. Die Bewegung des Gegenstandes im raumfesten Bezugssystem bestimmt sich dann aus seiner Relativbewegung gegenüber dem Fahrzeugbezugssystem (auch Führungssystem) und der Bewegung des Fahrzeugbezugssystem gegenüber dem raumfesten Bezugssystem (Absolutsystem).
Im Folgenden beschränken wir uns auf die Relativbewegung eines Körperpunktes. Dieser Körperpunkt kann stellvertretend für die Bewegung des Körpers stehen, wenn der Körper in einem raumfesten Bezugssystem eine reine Translation ausführt (s. Abschnitt 1.2.1).
Im Bild 1.18 sind ein raumfestes Bezugssystem mit dem Ursprung O und ein bewegtes Bezugssystem mit dem Ursprung B gegeben.

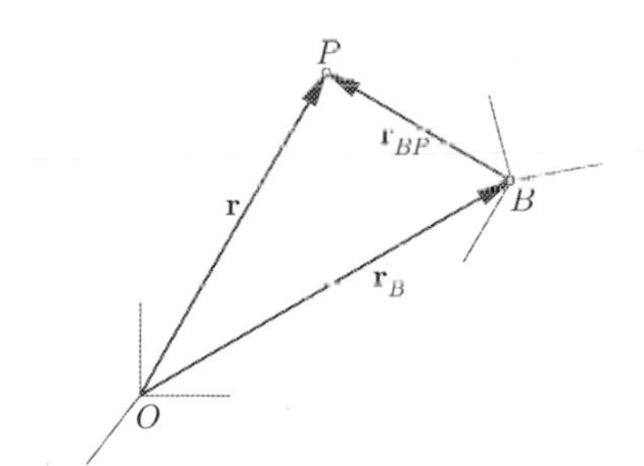

Bild 1.18. Zur Relativbewegung des Körperpunktes

Für den Ortsvektor $\mathbf{r}$ des bezüglich O und B beliebig bewegten Körperpunktes P gilt

$$\mathbf{r} = \mathbf{r}_B + \mathbf{r}_{BP} \tag{1.75}$$

und für die Zeitableitung des Ortsvektors

$$\begin{aligned} \mathbf{v} = \frac{d\mathbf{r}}{dt} = \frac{d\mathbf{r}_B}{dt} + \frac{d\mathbf{r}_{BP}}{dt} &= \frac{d\mathbf{r}_B}{dt} + \boldsymbol{\omega} \times \mathbf{r}_{BP} + \frac{d'\mathbf{r}_{BP}}{dt} \\ &= \mathbf{v}_B + \boldsymbol{\omega} \times \mathbf{r}_{BP} + \mathbf{v}_{rel} \, . \end{aligned} \tag{1.76}$$

Die ersten beiden Terme der rechten Seite von (1.76) entsprechen der EULERschen Formel (1.55) für einen im Führungssystem zunächst konstanten Vektor $\mathbf{r}_{BP}$. Der dritte Term berücksichtigt die zeitliche Änderung der bezüglich der

Vektorbasis des Führungssystems gemessenen Vektorkoordinaten von $\mathbf{r}_{BP}$, die zur Unterscheidung von der Zeitableitung im Absolutsystem mit einem Strich, $d'()/dt$, versehen wurde. Hervorzuheben ist nochmals, dass $\boldsymbol{\omega}$ die im raumfesten Bezugssystem definierte (absolute) Winkelgeschwindigkeit des Führungssystems darstellt. Da hier nicht die Relativbewegung eines Körpers sondern nur eines Punktes untersucht wird, steht die Frage nach dem Unterschied der Zeitableitungen einer Körperwinkelgeschwindigkeit im Führungs- bzw. Absolutsystem nicht zur Diskussion.
Die absolute Geschwindigkeit $\mathbf{v}$ zerfällt nach (1.76) in die Führungsgeschwindigkeit $\mathbf{v}_F$ und die Relativgeschwindigkeit $\mathbf{v}_{rel}$

$$\mathbf{v} = \mathbf{v}_F + \mathbf{v}_{rel} \ , \tag{1.77}$$

mit

$$\mathbf{v}_F = \mathbf{v}_B + \boldsymbol{\omega} \times \mathbf{r}_{BP} \ , \quad \mathbf{v}_{rel} = \frac{d'\mathbf{r}_{BP}}{dt} \ .$$

Die Beschleunigung folgt aus der Zeitableitung von (1.76) unter Anwendung der in (1.76) enthaltenen, für Vektoren gültigen Differenziationsoperation

$$\frac{d\mathbf{r}_{BP}}{dt} = \boldsymbol{\omega} \times \mathbf{r}_{BP} + \frac{d'\mathbf{r}_{BP}}{dt} \tag{1.78}$$

auf die Vektoren $\mathbf{r}_{BP}$ und $\mathbf{v}_{rel}$

$$\begin{aligned} \mathbf{a} = \dot{\mathbf{v}} &= \dot{\mathbf{v}}_B + \dot{\boldsymbol{\omega}} \times \mathbf{r}_{BP} + \boldsymbol{\omega} \times (\boldsymbol{\omega} \times \mathbf{r}_{BP} + \mathbf{v}_{rel}) + \boldsymbol{\omega} \times \mathbf{v}_{rel} + \frac{d'\mathbf{v}_{rel}}{dt} \\ &= \dot{\mathbf{v}}_B + \dot{\boldsymbol{\omega}} \times \mathbf{r}_{BP} + \boldsymbol{\omega} \times (\boldsymbol{\omega} \times \mathbf{r}_{BP}) + 2\boldsymbol{\omega} \times \mathbf{v}_{rel} + \mathbf{a}_{rel} \end{aligned} \tag{1.79}$$

mit den Anteilen Führungsbeschleunigung $\mathbf{a}_F$, CORIOLISbeschleunigung $\mathbf{a}_C$ (CORIOLIS, 1792-1843) und Relativbeschleunigung $\mathbf{a}_{rel}$

$$\mathbf{a} = \mathbf{a}_F + \mathbf{a}_C + \mathbf{a}_{rel} \ , \tag{1.80}$$

$$\begin{aligned} \mathbf{a}_F &= \dot{\mathbf{v}}_B + \dot{\boldsymbol{\omega}} \times \mathbf{r}_{BP} + \boldsymbol{\omega} \times (\boldsymbol{\omega} \times \mathbf{r}_{BP}) \ , \\ \mathbf{a}_C &= 2\boldsymbol{\omega} \times \mathbf{v}_{rel} \ , \\ \mathbf{a}_{rel} &= \frac{d'\mathbf{v}_{rel}}{dt} = \frac{d'^2\mathbf{r}_{BP}}{dt^2} \ . \end{aligned}$$

Die Gültigkeit von (1.78) für irgendeinen Vektor $\mathbf{c}$ wird deutlich bei Bezug dieses Vektors auf einen Einheitsbasisvektor $\mathbf{e}$ im Führungssystem. Dann gilt $\dot{\mathbf{c}} = (c\mathbf{e})^{\cdot} = c\dot{\mathbf{e}} + \dot{c}\mathbf{e}$. Dies liefert wegen $\dot{\mathbf{e}} = \boldsymbol{\omega} \times \mathbf{e}$ wie in (1.42) und mit der Bezeichnung $\dot{c}\mathbf{e} = \mathbf{c}'$ das Ergebnis

$$\dot{\mathbf{c}} = c\boldsymbol{\omega} \times \mathbf{e} + \mathbf{c}' = \boldsymbol{\omega} \times \mathbf{c} + \mathbf{c}' \ . \tag{1.81}$$

Beispiel 1.9

Auf einer mit der konstanten Winkelgeschwindigkeit ω rotierenden Kreisscheibe (Bild 1.19a) befindet sich eine radiale Führung, längs der ein Punkt P gemäß der gegebenen Zwangsbedingung $r = kt^2$, $k =$ konst., bewegt wird. Gesucht ist der Beschleunigungsvektor des Punktes P.

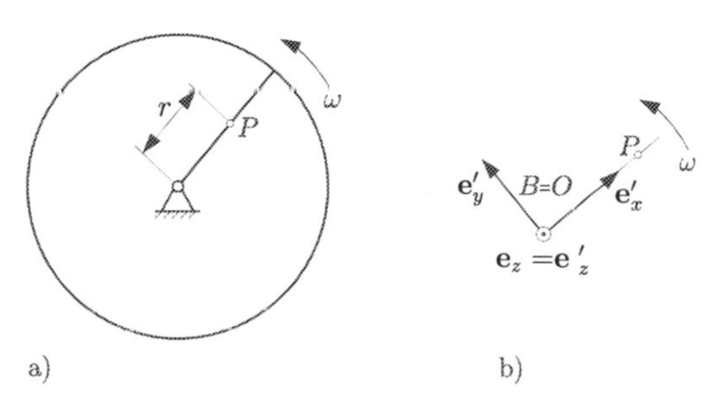

Bild 1.19. Scheibe mit geführtem Punkt a) und Führungssystem b)

Lösung:
Der Ursprung B des Führungssystems befindet sich im Ursprung O des Absolutsystems (Bild 1.19b). Die Basisvektoren $\mathbf{e}'_x$, $\mathbf{e}'_y$ des Führungssystems rotieren mit der konstanten Winkelgeschwindigkeit ω um die durch $\mathbf{e}_z$ bestimmte raumfeste Achse. In (1.79) gelten

$$\dot{\mathbf{v}}_B = \mathbf{0}\ , \quad \boldsymbol{\omega} = \omega \mathbf{e}_z\ , \quad \dot{\boldsymbol{\omega}} = \mathbf{0}\ , \quad \mathbf{r}_{BP} = r\mathbf{e}'_x = kt^2\mathbf{e}'_x\ ,$$

$$\mathbf{v}_{rel} = \frac{d'\mathbf{r}_{BP}}{dt} = \mathbf{e}'_x\frac{dr}{dt} = v_{rel}\mathbf{e}'_x = 2kt\mathbf{e}'_x\ ,$$

$$\mathbf{a}_{rel} = \frac{d'\mathbf{v}_{rel}}{dt} = \mathbf{e}'_x\frac{dv_{rel}}{dt} = a_{rel}\mathbf{e}'_x = 2k\mathbf{e}'_x$$

und folglich

$$\boldsymbol{\omega} \times (\boldsymbol{\omega} \times \mathbf{r}_{BP}) = \omega^2 r\mathbf{e}_z \times (\mathbf{e}_z \times \mathbf{e}'_x) = \omega^2 r\mathbf{e}_z \times \mathbf{e}'_y = -\omega^2 r\mathbf{e}'_x\ ,$$

$$\boldsymbol{\omega} \times \mathbf{v}_{rel} = \omega\mathbf{e}_z \times v_{rel}\mathbf{e}'_x = \omega v_{rel}\mathbf{e}'_y = 2\omega kt\mathbf{e}'_y\ ,$$

d. h.

$$\mathbf{a} = -\omega^2 r\mathbf{e}'_x + 2\omega v_{rel}\mathbf{e}'_y + a_{rel}\mathbf{e}'_x = (2k - \omega^2 kt^2)\mathbf{e}'_x + 4\omega kt\mathbf{e}'_y\ .$$

In der linken Summe des Ergebnisses stellt der erste Term den in diesem Beispiel verbliebenen Rest der Führungsbeschleunigung dar. Er trat unter anderem Blickwinkel schon früher in (1.32) auf. Der zweite Term gibt die CORIOLISbeschleunigung an, die, senkrecht auf der Drehachse und der Führung stehend, in der dem Drehsinn entsprechenden Umfangsrichtung orientiert ist. Die anschauliche Ursache für die CORIOLISbeschleunigung liegt darin, dass der Punkt P infolge seiner radialen Verschiebung weg von der Drehachse an Orte der Scheibe gelangt, die eine größere Umfangsgeschwindigkeit besitzen. Die durch den letzten Term in der linken Summe ausgedrückte Relativbeschleunigung enthält als Vektorvorzahl die im Führungssystem gebildete zweite Zeitableitung eines Abstandes, d. h. einer rein skalaren Größe. In dieser Bedeutung wurde sie auch schon in (1.32) angetroffen. □

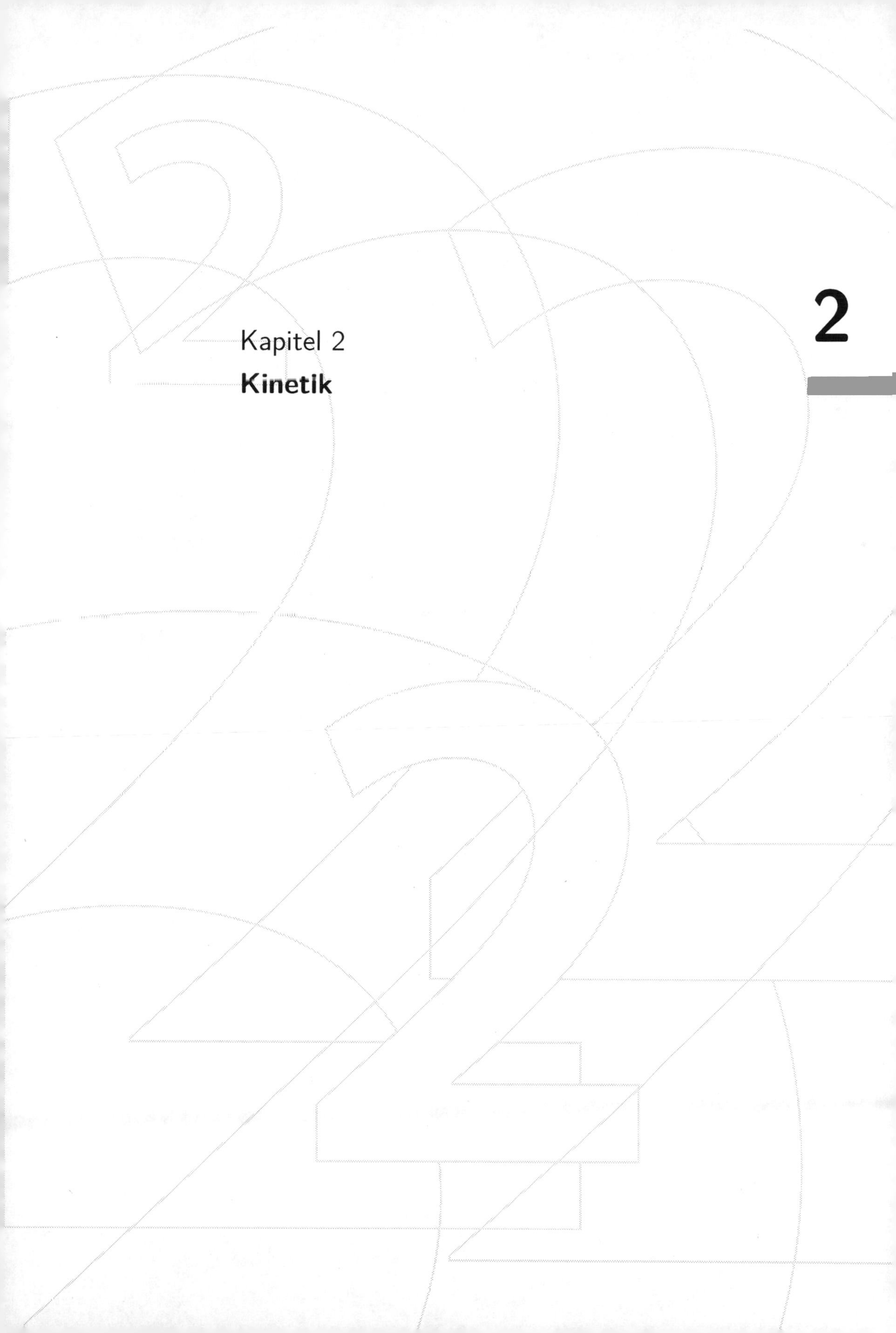

Kapitel 2

Kinetik

2

2

2 Kinetik

2 Kinetik

In der Kinematik wurde die Bewegung von Körperpunkten und starren Körpern im Zeitablauf untersucht. Dabei war die Bewegung eines Körperpunktes repräsentativ für alle Punkte eines translatorisch bewegten Körpers.
Die Kinetik fragt nach den Lasten, die die Bewegung der weiterhin als starr angenommenen Körper verursachen oder als Wirkung solcher Bewegungen entstehen. Der in der Statik behandelte Ruhezustand eines belasteten Körpers ist ein Sonderfall der Bewegung des belasteten Körpers. Insofern muss die allgemeinere Theorie der Kinetik die spezielle Theorie der Statik enthalten. Grundlegende Voraussetzungen der Statik dürfen deshalb in der Kinetik nicht eingeschränkt werden, sind aber gegebenenfalls zu erweitern.
Anstelle von Kinetik und Statik ist auch der Terminus Dynamik üblich.

2.1 Grundlegende Begriffe

2.1

2.1.1 Körper und Masse

In der Statik, Kapitel 1, wurde zur Charakterisierung der als Körper idealisierten technischen Objekte wie Konstruktionen, Tragwerke, Bauelemente u.ä. nur deren Geometrie herangezogen. Diese Geometrie enthält die Abmessungen und damit die Festlegung von Volumen und Oberfläche des Körpers. Das in der Statik eingeführte Schnittprinzip verwertet diese Informationen zu der zwingend erforderlichen Feststellung dessen, was zum betrachteten Körper gehört und was nicht: Mittels Angabe einer Körperoberfläche wird das Körpervolumen von der Umgebung getrennt und unterschieden. Nur so sind dann auch die Wechselwirkungen des Körpers mit der Umgebung definierbar. Die ausgesprochenen Überlegungen müssen prinzipiell auf beliebige Körper und beliebige Körperteile, die wieder Körper sind, d. h. eine Oberfläche und ein Volumen besitzen, anwendbar sein. Ohne Benutzung dieser Voraussetzung wären die in der Statik postulierten, unabhängig geltenden Gleichgewichtsbedingungen (Bilanzen) von Kräften und Momenten nicht allgemeingültig und deshalb praktisch wertlos.
Die mittels des Schnittprinzips in der Statik praktizierte Festlegung des zu untersuchenden Körpers ist in die Kinetik zu übernehmen.
Der bisher verwendete statische Körperbegriff war nicht an die Eigenschaft des Körpers gebunden, eine Masse zu besitzen, wie zahlreiche Beispiele zur Untersuchung des Gleichgewichts von Körpern, bei denen die Masse nicht vorkam, belegen. Die Fälle, in welchen die Masse eine Bedeutung hatte, betrafen einen speziellen Typ der Wechselwirkung des Körpers mit der Umgebung in Form

H. Balke, *Einführung in die Technische Mechanik*,
https://doi.org/10.1007/978-3-662-59096-6_3

eines anderen Körpers, nämlich die Anziehungskraft der schweren Masse (Gewicht) gemäß dem Gravitationsgesetz von NEWTON (1643-1727).
Die allgemeine Erfahrung lehrt, dass bei der Frage nach Ursachen und Wirkungen der Bewegungen von Körpern unter dem Einfluss von Lasten die Masse des jeweiligen Körpers anders als in der Statik immer bedeutsam ist (träge Masse). Wie später gezeigt wird, können die Zahlenwerte von schwerer und träger Masse eines Körpers gleich gesetzt werden.
Gemäß den Auffassungen der klassischen Mechanik ist die Masse eines Körpers eine positive Zahl, welche die in dem Körper enthaltene Substanzmenge angibt. Bei Zerlegung des Körpers in Teile gleicht sie der Summe der Massen der Teile. Die Masse bleibt konstant bei beliebigen Bewegungen des Körpers und besitzt eine von den Dimensionen der Länge und der Zeit unabhängige Dimension. Ihre Maßeinheit ist das Kilogramm (kg), welches durch das Gewicht der festgelegten Menge einer bestimmten Substanz definiert ist.
Wir setzen die Masse m als kontinuierlich verteilt im Körpervolumen V voraus. Dann existiert an jedem Körperpunkt ein Zahlenwert für die Massendichte ρ, abgekürzt als Dichte bezeichnet,

$$\rho = \frac{dm}{dV} \ . \tag{2.1}$$

Die Maßeinheit der Dichte ergibt sich damit zu

$$[\rho] = \mathrm{kg/m^3} \ .$$

Die Gesamtmasse des Körpers beträgt

$$m = \int_V \rho dV \ . \tag{2.2}$$

Es kommen auch idealisierte Körper in Betracht, die eine linien- bzw. flächenförmige Gestalt, d. h. kein Volumen besitzen. In diesen Fällen werden Massendichten je Längen- bzw. Flächeneinheit eingeführt, was in der Statik anhand des Eigengewichtes eines Stabes und einer Scheibe in Kapitel 3 sowie bei der Erörterung des Schwerpunktes in Kapitel 9 demonstriert wurde.

2.1.2 Lasten

Wie in der Statik werden auch in der Kinetik die beiden unabhängigen Lasten Kraft und Moment benutzt und zwar zunächst in ihrer einfachsten Form als algebraisch gegebene Größen Einzelkraft und Einzelmoment, für die das Parallelogrammgesetz der Zerlegung und Zusammensetzung von Vektoren gilt. Erforderlichenfalls sind sie durch Kraftdichten je Längen-, Flächen- und Volumeneinheit zu ergänzen. Momentendichten sowie innerhalb eines Körpers wirkende Volumenkräfte werden hier nicht berücksichtigt. Die im technischen Sprachgebrauch situationsbedingte formale Einteilung der Lasten nach ihrer Herkunft in eingeprägte Lasten und Reaktionen wird beibehalten. Wie in der Statik liegt nach vollzogener Anwendung des Schnittprinzips die Körperoberfläche fest, über die hinweg alle Lasten mit der Umgebung wechselwirken. Diese Wechselwirkungen werden unabhängig davon, ob sie aus dem Schnitt von Bindungen eines unmittelbar benachbarten Körpers oder eines Fernfeldeinflusses wie Gravitation herrühren, als äußere Lasten bilanziert. Gegenüber der Statik ist allerdings in der Kinetik eine Verallgemeinerung der Wechselwirkungen zu berücksichtigen. Die jetzt möglichen relativen Lageänderungen des betrachteten Körpers zu benachbarten Körpern können die in Frage kommenden Wechselwirkungen beeinflussen. Beispielsweise hängt die Gravitationskraft F_Γ zwischen zwei Körpern der Massen m_1, m_2 mit Abmessungen, die sehr viel kleiner als ihr Abstand R zueinander sind, nach NEWTON von diesem Abstand gemäß

$$F_\Gamma = \Gamma \frac{m_1 m_2}{R^2} \tag{2.3}$$

ab, wo $\Gamma = 6,674 \cdot 10^{-11}\mathrm{m}^3\mathrm{kg}^{-1}\mathrm{s}^{-2}$ die von den beteiligten Substanzarten unabhängige Gravitationskonstante bezeichnet.
Es seien jetzt m_E die Masse und R der mittlere Radius der Erde. Der Schwerpunkt eines im Vergleich zur Erde kleinen Körpers der Masse m befinde sich in der Höhe $h << R$ über der Erdoberfläche. Dann gilt bei einer näherungsweise kugelsymmetrischen Dichteverteilung in der Erde für die als Gewicht F_G bezeichnete, zur resultierenden Kraft zusammengefasste Wechselwirkung auf der Geraden zwischen dem Erdmittelpunkt und dem Schwerpunkt des Körpers

$$F_G = \Gamma \frac{m_E m}{(R+h)^2} \approx \frac{\Gamma m_E}{R^2} m = gm \ , \tag{2.4}$$

wobei die als parallel wirkend und ortsunabhängig angenommene Erdbeschleunigung $g = \Gamma m_E / R^2 = 9,81\mathrm{m/s}^2$ eingeführt wurde. Hier war also der Abstandseinfluss auf die Wechselwirkungskraft vernachlässigbar.
In der Technik werden Lasten auf verschiedene Arten erzeugt. Bild 2.1a zeigt symbolisch eine Feder, die durch die Federkonstante c charakterisiert ist.
Wird die Feder durch die äußere Kraft F belastet, so dehnt sie sich um die Strecke s, die hier als Koordinate mit Orientierungssinn zu verstehen ist. Der Kraftvektor wird durch seinen individuellen Basisvektor mit Pfeil und durch seine Vektorkoordinate F bezüglich dieses Basisvektors angegeben. Die Vektorkoordinate F dient dann im Text mitunter als Synonym für den Vektor. Ähnliches gilt auch für andere Vektoren. Der durch die Federkonstante c bestimmte lineare Zusammenhang zwischen der Federverlängerung s und der Kraft lautet

$$F = cs \ . \tag{2.5}$$

Er gilt für Zug- und Druckfedern. In Bild 2.1b ist nur der Zugbereich von (2.5)

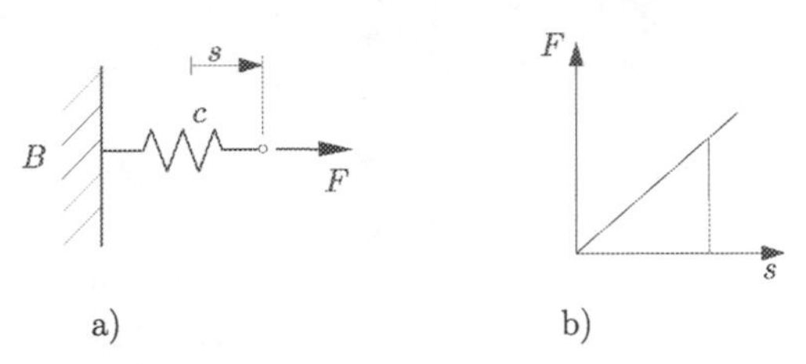

Bild 2.1. Lineare Zugfeder

dargestellt. Die um s verlängerte Feder belastet die Einspannung bei B mit der Kraft gemäß (2.5). Bedeutet die Koordinate s außer der Federverlängerung die Verschiebung eines Körpers, so stellt die Kraft (2.5) eine Schnittreaktion zwischen diesem Körper und der Wand dar.
Die Feder von Bild 2.1 kann auch eine Torsionssteifigkeit c_t besitzen und durch ein Einzelmoment M_t um den Winkel φ verdreht werden (Bild 2.2).

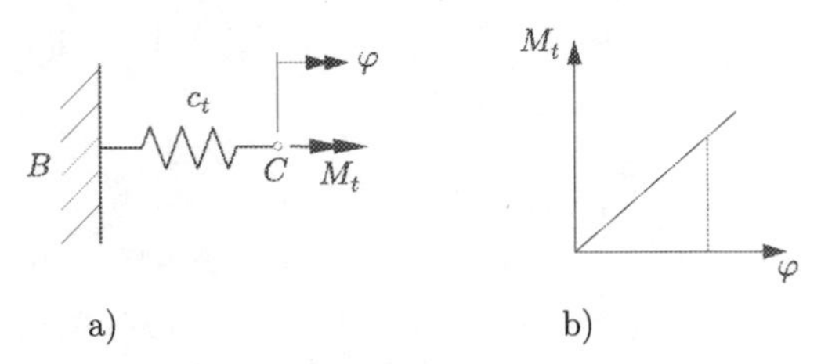

Bild 2.2. Lineare Torsionsfeder

Die in Bild 2.2a mit dem Doppelpfeil symbolisierte Winkelkoordinate φ bezieht sich dabei auf die axiale Verdrehung des senkrecht auf der Zeichenebene stehenden Federachsquerschnittes bei C relativ zur Einspannung B. Der Drehsinn des Winkels und des Einzelmomentes ergibt sich aus der Rechte-Hand-Regel: Wenn der Daumen in Doppelpfeilrichtung zeigt, weisen die restlichen Finger auf die Winkelzunahme bzw. auf den Drehsinn des Einzelmomentes hin (s.a. Statik, Kapitel 1).
Analog zu (2.5) gilt

$$M_t = c_t \varphi \ . \tag{2.6}$$

Geschwindigkeitsproportionale Lasten sind durch Flüssigkeitsreibung in Dämpfern realisierbar. Die entsprechenden Symbole zeigt Bild 2.3.
Hier und künftig soll der angenommene Orientierungssinn für die Wegkoordinate s und die Winkelkoordinate φ auch für die Zeitableitungen dieser Variablen gelten.

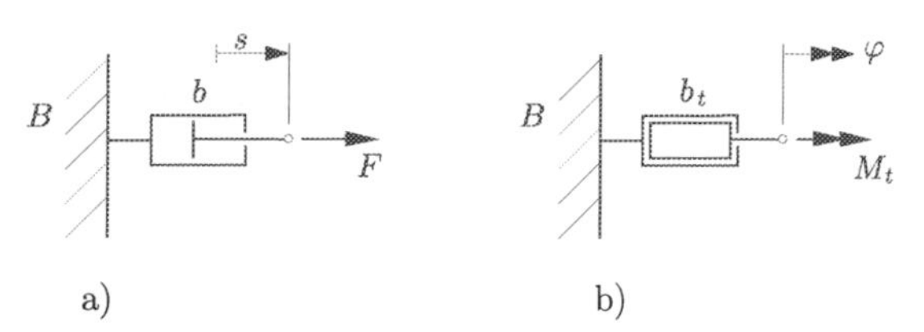

Bild 2.3. Symbole linearer Dämpfer

Die Kraft nach Bild 2.3a genügt der Beziehung

$$F = b\dot{s} \tag{2.7}$$

mit b als Dämpferkonstante. Für das Einzelmoment M_t gemäß Bild 2.3b gilt analog zu (2.7)

$$M_t = b_t\dot{\varphi} \; . \tag{2.8}$$

Wenn trockene Körperoberflächen unter Normaldruckkraft stehen, dann ist die aufzubringende Gleitreibungskraft in Richtung der tangentialen Relativgeschwindigkeit der Körperoberflächen (vgl. Statik, Kapitel 8)

$$F_{Gl} = \mu F_N \; , \tag{2.9}$$

wo μ den materialpaarungsabhängigen Gleitreibungskoeffizient bezeichnet. In den obigen Beispielen waren die volumenverteilte Wechselwirkung infolge Gravitation bzw. die flächenverteilte Gleitreibung jeweils zu resultierenden Kräften zusammengefasst worden. Andersherum können Einzellasten von der in (2.5), ..., (2.8) charakterisierten Art so verteilt werden, dass Dichten je Längen-, Flächen- oder Volumeneinheit entstehen, wobei Momentendichten seltener vorkommen.
Die Beschreibung möglicher Lasttypen musste hier auf einfache Fälle beschränkt bleiben. Sie ist Bestandteil der allgemeinen Modellfindung und kann in speziellen technischen Situationen mit beträchtlichem Aufwand verbunden sein.

2.1.3 Arbeit, Leistung, Potenzial

Ein grundlegender Begriff der Mechanik ist der der Arbeit. Ausgehend von der Verschiebung des Angriffspunktes einer Kraft auf dem durch die Bogenlänge einer beliebigen Raumkurve gemessenen Weg wird der Arbeitszuwachs dW infolge der Kraft $\mathbf{F}$ auf dem Wegdifferenzial $d\mathbf{r}$ aus dem Skalarprodukt

$$dW = \mathbf{F} \cdot d\mathbf{r} = |\mathbf{F}||d\mathbf{r}| \cos(\mathbf{F}, d\mathbf{r}) \tag{2.10}$$

berechnet, wobei $(\mathbf{F}, d\mathbf{r})$ den Winkel zwischen den Vektoren $\mathbf{F}$ und $d\mathbf{r}$ bezeichnet. Der Bezug des mittleren Terms von (2.10) auf das Zeitdifferenzial dt ergibt die Leistung in der Form

$$P = \mathbf{F} \cdot \frac{d\mathbf{r}}{dt} = \mathbf{F} \cdot \mathbf{v} \,. \tag{2.11}$$

Hier bedeutet $\mathbf{v}$ gemäß (1.4) den Geschwindigkeitsvektor des Kraftangriffspunktes. Die Gesamtarbeit bei Verschiebung des Kraftangriffspunktes von einem Anfangspunkt 0 zu einem Endpunkt 1 der Raumkurve beträgt unter Benutzung eines kartesischen Bezugssystems

$$W = \int_0^1 \mathbf{F} \cdot d\mathbf{r} = \int_0^1 (F_x dx + F_y dy + F_z dz) \,. \tag{2.12}$$

Die Zahlen 0 und 1 an den Integralzeichen, die auf den Anfangs- und den Endpunkt der Raumkurve hinweisen, dürfen nicht mit Integrationsgrenzen verwechselt werden.
Als Maßeinheit der Arbeit W dient gemäß (2.12) das Joule (J) (JOULE, 1818-1889)

$$1\text{J} = 1\text{Nm} \,.$$

Die Leistung (2.11) wird in der Einheit Watt (nach WATT, 1736-1819)

$$1\text{W} = 1\text{J/s}$$

gemessen.
Die rechte Seite von (2.12) stellt ein Linienintegral dar, dessen Ergebnis im Allgemeinen vom Weg abhängt. Wegunabhängigkeit liegt nur dann vor, wenn der Integrand von (2.12) ein vollständiges Differenzial ist. Letzteres sei per Definition mit $-dU$ bezeichnet,

$$-dU = F_x dx + F_y dy + F_z dz = \mathbf{F} \cdot d\mathbf{r} \,. \tag{2.13}$$

Die Größe

$$U = -\int_0^1 \mathbf{F} \cdot d\mathbf{r} \,,$$

die von allen drei Koordinaten x, y, z abhängen kann, ist das zu $\mathbf{F}$ gehörende Potenzial und wird auch als potenzielle Energie bezeichnet. Für einfach zusammenhängende Bereiche ergibt sich die Existenz des vollständigen Differenzials dU bei zunächst beliebig von den Koordinaten x, y, z abhängender Kraft $\mathbf{F}$ aus der folgenden Überlegung. Der Vergleich der Definition

$$dU = \frac{\partial U}{\partial x}dx + \frac{\partial U}{\partial y}dy + \frac{\partial U}{\partial z}dz$$

mit dem mittleren Term von (2.13) liefert

$$F_x = -\frac{\partial U}{\partial x} , \quad F_y = -\frac{\partial U}{\partial y} , \quad F_z = -\frac{\partial U}{\partial z} \tag{2.14}$$

bzw. nach partieller Ableitung in der Form

$$\frac{\partial F_x}{\partial y} = -\frac{\partial^2 U}{\partial y \partial x} = -\frac{\partial^2 U}{\partial x \partial y} = \frac{\partial F_y}{\partial x}$$

und deshalb

$$\frac{\partial F_x}{\partial y} = \frac{\partial F_y}{\partial x} , \quad \frac{\partial F_y}{\partial z} = \frac{\partial F_z}{\partial y} , \quad \frac{\partial F_z}{\partial x} = \frac{\partial F_x}{\partial z} . \tag{2.15}$$

Kräfte, die diesen Gleichungen genügen, heißen konservativ (energieerhaltend), bei Verletzung von (2.15) nichtkonservativ oder dissipativ (energiezerstreuend). Für die potenzielle Energie wird dieselbe Maßeinheit wie für die Arbeit verwendet.
Ein Arbeitszuwachs kann auch durch ein Einzelmoment $\mathbf{M}$ an einer differenziellen Winkeländerung $d\boldsymbol{\varphi}$ erzeugt werden. Analog zu (2.10) gilt

$$dW = \mathbf{M} \cdot d\boldsymbol{\varphi} . \tag{2.16}$$

Hinsichtlich der Begründung der Vektoreigenschaft des axialen Vektors $d\boldsymbol{\varphi}$ in (2.16) wird auf Abschnitt 1.2.2 verwiesen. Die Berechtigung von (2.16) ergibt sich aus den Grundgesetzen (Bilanzen) der Statik. Für das Gleichgewicht eines freigeschnittenen Körpers bzw. beliebiger freigeschnittener Körperteile unter n Kräften $\mathbf{F}_i$ und m Einzelmomenten $\mathbf{M}_k$ müssen die resultierende Kraft $\mathbf{F}_R$ und das gesamte resultierende Moment $\mathbf{M}_G$ verschwinden.

$$\mathbf{F}_R = \sum_{i=1}^{n} \mathbf{F}_i , \qquad \mathbf{F}_R = \mathbf{0} \tag{2.17a,b}$$

$$\mathbf{M}_G = \sum_{i=1}^{n} \mathbf{r}_i \times \mathbf{F}_i + \sum_{k=1}^{m} \mathbf{M}_k , \qquad \mathbf{M}_G = \mathbf{0} . \tag{2.18a,b}$$

In (2.18a) bezeichnet $\mathbf{r}_i$ den Ortsvektor des Angriffspunktes der Kraft $\mathbf{F}_i$. Liegen zwei nicht auf einer Wirkungslinie befindliche parallele Kräfte $\mathbf{F}_1$, $\mathbf{F}_2$ und ein Einzelmoment $\mathbf{M}_1$ vor, dann ist wegen (2.17) $\mathbf{F}_2 = -\mathbf{F}_1$, so dass von (2.18) mit den Umbenennungen $-\mathbf{F}_1 = \mathbf{F}$, $\mathbf{M}_1 = -\mathbf{M}$ und $(\mathbf{r}_2 - \mathbf{r}_1) = \hat{\mathbf{r}}$ die Gleichung

$$\hat{\mathbf{r}} \times \mathbf{F} = \mathbf{M} \tag{2.19}$$

verbleibt. Diese erklärt die statische Äquivalenz zwischen dem Moment eines Kräftepaares $\hat{\mathbf{r}} \times \mathbf{F}$ und einem Einzelmoment $\mathbf{M}$.
Für eine differenzielle Drehung $d\boldsymbol{\varphi}$ des Körpers um den Angriffspunkt von $\mathbf{F}$ liefert die skalare Multiplikation von (2.19) mit $d\boldsymbol{\varphi}$ die statisch äquivalenten Arbeitszuwächse

$$dW = d\boldsymbol{\varphi} \cdot \hat{\mathbf{r}} \times \mathbf{F} = d\boldsymbol{\varphi} \cdot \mathbf{M}$$

bzw. wegen der beliebigen Reihenfolge der Vektoroperationen im Spatprodukt und der Faktoren im Skalarprodukt

$$dW = d\boldsymbol{\varphi} \times \hat{\mathbf{r}} \cdot \mathbf{F} = \mathbf{M} \cdot d\boldsymbol{\varphi} \; . \tag{2.20}$$

Die Beziehungen (1.39) bzw. (1.42) können auch als

$$d\mathbf{r} = d\boldsymbol{\varphi} \times \mathbf{r} \tag{2.21}$$

geschrieben werden, so dass mit $\hat{\mathbf{r}}$ anstelle $\mathbf{r}$ in (2.21) aus (2.20)

$$dW = d\hat{\mathbf{r}} \cdot \mathbf{F} = \mathbf{F} \cdot d\hat{\mathbf{r}} = \mathbf{M} \cdot d\boldsymbol{\varphi} \tag{2.22}$$

folgt. Die vorausgesetzte statische Äquivalenz zwischen Kräftepaar und Einzelmoment führt in (2.22) zur Gleichheit der Arbeitszuwächse von Kräftepaar und Einzelmoment. Sie begründet in der rechten Gleichung von (2.22) den Arbeitszuwachs (2.16) eines Einzelmomentes.
Der Bezug von (2.16) auf das Zeitdifferenzial dt ergibt die Leistung

$$P = \mathbf{M} \cdot \boldsymbol{\omega} \; . \tag{2.23}$$

Die Gesamtarbeit ist analog zu (2.12) wieder ein Linienintegral

$$W = \int_0^1 \mathbf{M} \cdot d\boldsymbol{\varphi} = \int_0^1 (M_x d\varphi_x + M_y d\varphi_y + M_z d\varphi_z) \; . \tag{2.24}$$

Die Frage nach der Wegunabhängigkeit von (2.24) und damit verbundenen Potenzialeigenschaften bleibt wegen der fehlenden Vektoreigenschaft des endlichen Winkels i. Allg. unbeantwortet.
Im Folgenden werden einige einfache Anwendungsfälle von (2.12), (2.24) diskutiert.

Hängt die Kraft als Funktion, d. h. eindeutig, von nur einer unabhängigen Koordinate ab

$$F = F(x) \; , \tag{2.25}$$

dann existiert wegen identischer Erfüllung von (2.15) immer ein aus (2.14) folgendes Potenzial

$$U(x) = -\int_0^x F(\bar{x})d\bar{x} + U(0) \; . \tag{2.26}$$

Die in Erdoberflächennähe konstante Schwerkraft aus (2.4) liefert mit zunehmender Höhe h über der Erdoberfläche und der willkürlichen Festlegung $U(0) = 0$ auf der Erdoberfläche

$$U(h) = -\int_0^h -mgd\bar{h} = mgh \; . \tag{2.27}$$

Unter dem Integral steht ein Minuszeichen, weil die Schwerkraft, die auf den Körper wirkt, entgegen der Höhenkoordinate h des Körpers gerichtet ist. Dies kann auch so ausgedrückt werden, dass die potenzielle Energie des Körpers mit zunehmender Höhe wächst bzw. mit abnehmender Höhe sich verringert.
Die Arbeit der äußeren Kraft F an der Feder von Bild 2.1 beträgt gemäß (2.5), (2.12)

$$W = \int_0^s c\bar{s}d\bar{s} = \frac{1}{2}cs^2 \; . \tag{2.28}$$

Sie ist wegen der Erfüllung von (2.15) durch (2.5) unabhängig vom Weg. Ihre Größe wird durch die Dreiecksfläche unter der als Federkennlinie bezeichneten Funktion $F(s)$ in Bild 2.1b angegeben.
Das zu (2.28) bzw. (2.5) gehörende Potenzial bezieht sich auf die innere Kraft der Feder bzw. auf die Kraft, mit der die Feder auf die Umgebung wirkt. Deren Richtungssinn zeigt entgegen der Wegkoordinate s. Das Federpotenzial ist deshalb mit $U(0) = 0$

$$U(s) = -\int_0^s -c\bar{s}d\bar{s} = \frac{1}{2}cs^2 \; . \tag{2.29}$$

Für die lineare Torsionsfeder nach Bild 2.2 gelten zu (2.28), (2.29) analoge Gleichungen.

Die geschwindigkeitsproportionale Kraft (2.7) führt zu einer neuen Situation. Der Arbeitszuwachs ist jetzt

$$dW = b\dot{s}ds = b\frac{ds}{dt}ds \geq 0 \; , \tag{2.30}$$

wobei die Ungleichung aus $b > 0$, $dt > 0$ folgt. Die Arbeit der Dämpferkraft ist demnach immer positiv und kann deshalb nicht zurückgewonnen werden. Meist wird ihre vollständige Umwandlung in Wärme angenommen, insbesondere, wenn (2.30) für viele Wegzyklen gültig bleibt. Analoges gilt wieder für das lineare Dämpfermoment (2.8).
Die aufzubringende Gleitreibungskraft (2.9) erzeugt als äußere Kraft an dem relativen tangentialen Verschiebungsdifferenzial die positive Arbeit

$$dW = \mu F_N ds = F_{Gl} ds \; , \tag{2.31}$$

welche wegen $\mu F_N = konst.$ ähnlich wie in (2.27) eine Potenzialeigenschaft vermuten lässt, die formal mathematisch auch tatsächlich existiert, so lange das Differenzial sein Vorzeichen nicht ändert. Denn wegen $\text{sgn}(F_{Gl}) = \text{sgn}(ds)$ in (2.9) bleibt (2.31) auch bei Richtungsumkehr des Gleitvorganges positiv. Die Gesamtarbeit auf zyklischen Wegen ist also wie bei geschwindigkeitsproportionalen Lasten immer positiv, so dass dann kein Potenzial existiert.

2.2

2.2 Kinetik des starren Körpers bei Translation

In der Statik wurden die durch Erfahrung begründeten Bedingungen (2.17), (2.18) für das Gleichgewicht eines freigemachten Körpers postuliert. Gleichgewicht beinhaltet die Beibehaltung der Ruhe des Körpers unter der Einwirkung von Lasten. Werden die Gleichgewichtsbedingungen verletzt, so beginnt sich der Körper zu bewegen.
Wir betrachten in Bild 2.4a einen in der x, y-Ebene eines raumfesten Bezugssystems befindlichen stabförmigen starren Körper der Masse m unter der Wirkung einer zur x-Achse parallelen Einzelkraft F. Die Masse sei durch eine homogene, d. h. im Körper räumlich konstante, Verteilung der Dichte gegeben. Im Hinblick auf eine grobe experimentelle Verwirklichung der Anordnung von Bild 2.4 wurde eine stabförmige Gestalt des Körpers gewählt, was aber ohne prinzipielle Bedeutung für das Ergebnis ist. Der Körper sollte möglichst reibungsfrei auf einer horizontalen Unterlage in der x, y-Ebene gleiten, die sein senkrecht zur Kraft F im Schwerpunkt S zusammengefasstes Gewicht durch eine Normalkraft ausgleicht. Gewicht und Normalkraft bleiben deshalb im Folgenden außerhalb der Betrachtung. Die Kraft F sei so groß, dass im Vergleich dazu

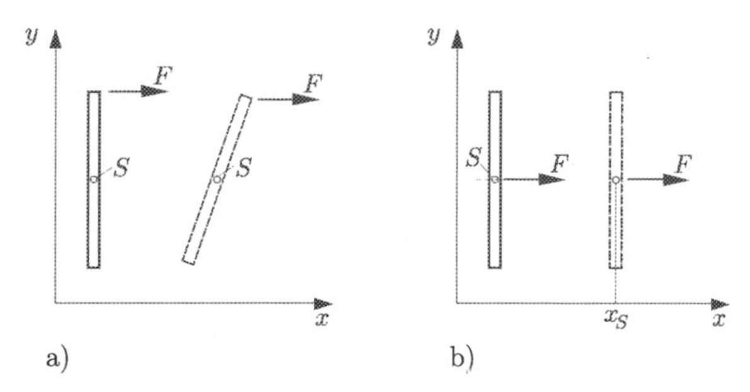

Bild 2.4. Körper mit Kraftangriff außerhalb des Schwerpunktes a) und am Schwerpunkt b)

die bei Bewegung infolge Normalkraft und Gleitreibungskoeffizient auftretende Gleitreibungskraft (2.9) vernachlässigt werden kann.
Bezüglich Bild 2.4a besagt das beschriebene Experiment, dass der Körper sich sowohl translatorisch als auch rotatorisch bewegen wird. Verläuft dagegen die Wirkungslinie der Kraft durch den Schwerpunkt S des Körpers (Bild 2.4b), so findet erwartungsgemäß keine Rotation aber eine Translation in Richtung der Kraft F statt. Beide Versuchsergebnisse gelten für spitze oder stumpfe Winkel zwischen Kraft und Stab sowie für nicht stabförmige Körper. Es sei daran erinnert (Statik, Kapitel 9), dass unter der Voraussetzung eines konstanten Erdbeschleunigungsfeldes Schwerpunkt und Massenmittelpunkt zusammenfallen. Dies wird für technische Körper in Erdoberflächennähe in guter Näherung erfüllt, vgl. a. Abschnitt 2.1.2. Streng genommen ist mit dem Symbol S in Bild 2.4 der vom Schwerpunkt zu unterscheidende Massenmittelpunkt gemeint, der mit dem Fakt einhergeht, dass der durch die homogene Massendichte verursachte lokale Widerstand gegenüber dem Verlassen des Ruhezustandes beim Realisieren der Translation an allen Körperpunkten gleich groß und parallel zur Translationsrichtung orientiert ist. Wegen seiner Anschaulichkeit benutzen wir jedoch hier und künftig weiterhin den Begriff Schwerpunkt als Synonym für das Wort Massenmittelpunkt.
Die translatorische Bewegung des Körpers bei Angriff der Kraft F im Schwerpunkt führt nur zu einer Änderung des Schwerpunktkoordinatenwertes x_S (Bild 2.4b). Es erhebt sich die sehr bedeutsame Frage, welchem Gesetz diese Änderung genügt.

2.2.1 NEWTONs Bewegungsgleichung

Die Antwort auf die gestellte Frage gibt die fundamentale Gleichung

$$F = (m\dot{x}_S)^{\cdot} = m\ddot{x}_S \ , \tag{2.32}$$

in der die vorausgesetzte Konstanz der Masse des Körpers eingegangen ist. Die Beziehung (2.32) gilt offensichtlich auch in der Form

$$\mathbf{F} = (m\dot{\mathbf{r}}_S)^{\cdot} = m\ddot{\mathbf{r}}_S \;, \tag{2.33}$$

denn ein kartesisches Bezugssystem für (2.33) lässt sich immer so drehen, dass eine seiner Koordinatenachsen in Richtung der Kraft **F** zeigt. Für verschwindende Kraft liefert (2.33) eine nach Betrag und Richtung konstante Schwerpunktgeschwindigkeit, welche Ausdruck des Trägheits- oder Beharrungsprinzips von GALILEI (1564-1642) ist.
Anders als durch (2.32) und (2.33) ausgedrückt, steht in zahlreichen Lehrbüchern der Physik aber auch der Technischen Mechanik der NEWTON zugeschriebene, als zweites NEWTONsches Axiom bezeichnete Satz:

> „Die Änderung der Bewegungsgröße (das Produkt von Masse und Geschwindigkeit) ist der Einwirkung der bewegenden Kraft proportional und geschieht in Richtung der Kraft“

oder für konstante Masse in Kurzform

„Kraft ist gleich Masse mal Beschleunigung“.

Beide Aussagen bleiben mehrdeutig, wenn sie ohne Weiteres auf einen Körper angewendet werden, da jeder Körperpunkt i. Allg. eine verschiedene Beschleunigung erfährt, wie das Beispiel von Bild 2.4a zeigte. Eindeutigkeit kann jedoch erreicht werden, wenn die Aussagen sich auf eine Kraft beziehen, deren Wirkungslinie durch den Körperschwerpunkt verläuft oder mit Beschleunigung die Beschleunigung des Schwerpunktes gemeint ist. Im ersten Fall bewegt sich der Körper rein translatorisch gemäß (2.33). Im zweiten Fall ist eine Kraft zugelassen, deren Wirkungslinie nicht notwendig durch den Schwerpunkt verläuft. Wird ein Körper durch eine Kraft mit einer Wirkungslinie außerhalb des Schwerpunktes belastet, so ergibt sich die Schwerpunktbeschleunigung auch aus (2.33). Dabei tritt jetzt aber noch eine Drehbewegung des Körpers auf.
Für allgemeinere Lastsituationen als in Bild 2.4 wird die durch die Erfahrung bestätigte Voraussetzung benutzt, dass die in der Statik starrer Körper durch die Bilanzen (2.17), (2.18) begründeten Äquivalenzen unterschiedlicher Lasten für die Körper als Ganzes, d. h. nicht bezüglich der Schnittreaktionen, auch in der Kinetik starrer Körper gelten (s.a. 2.3.7). Dann kann in Bild 2.4 die Einzelkraft F durch statisch äquivalente Lasten ersetzt werden. Statisch äquivalente Lasten besitzen zu jedem Zeitpunkt die gleiche resultierende Kraft und das gleiche gesamte resultierende Moment bezüglich eines beliebigen Bezugspunktes wie die Einzelkraft F.

Insbesondere darf die Gleichung (2.33) für die Translation allgemeiner in der Form

$$\mathbf{F}_R = (m\dot{\mathbf{r}}_S)^{\cdot} = m\ddot{\mathbf{r}}_S \tag{2.34}$$

geschrieben werden, wo $\mathbf{F}_R$ die resultierende Kraft aus dem Kräfteparallelogramm nach STEVIN (1548-1620) bezeichnet, die mit $\mathbf{F}$ in Betrag und Richtung aber nicht notwendig bezüglich der Lage ihrer Wirkungslinie übereinstimmt. Liegt $\mathbf{F}_R$ parallel zur Kraft $\mathbf{F}$ aus Bild 2.4b aber nicht auf der Wirkungslinie von $\mathbf{F}$, hat also eine Wirkungslinie außerhalb des Schwerpunktes S, so muss zur Sicherung der statischen Äquivalenz im Vergleich mit $\mathbf{F}$ außer $\mathbf{F}_R = \mathbf{F}$ noch das Verschwinden des gesamten resultierenden Momentes $\mathbf{M}_G^{(S)}$ bezüglich des Schwerpunktes gefordert werden. Das für die Bestimmung der Translationsbewegung erforderliche Gleichungssystem enthält dann außer (2.34) noch

$$\mathbf{M}_G^{(S)} = \sum_{i=1}^{n} \mathbf{r}_{Si} \times \mathbf{F}_i + \sum_{k=1}^{m} \mathbf{M}_k = \mathbf{0} \; , \tag{2.35}$$

wobei eventuell auftretende Einzelmomente $\mathbf{M}_k$ mit berücksichtigt wurden. In (2.35) bezeichnet $\mathbf{r}_{Si}$ einen vom Körperschwerpunkt S zum Kraftangriffspunkt i zeigenden körperfesten Vektor.
Eine von (2.35) nicht erfasste anfängliche Rotationsbewegung ist zur Gewährleistung der reinen Translationsbewegung auszuschließen. Dagegen darf der Körper eine anfängliche Translationsgeschwindigkeit besitzen, die nicht notwendig parallel zur angreifenden resultierenden Kraft orientiert sein muss.
Die Beziehungen (2.34), (2.35) enthalten keinerlei spezielle Geometrie eines Körpers. Sie gelten wie die Gleichgewichtsbedingungen (Bilanzen) der Statik für beliebige Körper und beliebige Körperteile. Ihre Anwendung beinhaltet, wie in der Statik praktiziert und in Abschnitt 2.1.1 erläutert, die Ausnutzung des Schnittprinzips von EULER (1707-1783), mit dessen Hilfe der Körper und seine Wechselwirkung mit der Umgebung bzw. Körperteile und ihre Wechselwirkungen untereinander und mit der Umgebung festgestellt werden. Die mit der Anwendung des Schnittprinzips einzuführenden Schnittreaktionspaare bestehen aus entgegengesetzt gleich großen Partnern. Dies wurde in der Statik, Kapitel 2, mit Hilfe der für beliebige Körperteile zu fordernden Gültigkeit der Gleichgewichtsbedingungen an einem einfachen Beispiel gezeigt. Die nachgewiesene Wechselwirkungseigenschaft der Schnittreaktionen bleibt in der Kinetik bestehen, da wie in der Statik die kinetischen Bilanzen für beliebige Körperteile gelten sollen. Unter den beliebigen Körperteilen dürfen solche zugelassen werden, deren Volumen und deshalb auch deren Masse gegen null gehen, d. h., differenzielle Werte besitzen.

Die in (2.34) enthaltene Masse drückt die Eigenschaft eines Körpers aus, einer Bewegungsänderung infolge einer einwirkenden Kraft Widerstand entgegenzusetzen. Diese so genannte Trägheit war in Abschnitt 2.1 zunächst vom Gewicht der Masse unterschieden worden. Im Vergleich zur Erde kleine Körper unterliegen in Erdoberflächennähe näherungsweise einer ortsunabhängigen Anziehungskraft. Körper verschieden schwerer Masse fallen translatorisch bei Vernachlässigung des Luftwiderstandes gleich schnell (s. 8.3), woraus auf die Proportionalität von träger Masse aus (2.34) und schwerer Masse aus (2.4) geschlossen werden kann. Die Gravitationskonstante Γ ist so festgelegt, dass sich gleiche Zahlenwerte für die beiden Eigenschaften der Masse ergeben. Dies wurde bereits durch die einheitliche Bezeichnung mit dem Symbol m berücksichtigt.
Die experimentelle Umsetzung von (2.34) liefert ergänzend zu den Ausführungen im Kapitel 1 der Statik die übliche Definition der Maßeinheit für die Kraft

$$[F] = 1\mathrm{N} = 1\mathrm{kg} \cdot \mathrm{m/s}^2 \ .$$

Die geniale Aussage des zweiten Axioms von NEWTON hat zu der Gleichung (2.34), die wir als NEWTONs oder NEWTONsche Bewegungsgleichung bezeichnen, geführt. Die notwendige Kombination von (2.34) mit (2.35) enthält aber auch als wichtigen Gedanken in (2.35) das Hebelgesetz von ARCHIMEDES (287-212 v. Chr.) und insbesondere bereits die Struktur des noch durch eine rechte Seite in (2.35) zu ergänzenden Gleichungssatzes, den schließlich EULER zur Beschreibung beliebiger Bewegungen beliebiger, darunter starrer, Körper angegeben hat (s. Abschnitt 2.3 und Kapitel 8).
Es sei noch der Begriff der Punktmasse (oder des Massenpunktes) erwähnt, der vor allem in Lehrbüchern der Physik beheimatet ist. Er kann als Synonym für einen Körper dienen, der den oben getroffenen Voraussetzungen und den damit verbundenen Gleichungen (2.34), (2.35) genügt. Uns scheint es aber zweckmäßiger, diese Voraussetzungen selbst zu benennen und im konkreten Einzelfall ihre exakte oder genäherte Erfüllung zu kontrollieren, um auf diese Weise potenzielle Fehlermöglichkeiten auszuschließen.
Im Folgenden werden zunächst die einfacheren Anordnungen betrachtet, bei denen nach Freischnitt des Körpers die äußeren Lasten offensichtlich, z. B. infolge Symmetrie, die Forderung (2.35) erfüllen. Zu dieser Problemklasse gehören Körper unter Eigengewicht, da die im Körpervolumen verteilte Schwerkraft als resultierende Kraft eine Wirkungslinie durch den Schwerpunkt des Körpers besitzt. Hierzu erörtern wir den freien Fall eines Körpers der Masse m aus einer Ruhelage in der Höhe h (Bild 2.5) ohne Luftwiderstand.
Der Körper besitze voraussetzungsgemäß keine anfängliche Winkelgeschwindigkeit. Die Gestalt des Körpers hat keine Bedeutung. Zur einfachen Kennzeichnung der gleichbleibenden Orientierung des Körpers und der im Sinne von (2.35)

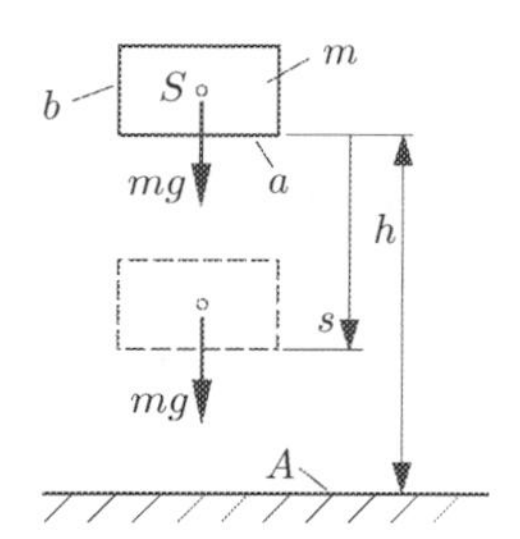

Bild 2.5. Freier Fall eines Körpers

korrekten Kennzeichnung der Wirkungslinie der äußeren Kraft setzen wir jedoch einen homogenen quaderförmigen Körper voraus.
Mit Bild 2.5 kann auf (2.32) zurückgegriffen werden. Da sich alle Körperpunkte gleich bewegen, wird keine indizierte Wegkoordinate benötigt. Gleichung (2.32) lautet also $mg = m\ddot{s}$ bzw.

$$\ddot{s} = g \; . \tag{2.36}$$

Zu der Differenzialgleichung zweiter Ordnung (2.36) sind zwei Anfangsbedingungen anzugeben:

$$s(0) = 0 \; , \qquad \dot{s}(0) = 0 \; . \tag{2.37}$$

Die Lösung der kinematischen Aufgabe (2.36), (2.37) ist rein mathematischer Natur und wurde bereits mit (1.11) demonstriert. Wir vermeiden das Einsetzen in fertige Formeln und gehen stattdessen direkt von (2.36), (2.37) aus.

$$\dot{s} = gt + C_1 \; , \qquad \dot{s}(0) = C_1 = 0 \; , \qquad \dot{s} = gt \; , \tag{2.38}$$

$$s = \frac{1}{2}gt^2 + C_2 \; , \qquad s(0) = C_2 = 0 \; , \qquad s = \frac{1}{2}gt^2 \; . \tag{2.39}$$

Die Fallzeit t_0 berechnet sich aus der Fallhöhe h mittels (2.39) zu

$$t_0 = \sqrt{\frac{2h}{g}} \; . \tag{2.40}$$

Damit ergibt sich die Endfallgeschwindigkeit v_0 aus (2.38) zu

$$v_0 = \sqrt{2gh} \; . \tag{2.41}$$

Es sei jetzt schon darauf hingewiesen, dass die obigen Ergebnisse bedingt verwendbar bleiben, wenn der Körper einer zusätzlichen Drehbewegung unterworfen wird. Die Koordinate s hat dann die Lage des Körperschwerpunktes zu bezeichnen, und die Körperabmessungen müssen deutlich kleiner als die Höhe h sein, damit bei Ankunft z. B. unterschiedlicher Seitenflächen a oder b des Körpers von Bild 2.5 auf der Fläche A nicht zu große Höhenunterschiede entstehen. Darüber hinaus darf eine solche Drehbewegung nicht gewünschten technischen Funktionen des Körpers widersprechen.

Beispiel 2.1
Von der Kante einer Geländestufe der Höhe h wird ein Körper der Masse m schief unter dem Winkel α mit der Anfangsgeschwindigkeit v_0 drehungsfrei abgeworfen.

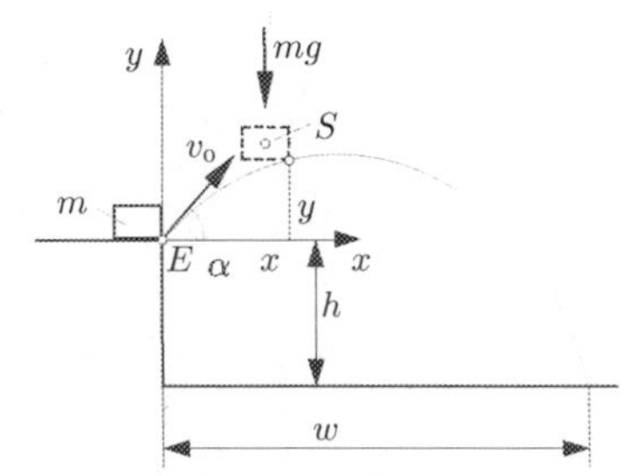

Bild 2.6. Zum schiefen Wurf

Gesucht sind Wurfbahn und -weite.
Lösung:
Für Zeiten nach dem Abwurf unterliegt der Körper allein seiner Gewichtskraft, deren Wirkungslinie durch den Schwerpunkt geht. Er wird nur translatorisch bewegt. Zur Beschreibung der ebenen translatorischen Bewegung können deshalb die Koordinaten x, y des Eckpunktes E anstelle jedes anderen Körperpunktes benutzt werden. Die Auswertung von (2.33) liefert

$$\begin{aligned} -mg &= m\ddot{y} \ , & 0 &= m\ddot{x} \ , \\ \ddot{y} &= -g \ , & \ddot{x} &= 0 \ , \\ \dot{y} &= -gt + C_1 \ , & \dot{x} &= C_3 \ , \\ y &= -\frac{1}{2}gt^2 + C_1 t + C_2 \ , & x &= C_3 t + C_4 \ . \end{aligned}$$

Die vier erforderlichen Anfangsbedingungen lauten

$$\begin{aligned} y(0) &= 0 \ , & x(0) &= 0 \ , \\ \dot{y}(0) &= v_0 \sin\alpha \ , & \dot{x}(0) &= v_0 \cos\alpha \ . \end{aligned}$$

Damit ergeben sich die Integrationskonstanten zu

$$C_1 = v_0 \sin\alpha \ , \quad C_2 = 0 \ , \quad C_3 = v_0 \cos\alpha \ , \quad C_4 = 0 \ .$$

Die Wurfbahn wird entweder in Parameterdarstellung

$$y(t) = -\frac{1}{2}gt^2 + (v_0 \sin\alpha)t \ , \qquad x(t) = (v_0 \cos\alpha)t$$

mit der Zeit als Parameter oder nach Elimination der Zeit als Funktion

$$y(x) = (\tan\alpha)x - \frac{gx^2}{2v_0^2\cos^2\alpha}$$

beschrieben.
Die Wurfweite w folgt aus $y(w) = -h$ bzw.

$$\frac{g}{2v_0^2\cos^2\alpha}w^2 - (\tan\alpha)w - h = 0 \ .$$

Die Auflösung der quadratischen Gleichung für w ergibt

$$w = \frac{v_0^2\cos^2\alpha}{g}\left[\tan\alpha \pm \sqrt{\tan^2\alpha + \frac{2gh}{v_0^2\cos^2\alpha}}\right] .$$

Wegen positiver Wurfweite entfällt das Minuszeichen.
Bei verschwindender Geländestufenhöhe $h = 0$ ist

$$w = \frac{v_0^2}{g}2\tan\alpha\cos^2\alpha = \frac{v_0^2}{g}\sin 2\alpha$$

und bei horizontalem Wurf $\alpha = 0$

$$w = \frac{v_0^2}{g}\sqrt{\frac{2gh}{v_0^2}} = v_0\sqrt{\frac{2h}{g}} \ .$$

□

Beispiel 2.2
An einem vertikal angeordneten linearen Dämpfer mit der Konstante b ist ein homogener Körper der Masse m symmetrisch aufgehängt (Bild 2.7).

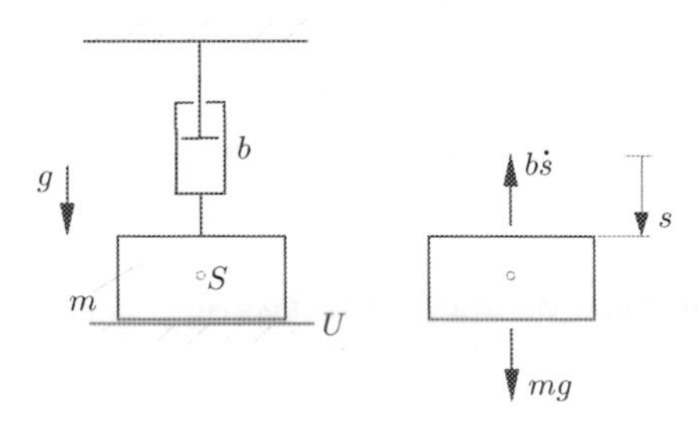

Bild 2.7. Gedämpfter Körper unter Eigengewicht

Plötzlich wird seine zusätzliche Unterstützung U entfernt. Gesucht ist die stationäre Geschwindigkeit v_{st} des Körpers für Zeiten $t \gg m/b$.
Lösung:
In einer Freischnittskizze des Körpers werden eine von einem raumfesten Punkt gemessene Verschiebungskoordinate s parallel zur Symmetrielinie der Anordnung mit einem beliebigen Orientierungssinn, die dazugehörige entgegengesetzt orientierte Dämpfungskraft $b\dot{s}$ und das Eigengewicht mg auf der Symmetrielinie der Anordnung eingetragen. NEWTONs Bewegungsgleichung (2.32) lautet im Zählsinn von s

$$\downarrow: \quad m\ddot{s} = mg - b\dot{s}$$

oder

$$\ddot{s} + \frac{b}{m}\dot{s} = g \quad \text{bzw.} \quad \ddot{s} + \varepsilon\dot{s} = g \ , \quad \varepsilon = \frac{b}{m} \ .$$

Dies ist eine gewöhnliche lineare inhomogene Differenzialgleichung mit konstanten Koeffizienten. Ihre Lösung besteht aus einem homogenen Teil s_h und einem partikulären Teil s_p

$$s = s_h + s_p$$

mit

$$\ddot{s}_h + \varepsilon\dot{s}_h = 0 \ , \quad \ddot{s}_p + \varepsilon\dot{s}_p = g \ .$$

Der partikuläre Ansatz

$$s_p = \frac{g}{\varepsilon}t$$

erfüllt die inhomogene Differenzialgleichung.
Der Ansatz

$$s_h = e^{\lambda t}$$

liefert das charakteristische Polynom der homogenen Differenzialgleichung

$$\lambda^2 + \varepsilon\lambda = 0$$

mit den Wurzeln $\lambda_1 = 0$, $\lambda_2 = -\varepsilon$ und der Lösung

$$s_h = C_1 + C_2 e^{-\varepsilon t} \ ,$$

wo C_1, C_2 Integrationskonstanten bezeichnen.
Die allgemeine Lösung der Differenzialgleichung lautet

$$s = C_1 + C_2 e^{-\varepsilon t} + \frac{g}{\varepsilon}t \ .$$

Die Integrationskonstanten folgen aus den Anfangsbedingungen

$$s(0) = 0 = C_1 + C_2 , \qquad \dot{s}(0) = 0 = -\varepsilon C_2 + \frac{g}{\varepsilon}$$

zu

$$C_2 = \frac{g}{\varepsilon^2} , \qquad C_1 = -\frac{g}{\varepsilon^2} ,$$

so dass sich die spezielle Lösung

$$s = \frac{g}{\varepsilon^2}\left(e^{-\varepsilon t} - 1\right) + \frac{g}{\varepsilon} t$$

mit der Zeitableitung

$$\dot{s} = \frac{g}{\varepsilon}\left(1 - e^{-\varepsilon t}\right) = \frac{gm}{b}\left(1 - e^{-\frac{b}{m}t}\right)$$

ergibt. Für $bt/m \gg 1$ wird die konstante stationäre Geschwindigkeit v_{st}

$$v_{st} = \dot{s}(t)\Big|_{\frac{bt}{m}\to\infty} = \frac{gm}{b}$$

erreicht. Dieses Ergebnis lässt sich bereits in der zu Lösungsbeginn aufgestellten NEWTONschen Bewegungsgleichung ablesen, wenn dort der Beschleunigungsterm null gesetzt wird. □

Unsymmetrische Anordnungen können realisiert werden, wenn die Körper in Führungen durch entsprechende Lasten, die als Lagerreaktionen agieren, zur Translation gezwungen werden oder, anders ausgedrückt, die Lasten so auf den freigeschnittenen Körper wirken, dass er keine rotatorischen Bewegungen und keine Translationen senkrecht zur Führungsbahn ausführt. Zur Berechnung der Bewegung wird deshalb (2.34) tangential zur Führungsbahn aufgestellt. Die verbleibenden Komponenten von (2.34) gehören zu Kräftegleichgewichtsbedingungen, welche zusammen mit (2.35) die erforderlichen Zwangslasten für die Bewegung in der Führung liefern.

Wir betrachten hierzu eine einfache Anordnung. Sie besteht aus einem homogenen Reibklotz der Masse m, der auf einer horizontalen Unterlage mit dem Gleitreibungskoeffizienten μ gegenüber der Klotzreibfläche durch die Kraft F beschleunigt wird (Bild 2.8).

Nach Freischneiden des Klotzes, Eintragen der Wegkoordinate s, der Normalkraft F_N, so dass kein Lagermoment auftritt, sowie der Gleitreibungskraft F_{Gl} entgegen der Relativgeschwindigkeit $\dot{s}$ des bewegten Klotzes bezüglich der ruhenden Unterlage liefert (2.34) in horizontaler Richtung die Bewegungsgleichung

$$\rightarrow: \quad m\ddot{s} = F - F_{Gl} \tag{2.42}$$

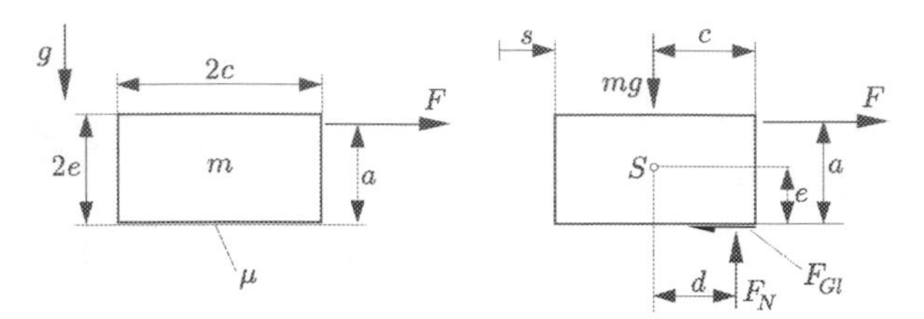

Bild 2.8. Reibklotz auf horizontaler Unterlage

und in vertikaler Richtung die Kräftegleichgewichtsbedingung

$$\uparrow: \quad F_N - mg = 0 \ . \tag{2.43}$$

Senkrecht zur Betrachterebene ist (2.34) identisch erfüllt. Es verbleibt von (2.35) noch

$$\overset{\frown}{S}: \quad F_N d - F(a-e) - F_{Gl} e = 0 \ . \tag{2.44}$$

Mit (2.9), (2.43) wird die Bewegungsgleichung (2.42) zu

$$m\ddot{s} = F - \mu mg \ . \tag{2.45}$$

Sie lässt sich für eine vorliegende Kraft $F(t)$ problemlos integrieren, so dass bei bekannten Anfangsbedingungen eine spezielle Lösung angebbar ist.
Die Zwangskraft F_N folgt aus (2.43) zu

$$F_N = mg \tag{2.46}$$

und die Lage ihrer Wirkungslinie mit (2.9), (2.44) aus

$$d = \mu e + \frac{F}{mg}(a-e) < c \ . \tag{2.47}$$

Die Ungleichung (2.47) muss respektiert werden, wenn der Klotz nicht kippen soll.

Beispiel 2.3
Auf einer schiefen Ebene mit dem Neigungswinkel α befindet sich ein homogener Quader der Masse m (Bild 2.9). Der Gleitreibungskoeffizient zwischen Ebene und Quader beträgt μ, der Haftreibungskoeffizient μ_0, s. Statik. Unter seinem Eigengewicht beginnt der Quader für $\tan\alpha > \mu_0$ aus der Ruhe heraus zu gleiten. Gesucht sind die Zeit t_0 zum Überwinden der Strecke l und die Endgeschwindigkeit v_0 des Quaders.
Lösung:
Nach Freischneiden, Definition einer Wegkoordinate und Eintragen aller Kräfte,

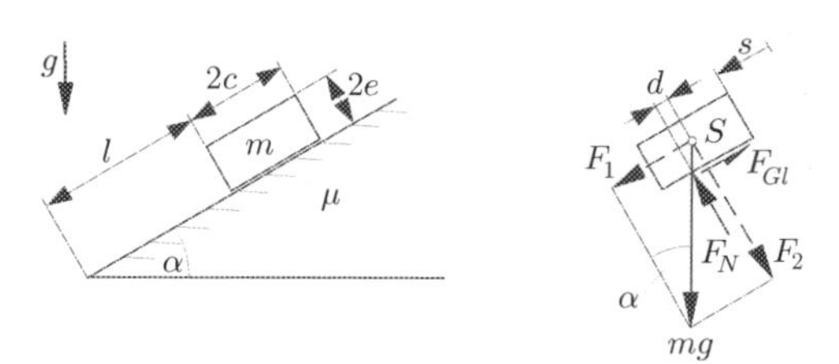

Bild 2.9. Gleitender Quader auf schiefer Ebene

wobei die eingeprägte Gewichtskraft tangential und normal zur Ebene zerlegt wird, ergeben sich die Bewegungsgleichung in tangentialer Richtung

$$\swarrow: \quad m\ddot{s} = F_1 - F_{Gl}$$

und die Kräftebilanz normal zur Ebene

$$\nwarrow: \quad F_N - F_2 = 0$$

mit $F_1 = mg\sin\alpha$, $F_2 = mg\cos\alpha$, so dass unter Nutzung von (2.9)

$$\ddot{s} = g(\sin\alpha - \mu\cos\alpha)$$

entsteht. Integration für die Anfangsbedingungen $s(0) = 0$, $\dot{s}(0) = 0$ liefert

$$\dot{s} = g(\sin\alpha - \mu\cos\alpha)t\ , \qquad s = g(\sin\alpha - \mu\cos\alpha)\frac{t^2}{2}\ .$$

Aus $s(t_l) = l$ und $\dot{s}(t_l) = v_l$ folgen

$$t_l = \sqrt{\frac{2l}{g(\sin\alpha - \mu\cos\alpha)}}\ , \qquad v_l = \sqrt{2lg(\sin\alpha - \mu\cos\alpha)}\ .$$

Diese Ergebnisse gehen in die Gleichungen (2.40), (2.41) des freien Falles über, wenn $\alpha = 90°$ gesetzt wird.
Die Kontrolle der Wirkungslinie der Zwangskraft

$$\overset{\frown}{S}: \quad F_{Gl}e - F_N d = 0$$

führt bei Vermeidung von Kippen für $d < c$ auf die Bedingung $\mu e < c$, die für realistische $\mu < 1$ und Quader mit $e < c$ immer erfüllt ist. □

Beispiel 2.4

An einem gelenkigen Festlager B hängt eine masselose Stange der Länge l, an der eine homogene Kreisscheibe des Durchmessers $2R$ und der Masse m zentrisch in dem Gelenk G befestigt ist (Bild 2.10).

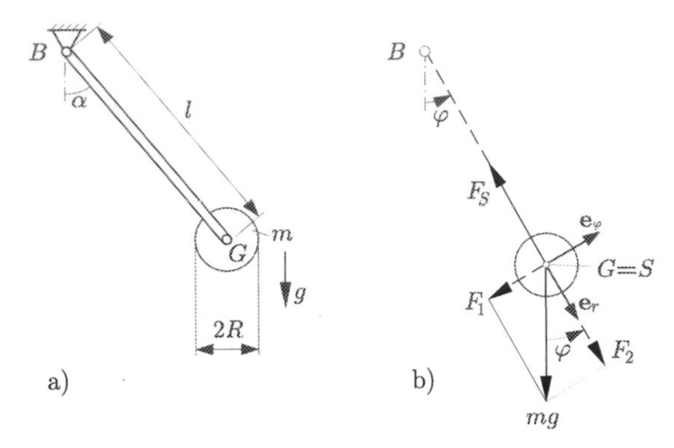

Bild 2.10. Pendel

Beide Lagerungen B und G sind vollständig reibungsfrei. Die Scheibe beginnt infolge Schwerkraft aus der Ruhelage bei dem Winkel α eine Pendelbewegung. Gesucht ist die Stangenkraft des Pendels für $\alpha \ll 1$.

Lösung:

Nach Freischneiden der Scheibe wird die Winkelkoordinate φ eingetragen, die wegen l = konst. die Bahn des Gelenkes G vollständig beschreibt. Die Kraft F_S, mit der die Stange die Scheibe führt, und die Schwerkraft mg der Scheibe greifen beide im Schwerpunkt der Scheibe an. Aus (2.34) folgen mit (1.34) und $r = l$ bei identischer Erfüllung von (2.35)

$$\begin{aligned} \nearrow : &\quad ml\ddot{\varphi} = -F_1 = -mg\sin\varphi \ , \\ \searrow : &\quad -ml\dot{\varphi}^2 = F_2 - F_S = mg\cos\varphi - F_S \end{aligned}$$

bzw.

$$\ddot{\varphi} + \frac{g}{l}\sin\varphi = 0 \ , \qquad \text{(a)} \qquad\qquad F_S = mg(\cos\varphi + \frac{l}{g}\dot{\varphi}^2) \ . \qquad \text{(b)}$$

Die Differenzialgleichung (a) ist nichtlinear. Für $\alpha \ll 1$ bleibt auch $|\varphi| \ll 1$, und (a) wird näherungsweise linear

$$\ddot{\varphi} + \frac{g}{l}\varphi \approx 0 \ .$$

Die ausführliche Lösung dieser Schwingungsgleichung erfolgt in Kapitel 3. Wir geben hier sofort die Lösung

$$\varphi = \alpha\cos\sqrt{\frac{g}{l}}t$$

an, welche die Differenzialgleichung und die Anfangsbedingungen $\varphi(0) = \alpha$, $\dot{\varphi}(0) = 0$ erfüllt, wovon man sich durch Einsetzen überzeugen kann.

Die Stangenkraft F_S ergibt sich damit aus (b) für $|\varphi| \ll 1$ bis auf Terme zweiter Ordnung zu

$$F_S \approx mg\Big[1 - \frac{\varphi^2}{2} + \frac{l}{g}\dot{\varphi}^2\Big] = mg\Big[1 + \alpha^2\Big(\sin^2\sqrt{\frac{g}{l}}t - \frac{1}{2}\cos^2\sqrt{\frac{g}{l}}t\Big)\Big] \,.$$

Zu Beginn der Bewegung ist $F_S = mg\cos\alpha \approx mg(1 - \frac{1}{2}\alpha^2)$, während im Nulldurchgang der maximale Wert $F_S = mg(1 + \frac{l}{g}\dot{\varphi}^2) = mg(1 + \alpha^2)$ erreicht wird. Eine der Translation der Scheibe überlagerte Drehbewegung um das Gelenk G beeinflusst nicht das obige Ergebnis. □

Beispiel 2.5

Ein horizontal angeordneter Balken der Masse m ist mittels zweier gelenkig angeschlossener masseloser Stäbe symmetrisch aufgehängt (Bild 2.11). Er wird

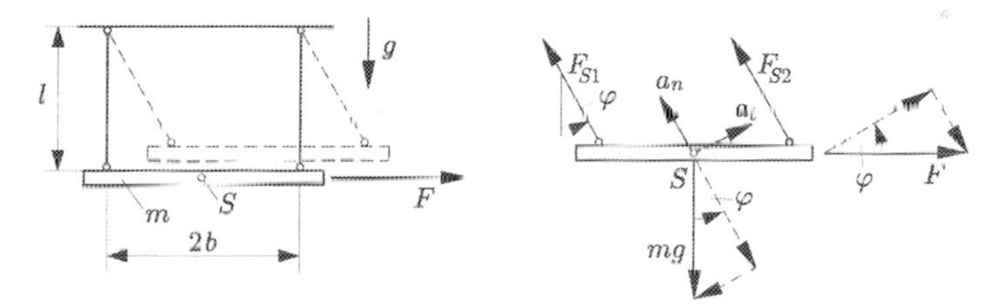

Bild 2.11. Translationsbewegung eines Balkens

durch eine gegebene richtungstreue konstante Horizontalkraft F aus der gezeigten Ruhelage ausgelenkt. Gesucht sind die Stabkräfte in Abhängigkeit von deren Auslenkwinkel und Auslenkwinkelgeschwindigkeit. Die Balkendicke sei sehr viel kleiner als die Stablänge.

Lösung:

Nach Freischnitt des Balkens in der ausgelenkten Lage werden der Auslenkwinkel φ, die Stabkräfte F_{S1}, F_{S2}, das Eigengewicht mg und die Horizontalkraft F eingetragen, so dass die Beschleunigungs- und Kraftkomponenten tangential und normal zur Bahntangente der translatorischen Bewegung vorliegen. Die Auswertung von (2.34) mit (1.34) oder mit (1.22) und (1.21) ergibt in tangentialer Richtung

$$\nearrow: \quad ma_t = F\cos\varphi - mg\sin\varphi \,, \qquad a_t = l\ddot{\varphi} \qquad \text{(a)}$$

und in normaler Richtung

$$\nwarrow: \quad ma_n = F_{S1} + F_{S2} - mg\cos\varphi - F\sin\varphi \,, \qquad a_n = l\dot{\varphi}^2 \,. \qquad \text{(b)}$$

Die Momentenbilanz (2.35) liefert

$$\overset{\frown}{S}: \quad -F_{S1} b \cos\varphi + F_{S2} b \cos\varphi = 0 \quad \text{bzw.} \quad F_{S1} = F_{S2} = F_S \, . \tag{c}$$

Aus (c), (b) entsteht

$$F_S = \frac{1}{2}\left[ml\dot{\varphi}^2 + mg\cos\varphi + F\sin\varphi\right] .$$

Die Formel lässt sich nach Lösung der Differenzialgleichung (a) mit den Anfangsbedingungen $\varphi(0) = 0$, $\dot{\varphi}(0) = 0$ auswerten. □

Es sei angemerkt, dass in den letzten beiden Beispielen wegen der Kreisförmigkeit der Schwerpunktbahnkurve in Polarkoordinaten und natürlichen Koordinaten gleiche Ausdrücke für die Tangentialbeschleunigung sowie entgegengesetzt gleiche Ausdrücke für die Normalbeschleunigung auftraten. Dies gilt nicht im Allgemeinen. Im Übrigen war der Zählpfeilsinn für die Aufstellung der Bilanzen wie schon in der Statik beliebig wählbar.

2.2.2 Mathematische Folgerungen aus NEWTONs Bewegungsgleichung

Nicht alle Aufgaben zur Berechnung translatorischer Bewegungen, die grundsätzlich auf der Basis der Beziehungen (2.34) und (2.35) gelöst werden können, erfordern die Angabe des vollständigen Ergebnisses. Mitunter reicht eine geringere Information in Form eines ersten Integrals von (2.34) über der Zeit oder über dem Weg aus. In beiden Fällen setzen wir voraus, dass die in (2.34) und (2.35) enthaltenen Forderungen zur Gewährleistung der Translation bzw. Vermeidung von Rotationsbewegungen durch die Existenz von Führungen oder Symmetrien erfüllt sind. Auch stehe jetzt $\mathbf{F}$ stellvertretend für eine resultierende Kraft $\mathbf{F}_R$. Mit dieser Vereinfachung liefert die Integration von (2.34) zwischen zwei Zeiten t_0 und t_1

$$\int_{t_0}^{t_1} \mathbf{F}(t)dt = m\mathbf{v}_1 - m\mathbf{v}_0 \, . \tag{2.48}$$

Hier sei der Begriff des Impulses des Körpers $\mathbf{p} = m\mathbf{v}$ als Synonym für die Bewegungsgröße eingeführt. In diesem Zusammenhang wird die Gleichung (2.48) auch häufig als Impulssatz bezeichnet, obwohl sie nur durch eine einfache Umformung von (2.34) gewonnen wurde und insofern keine physikalisch eigenständige Bedeutung hat.

Für verschwindende Kraft $\mathbf{F} = \mathbf{0}$ folgt aus (2.48) die Impulserhaltung

$$m\mathbf{v}_1 = m\mathbf{v}_0 \, , \tag{2.49}$$

d. h., der Impuls und damit auch die Geschwindigkeit des Körpers bleiben konstant.
Bei Translationsbewegungen längs einer Geraden vereinfachen sich (2.48), (2.49) zu

$$\int_{t_0}^{t_1} F(t)dt = mv_1 - mv_0 \;, \tag{2.50}$$

$$mv_1 = mv_0 \;. \tag{2.51}$$

Bewegen sich zwei verschiedene Körper der Massen m_1, m_2 translatorisch auf ein und derselben Geraden infolge einer Wechselwirkungskraft $F(t)$ zwischen diesen Körpern (Bild 2.12),

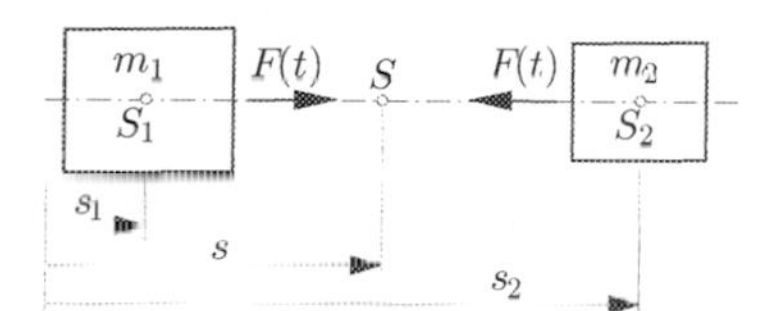

Bild 2.12. Zwei Körper mit Wechselwirkungskraft

so gelten gemäß (2.50) für beide Körper die getrennten Gleichungen

$$\int_{t_0}^{t_1} F(t)dt = m_1 v_{11} - m_1 v_{10} \;,$$

$$-\int_{t_0}^{t_1} F(t)dt = m_2 v_{21} - m_2 v_{20} \;.$$

Dabei bezeichnet v_{kl} die Geschwindigkeit des Körpers der Masse m_k zur Zeit t_l. Die Summe beider Gleichungen kann in der Form

$$m_1 v_{10} + m_2 v_{20} = m_1 v_{11} + m_2 v_{21} \tag{2.52}$$

geschrieben werden. Die linke Seite von (2.52) gibt die Summe der Impulse vor, die rechte Seite die Summe der Impulse nach der Kraftwirkung an. Diese Summe, die gleich dem Gesamtimpuls beider Körper ist, bleibt offensichtlich konstant. Werden die beiden Körper von Bild 2.12 als Teil eines Systems aufgefasst, deren Bindung geschnitten wurde, so sind die Schnittkräfte, wie schon in Abschnitt 2.2.1 angesprochen und hier bereits gemäß Bild 2.12 berücksichtigt,

entgegengesetzt gleich große innere Kräfte des Systems. Sie beeinflussen nicht den Gesamtimpuls des Systems.
Bei bekanntem Gesamtimpuls und gegebenen Massen gestattet (2.52) die gegenseitige Umrechnung der Körpergeschwindigkeiten. Verschwindet beispielsweise der Gesamtimpuls zur Zeit t_0, so beträgt das Geschwindigkeitsverhältnis beider Körper zur Zeit t_1

$$\frac{v_{11}}{v_{21}} = -\frac{m_2}{m_1} ,$$

d. h., die Körper entfernen sich voneinander mit Geschwindigkeiten, die im umgekehrten Verhältnis zu ihren Massen stehen.
Nach Bild 2.12 kann noch die Koordinate s des gemeinsamen Schwerpunktes S bestimmt werden. Sie beträgt (vgl. Statik, Kapitel 9)

$$s = \frac{m_1 s_1 + m_2 s_2}{m_1 + m_2} . \tag{2.53}$$

Ihre Zeitableitung ist

$$\dot{s} = v_s = \frac{m_1 \dot{s}_1 + m_2 \dot{s}_2}{m_1 + m_2} = \frac{m_1 v_1 + m_2 v_2}{m_1 + m_2} . \tag{2.54}$$

Wenn nur die innere Kraft F wirkt, bleibt der Gesamtschwerpunkt für verschwindende Anfangsgeschwindigkeiten gemäß (2.52), (2.54) in Ruhe. Trotz veränderlicher Einzelschwerpunktkoordinaten ist dann die Gesamtschwerpunktkoordinate in (2.53) konstant.

Beispiel 2.6
Ein keilförmiger homogener Körper ruht auf einer horizontalen Unterlage. Auf ihm liegt ein homogener Quader (Bild 2.13). Beide Körper besitzen gleiche Tiefenabmessungen und gleiche Massendichten. Alle Kontaktflächen sind reibungsfrei. Infolge Schwerkraft verschiebt sich das System, wobei der Punkt Q eine Lage lotrecht über dem Punkt K erreicht. Für das Abmessungsverhältnis $a/b = 4/3$ ist die Verschiebung des Punktes K zu bestimmen.
Lösung:
Die horizontale Verschiebung beider Körper wird durch eine innere Kraft des Systems verursacht. Deshalb bleibt die horizontale Koordinate x_S des gemeinsamen Schwerpunktes beider Körper konstant.
Eine Diagonale des Rechtecks liegt parallel zur Unterlage und hat die Länge $5b/3$.
Die Einzelflächen sind

$$A_1 = 2ab = 2\frac{4}{3}b^2 = \frac{8}{3}b^2 , \qquad A_2 = ab = \frac{4}{3}b^2$$

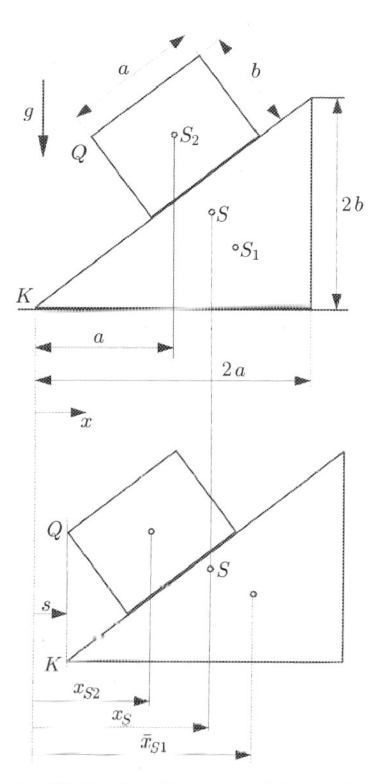

Bild 2.13. Gleitender Quader auf gleitendem Keil

und ihre Schwerpunktkoordinaten

$$x_{S1} = \frac{2}{3}2a = \frac{4}{3}\frac{4}{3}b = \frac{16}{9}b\,, \qquad x_{S2} = a = \frac{4}{3}b\,.$$

Damit ergibt sich die Koordinate x_S des Gesamtschwerpunktes S

$$x_S = \frac{A_1 x_{S1} + A_2 x_{S2}}{A_1 + A_2} = \frac{\frac{8}{3}b^2 \cdot \frac{16}{9}b + \frac{4}{3}b^2 \cdot \frac{4}{3}b}{\frac{8}{3}b^2 + \frac{4}{3}b^2} = \frac{44}{27}b\,.$$

In der verschobenen Lage sind die Schwerpunktkoordinaten der Einzelflächen

$$\bar{x}_{S1} = s + x_{S1} = s + \frac{16}{9}b\,, \qquad \bar{x}_{S2} = s + \frac{1}{2}\cdot\frac{5}{3}b = s + \frac{5}{6}b\,.$$

Mit (2.53) gilt deshalb

$$(m_1 + m_2)x_S = m_1\bar{x}_{S1} + m_2\bar{x}_{S2}$$

bzw.

$$(A_1 + A_2)x_S = A_1\Big(s + \frac{16}{9}b\Big) + A_2\Big(s + \frac{5}{6}b\Big)$$

und deshalb

$$s = x_S - \frac{\frac{16}{9}bA_1 + \frac{5}{6}bA_2}{A_1 + A_2} = \frac{b}{6} .$$

□

Wie zu Beginn von Abschnitt 2.2.2 angekündigt, soll noch das Wegintegral von (2.34) betrachtet werden. Dazu wird (2.34) mit dem Wegdifferenzial $d\mathbf{r}$ skalar multipliziert (die Indizes werden wieder weggelassen)

$$\mathbf{F} \cdot d\mathbf{r} = m\ddot{\mathbf{r}} \cdot d\mathbf{r} = m\frac{d\mathbf{v}}{dt} \cdot d\mathbf{r} = m\mathbf{v} \cdot d\mathbf{v} .$$

Die Integration dieser Gleichung zwischen zwei translatorischen Bewegungszuständen 0 und 1 führt wegen

$$\mathbf{v} \cdot \mathbf{v} = v^2 , \qquad \mathbf{v} \cdot d\mathbf{v} = v dv$$

und mit der Definition der kinetischen Energie

$$T = \frac{1}{2}mv^2 \tag{2.55}$$

auf

$$\int\limits_0^1 \mathbf{F} \cdot d\mathbf{r} = \frac{1}{2}mv_1^2 - \frac{1}{2}mv_0^2 = T_1 - T_0 , \tag{2.56}$$

eine Beziehung, die als mechanischer Arbeitssatz bezeichnet wird. Gemäß diesem Satz ändert der Körper bei einer translatorischen Bewegung infolge der Kraft $\mathbf{F}$ auf dem Weg vom Punkt 0 zum Punkt 1 seine kinetische Energie um die Differenz $T_1 - T_0$. Wie dem Skalarprodukt auf der linken Seite von (2.56) zu entnehmen ist, trägt die Kraftkomponente senkrecht zur durchlaufenen Bahnkurve, diese Kraft ist eine Führungs-, Zwangs- oder Reaktionskraft, nicht zur verrichteten Arbeit bzw. zur Änderung der kinetischen Energie des Körpers bei. Erfüllt die Kraft $\mathbf{F}$ die Bedingungen (2.15), sind also ihre negativen Vektorkoordinaten mittels (2.14) aus einem Potenzial U ableitbar, so geht (2.56) mit (2.13) in

$$\int\limits_0^1 \mathbf{F} \cdot d\mathbf{r} = -\int\limits_0^1 dU = U_0 - U_1 = \frac{1}{2}mv_1^2 - \frac{1}{2}mv_0^2 = T_1 - T_0$$

bzw.

$$U_0 + T_0 = U_1 + T_1 = \text{konst.} \tag{2.57}$$

über. Die Gleichung (2.57) beinhaltet den mechanischen Energiesatz, nämlich die Aussage, dass bei translatorischer Bewegung eines Körpers unter der Wirkung einer Potenzialkraft die Summe von potenzieller und kinetischer Energie des Körpers konstant bleibt.
Wir betrachten nochmals das Beispiel 2.3 und bilanzieren gemäß (2.56) die auf dem Weg l durch die in Bahnrichtung orientierte Kraft verrichtete Arbeit mit der dadurch verursachten Änderung der kinetischen Energie des Körpers

$$\int_0^l (F_1 - F_{Gl})ds = \int_0^l (mg\sin\alpha - \mu mg\cos\alpha)ds = T_l - T_0 \ .$$

Wegen der anfänglichen Ruhe des Körpers ist $T_0 = 0$ und folglich

$$mg(\sin\alpha - \mu\cos\alpha)l = \frac{1}{2}mv_l^2 \ .$$

Die Auflösung nach v_l ergibt mit

$$v_l = \sqrt{2lg(\sin\alpha - \mu\cos\alpha)}$$

das frühere Ergebnis.
Bei verschwindender Reibung in Beispiel 2.3 kann (2.57) ausgewertet werden. Die zu bilanzierenden Energien sind

$$U_0 = mgl\sin\alpha \ , \quad U_l = 0 \ , \quad T_0 = 0 \ , \quad T_l = \frac{1}{2}mv_l^2 \ ,$$

und (2.57) liefert

$$mgl\sin\alpha = \frac{1}{2}mv_l^2 \ ,$$

d. h.

$$v_l = \sqrt{2lg\sin\alpha} \ .$$

Diese Geschwindigkeit ist in dem vorher berechneten Ausdruck für $\mu = 0$ enthalten.

Beispiel 2.7
Für die homogene Kreisscheibe des Beispiels 2.4 ist die tangentiale Geschwindigkeit zu bestimmen, wobei der gegebene Winkel α der anfänglichen Ruhelage keiner Beschränkung unterliegt.
Lösung:
Die Scheibe besitzt die potenziellen Energien im Ausgangszustand

$$U_\alpha = mgl(1 - \cos\alpha)$$

und im aktuellen Zustand

$$U_\varphi = mgl(1 - \cos\varphi) \; .$$

Die kinetischen Energien sind

$$T_\alpha = 0 \; , \qquad T_\varphi = \frac{1}{2}m(l\dot{\varphi})^2 \; .$$

Damit folgt aus (2.57)

$$mgl(1 - \cos\alpha) = mgl(1 - \cos\varphi) + \frac{1}{2}m(l\dot{\varphi})^2 \; .$$

Die entgegen der Orientierung von φ in Bild 2.10 gerichtete tangentiale Geschwindigkeit $v = -l\dot{\varphi}$ beträgt folglich

$$v = \sqrt{2gl(\cos\varphi - \cos\alpha)} \; .$$

Zum Vergleich mit dem Ergebnis des Beispiels 2.4 sei jetzt wieder $|\alpha| \ll 1$, d. h.

$$v = -l\dot{\varphi} \approx \sqrt{gl(\alpha^2 - \varphi^2)} \; .$$

Einsetzen der Näherungslösung

$$\varphi = \alpha\cos\sqrt{\frac{g}{l}}t \; , \qquad \dot{\varphi} = -\alpha\sqrt{\frac{g}{l}}\sin\sqrt{\frac{g}{l}}t$$

aus Beispiel 2.4 liefert die Gleichung

$$(l\dot{\varphi})^2 = \alpha^2 gl\sin^2\sqrt{\frac{g}{l}}t = gl(\alpha^2 - \alpha^2\cos^2\sqrt{\frac{g}{l}}t) \; ,$$

welche wegen des Additionstheorems $1 - \cos^2 x = \sin^2 x$ erfüllt ist und deshalb das Ergebnis von Beispiel 2.4 bestätigt. □

Beispiel 2.8

Ein Quader der Masse m rutscht mit der Geschwindigkeit v reibungsfrei auf einer horizontalen Unterlage gegen eine entspannte masselose Feder (Bild 2.14).

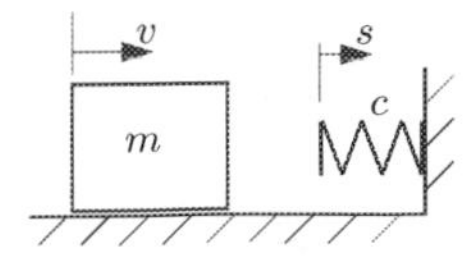

Bild 2.14. Gleitender Quader vor entspannter Feder

Die Feder ist linear und besitzt die Konstante c. Gesucht ist ihre maximale Zusammendrückung.

Lösung:
Die größte Zusammendrückung der Feder wird erreicht, wenn der Quader zur Ruhe kommt. Die Energien für (2.57) sind deshalb mit Berücksichtigung von (2.29)

$$U_0 = 0\ , \quad T_0 = \frac{1}{2}mv^2\ , \quad U_1 = \frac{1}{2}cs_{max}^2\ , \quad T_1 = 0\ ,$$

so dass sich

$$\frac{1}{2}mv^2 = \frac{1}{2}cs_{max}^2$$

bzw.

$$s_{max} = v\sqrt{\frac{m}{c}}$$

ergeben. □

Sowohl der mechanische Arbeitssatz (2.56) als auch der mechanische Energiesatz (2.57) für die translatorische Bewegung des starren Körpers stellen mechanische Energiebilanzen dar. Sie wurden durch eine rein mathematische Umformung der NEWTONschen Bewegungsgleichung gewonnen, die zwar einige zusätzliche Definitionen aber keinen neuen physikalischen Grundgedanken enthielt, weshalb das Wort „mechanisch" zu betonen ist.
Die Situation ändert sich wesentlich, wenn weitere nichtmechanische Energiearten und Wärme mitzubilanzieren sind. Dann gilt eine allgemeinere, nicht auf rein mechanischen Annahmen beruhende Energiebilanz. Sie umfasst die mechanischen Energiebilanzen als Sonderfälle, liegt aber im Übrigen außerhalb der hier zu behandelnden Starrkörperkinetik.

2.3 Kinetik des starren Körpers bei beliebiger Bewegung

2.3

In der Statik war bereits darauf hingewiesen worden, dass das Verschwinden der resultierenden Kraft für die Aufrechterhaltung des Gleichgewichts des Körpers nicht ausreicht. Unabhängig von dieser Forderung musste zusätzlich das gesamte resultierende Moment gleich null sein. Es sei auch daran erinnert, dass diese Gleichgewichtsaussagen in die beiden i. Allg. nicht auseinander herleitbaren Vektorgleichungen (2.17), (2.18) münden, welche die Grundgesetze der Statik darstellen.
Im Hinblick auf eine Verletzung des Gleichgewichts wurde in Bild 2.4 der Sonderfall diskutiert, bei dem die angreifende Kraft mit ihrer Wirkungslinie durch den Körperschwerpunkt eine rein translatorische Bewegung des Körpers verursacht, wobei das gesamte resultierende Moment bezüglich des Schwerpunktes null war.

Ein zweiter Sonderfall liegt vor, wenn der Körper nur der Wirkung eines von null verschiedenen gesamten resultierenden Momentes unterliegt. Dann verschwindet die resultierende Kraft, und das gesamte resultierende Moment besteht i. Allg. aus Momenten von Kräftepaaren und Einzelmomenten. Die Erfahrung besagt, dass unter diesen Bedingungen der Schwerpunkt des in Ruhe befindlichen Körpers in Ruhe bleibt, der Körper aber in eine Drehbewegung um den Schwerpunkt versetzt wird. Analog zu der Ergänzung der rechten Seite von (2.17) in der Form (2.34) wäre für die rechte Seite von (2.18) ein Term anzugeben, der die Drehbewegung beschreibt.
Im allgemeinen Fall wirken eine resultierende Kraft und ein gesamtes resultierendes Moment auf den Körper. Die resultierende Kraft wird eine Translation des Körperschwerpunktes und das gesamte resultierende Moment bezüglich des Schwerpunktes eine Rotation des Körpers um den Schwerpunkt verursachen. Dann müssen beide Gleichungen (2.17), (2.18) um kinetische Terme erweitert werden. Selbstverständlich bleibt dabei die in der Statik gültige Tatsache, dass die beiden Gleichungen (2.17), (2.18) i. Allg. nicht auseinander herleitbar sind, bestehen.
In Vorbereitung auf die gemeinsame Erweiterung von (2.17), (2.18) werden zunächst zwei wichtige Begriffe behandelt. Diese betreffen den schon erwähnten Impuls und den Drehimpuls des Körpers.

2.3.1 Impuls und Drehimpuls

In einem raumfesten Bezugssystem mit dem Ursprung O sei ein Körper mit dem Volumen V und der Masse m gegeben (Bild 2.15).

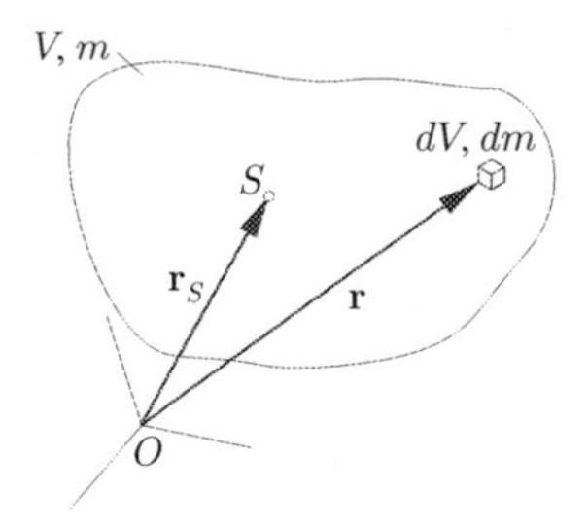

Bild 2.15. Zur Definition von Impuls und Drehimpuls

Der Ursprung des Bezugssystems liegt i. Allg. außerhalb des bewegten Schwerpunktes S. Die Ortsvektoren der Körperpunkte hängen jetzt im Gegensatz zur Statik von der Zeit ab und tragen keinen Querstrich.
Für eine kontinuierliche Verteilung der Dichte ϱ besitzt das am Ort $\mathbf{r}$ befindliche Volumenelement dV gemäß (2.1) die Masse $dm = \varrho dV$.

Der Schwerpunkt des Körpers wurde in der Statik, Kapitel 9, definiert. Seine Lage ergibt sich aus

$$m\mathbf{r}_S = \int_m \mathbf{r}dm = \int_V \mathbf{r}\varrho dV \,. \tag{2.58}$$

Die Zeitableitung von (2.58) liefert

$$m\dot{\mathbf{r}}_S = \Big(\int_m \mathbf{r}dm\Big)^{\cdot} = \int_m \dot{\mathbf{r}}dm \,. \tag{2.59}$$

Auf der rechten Seite von (2.59) durfte die Zeitableitung wegen $\dot{m} = 0$ unter das Integral gezogen und, da $(dm)^{\cdot} = 0$, allein auf den Ortsvektor angewendet werden.
Für die translatorische Bewegung eines Körpers wurde unter (2.48) die Größe $m\mathbf{v}$ als Impuls des Körpers eingeführt. Insofern stellt der Ausdruck $\dot{\mathbf{r}}dm$ in (2.59) einen elementaren Impuls dar. Das Integral darüber

$$\mathbf{p} = \int_m \dot{\mathbf{r}}dm = \int_V \dot{\mathbf{r}}\varrho dV \tag{2.60}$$

wird als Gesamtimpuls des beliebig bewegten Körpers bezeichnet. Gemäß (2.59) lässt er sich durch die Schwerpunktgeschwindigkeit und die Masse des Körpers ausdrücken. Bei translatorischer Bewegung repräsentiert die Schwerpunktgeschwindigkeit die Geschwindigkeit jedes Körperpunktes. Insofern enthält (2.60) auch den in (2.48) benutzten Impuls, und statt vom Gesamtimpuls spricht man abkürzend vom Impuls.
Im Hinblick auf die kinetische Erweiterung der Momentenbilanz (2.18) wird über das Kreuzprodukt des elementaren Impulses $\dot{\mathbf{r}}dm$ aus (2.60) mit dem Ortsvektor $\mathbf{r}$ im raumfesten Bezugssystem eine weitere Größe, der Drehimpuls bezüglich des raumfesten Punktes O, definiert.

$$\mathbf{L} = \int_m \mathbf{r} \times \dot{\mathbf{r}}dm = \int_V \mathbf{r} \times \dot{\mathbf{r}}\varrho dV \,. \tag{2.61}$$

Es sei betont, dass wie in (2.1) auch in (2.60), (2.61) von der Kontinuität der Massendichte Gebrauch gemacht wurde.

2.3.2 Impuls- und Drehimpulsbilanz

Die Grundgesetze der Statik (2.17), (2.18) werden nun so erweitert, dass sie auf kinetische Situationen von Körpern wie in Bild 2.16 anwendbar sind.
Die durch alle bisherigen Erfahrungen gestützte, d. h. theoretisch nicht beweisbare, Aussage lautet:

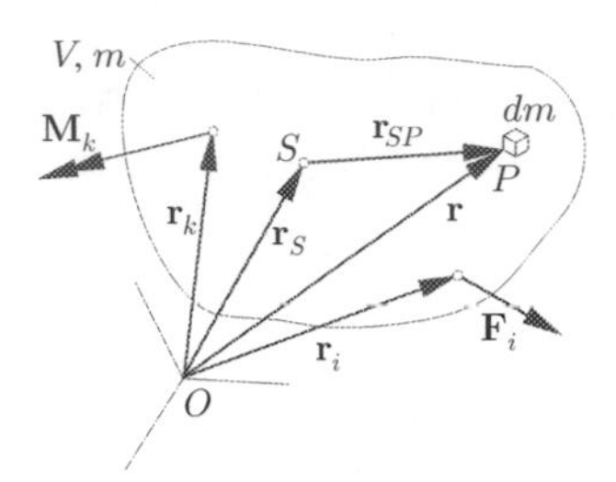

Bild 2.16. Zur Kinetik eines Körpers unter Einzellasten

Für die vollständige Beschreibung der Bewegung eines starren Körpers und beliebiger Teile desselben gelten im raumfesten Bezugssystem gemeinsam die beiden Grundgesetze der Kinetik

$$\mathbf{F}_R = \dot{\mathbf{p}} \qquad \text{(Impulsbilanz)} \ , \tag{2.62}$$

$$\mathbf{M}_G = \dot{\mathbf{L}} \qquad \text{(Drehimpulsbilanz)} \ . \tag{2.63}$$

Wie im statischen Sonderfall von (2.62), (2.63)

$$\mathbf{F}_R = \mathbf{0} \ , \tag{2.64}$$

$$\mathbf{M}_G = \mathbf{0} \ , \tag{2.65}$$

muss der Körper, damit er als solcher definiert ist, vor Anwendung der Bilanzen (2.62), (2.63) unbedingt freigeschnitten werden. Entsprechendes gilt für Teile eines Körpers und für Mehrkörpersysteme mit Zwangsbedingungen.
Die Impulsbilanz (2.62) kann mittels (2.17), (2.59), (2.60) in

$$\underline{\mathbf{F}_R = \sum_{i=1}^{n} \mathbf{F}_i} = \Big(\int_m \dot{\mathbf{r}} dm \Big)^{\cdot} = \underline{\int_m \ddot{\mathbf{r}} dm = m\ddot{\mathbf{r}}_S} \tag{2.66}$$

umgeschrieben werden, ein Ergebnis, das die NEWTONsche Bewegungsgleichung (2.34) wiedergibt. Mit (2.66) ist auch zu sehen, dass der Schwerpunkt bei fehlender resultierender Kraft in Ruhe oder bei geradliniger konstanter Geschwindigkeit verbleibt.
Die Drehimpulsbilanz (2.63) lässt sich mit $\dot{\mathbf{r}} \times \dot{\mathbf{r}} = \mathbf{0}$, (2.18), (2.61) und der für konstantes dm unter das Integral ziehbaren Zeitableitung

$$\underline{\mathbf{M}_G = \sum_{i=1}^{n} \mathbf{r}_i \times \mathbf{F}_i} + \sum_{k=1}^{m} \mathbf{M}_k = \Big(\int_m \mathbf{r} \times \dot{\mathbf{r}} dm \Big)^{\cdot} = \underline{\int_m \mathbf{r} \times \ddot{\mathbf{r}} dm} \tag{2.67}$$

bringen. Man erkennt eine gewisse über das Kreuzprodukt vermittelte Beziehung zwischen den unterstrichenen Termen von (2.66) und (2.67). In (2.66) wird die Gesamtheit aller Produkte aus translatorischen Beschleunigungen $\ddot{\mathbf{r}}$ und Massen dm der elementaren Teilkörper dV mit der Summe der äußeren Kräfte bilanziert, in (2.67) die Gesamtheit der Momente dieser Produkte mit der Summe der äußeren Momente. Insofern stecken in (2.67) sowohl die Kernidee der NEWTONschen Bewegungsgleichung als auch das davon unabhängig vorauszusetzende Hebelgesetz von ARCHIMEDES. Dass i. Allg. außer (2.66) zwingend noch eine weitere, nicht aus (2.66) allein gewinnbare Gleichung benötigt wird, wurde bereits im Sonderfall der in der Kinetik enthaltenen Statik betont.

Die Zusammenfassung aller Erfahrungen über die Kinetik der Körper in obiger Form geht auf EULER zurück (s. a. Kapitel 8). Mit Ergänzung der bereits in der Statik unabhängig voneinander eingeführten Einzellasten Kraft und Moment durch Kraft- und Momentendichten je Längen-, Flächen- und Volumeneinheit dient sie heute als vollständige Basis einer allgemeinen Kontinuumsmechanik der starren Körper. Das Konzept ist auch auf beliebig deformierbare Körper anwendbar, wenn die Konstanz der Masse in Gleichungsform (Massebilanz) hinzugenommen wird. Impuls-, Drehimpuls- und Massebilanz bilden seit Jahrzehnten die Grundlage der in der technischen Praxis bewährten Computermechanik.

Die Drehimpulsbilanz (2.67) wird für ihren Gebrauch bei der gemeinsamen Anwendung von (2.66) und (2.67) auf die Lösung konkreter Aufgaben noch etwas umgeformt.

Gemäß Bild 2.16 gilt $\mathbf{r} = \mathbf{r}_S + \mathbf{r}_{SP}$. Die EULERsche Formel (1.55) liefert für $A = S$

$$\mathbf{v} = \dot{\mathbf{r}}_S + \boldsymbol{\omega} \times \mathbf{r}_{SP} \ .$$

Damit ergibt sich die Zeitableitung des Drehimpulses (2.61) zu

$$\begin{aligned}\dot{\mathbf{L}} =& \Big(\int\limits_m \mathbf{r} \times \dot{\mathbf{r}} dm\Big)^{\cdot} = \Big[\int\limits_m (\mathbf{r}_S + \mathbf{r}_{SP}) \times (\dot{\mathbf{r}}_S + \boldsymbol{\omega} \times \mathbf{r}_{SP}) dm\Big]^{\cdot} \\ =& \Big(\int\limits_m \mathbf{r}_S \times \dot{\mathbf{r}}_S dm\Big)^{\cdot} + \Big[\int\limits_m \mathbf{r}_S \times (\boldsymbol{\omega} \times \mathbf{r}_{SP}) dm\Big]^{\cdot} + \Big(\int\limits_m \mathbf{r}_{SP} \times \dot{\mathbf{r}}_S dm\Big)^{\cdot} \\ &+ \Big[\int\limits_m \mathbf{r}_{SP} \times (\boldsymbol{\omega} \times \mathbf{r}_{SP}) dm\Big]^{\cdot} \ . \end{aligned} \tag{2.68}$$

Hier sind die Vektoren $\mathbf{r}_S$, $\dot{\mathbf{r}}_S$, $\boldsymbol{\omega}$ bei der Integration über m konstant. Die Zeitableitung darf wieder unter das Integral gezogen und über dm hinweg benutzt werden. Damit nehmen die ersten drei Terme in (2.68) folgende Formen

$$\Big(\int\limits_m \mathbf{r}_S \times \dot{\mathbf{r}}_S dm\Big)^{\cdot} = \int\limits_m (\dot{\mathbf{r}}_S \times \dot{\mathbf{r}}_S + \mathbf{r}_S \times \ddot{\mathbf{r}}_S) dm = \int\limits_m \mathbf{r}_S \times \ddot{\mathbf{r}}_S dm$$

$$= \mathbf{r}_S \times \ddot{\mathbf{r}}_S \int\limits_m dm = \mathbf{r}_S \times \ddot{\mathbf{r}}_S m \ ,$$

$$\Big[\int\limits_m \mathbf{r}_S \times (\boldsymbol{\omega} \times \mathbf{r}_{SP}) dm\Big]^{\cdot} = \Big[\mathbf{r}_S \times \Big(\boldsymbol{\omega} \times \int\limits_m \mathbf{r}_{SP} dm\Big)\Big]^{\cdot} = \mathbf{0} \ ,$$

$$\Big(\int\limits_m \mathbf{r}_{SP} \times \dot{\mathbf{r}}_S dm\Big)^{\cdot} = \Big[\Big(\int\limits_m \mathbf{r}_{SP} dm\Big) \times \dot{\mathbf{r}}_S\Big]^{\cdot} = \mathbf{0}$$

an, wobei in den letzten beiden Gleichungen wegen der Definition der Schwerpunktkoordinaten die Beziehung

$$\int\limits_m \mathbf{r}_{SP} dm = \mathbf{0}$$

ausgenutzt werden konnte. Mit diesen Ausdrücken lässt sich (2.68) als

$$\dot{\mathbf{L}} = \mathbf{r}_S \times \ddot{\mathbf{r}}_S m + \dot{\mathbf{L}}^{(S)} \ , \quad \dot{\mathbf{L}}^{(S)} = \Big[\int\limits_m \mathbf{r}_{SP} \times (\boldsymbol{\omega} \times \mathbf{r}_{SP}) dm\Big]^{\cdot} \qquad (2.69\text{a,b})$$

schreiben, wobei $\mathbf{L}^{(S)}$ den auf den Körperschwerpunkt S bezogenen Drehimpuls bezeichnet. Die Drehimpulsbilanz (2.67) geht mit (2.69) in

$$\mathbf{M}_G = \sum_i \mathbf{r}_i \times \mathbf{F}_i + \sum_k \mathbf{M}_k = \dot{\mathbf{L}} = \mathbf{r}_S \times \ddot{\mathbf{r}}_S m + \dot{\mathbf{L}}^{(S)} \qquad (2.70\text{a})$$

über. Die Summationsgrenzen wurden zur Vereinfachung weggelassen.
Häufig ist es zweckmäßig, neben dem beliebig bewegten Schwerpunkt noch einen beliebig bewegten Bezugspunkt B einzuführen (Bild 2.17).

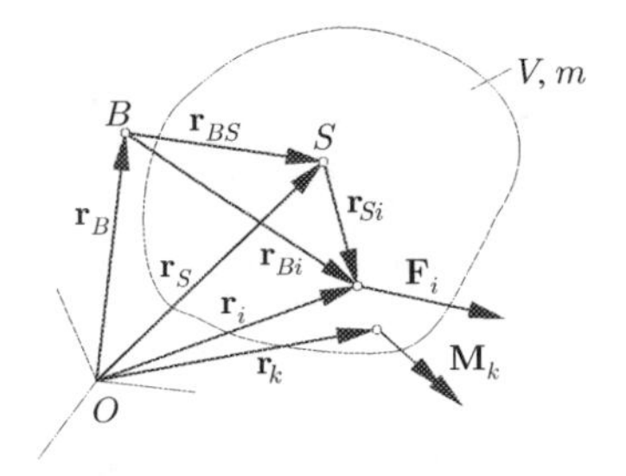

Bild 2.17. Verschiedene Bezugspunkte

Aus Bild 2.17 liest man

$$\mathbf{r}_S = \mathbf{r}_B + \mathbf{r}_{BS} \;, \quad \mathbf{r}_i = \mathbf{r}_B + \mathbf{r}_{Bi}$$

ab. Einsetzen in (2.70a) ergibt zunächst

$$\sum_i (\underline{\mathbf{r}_B} + \mathbf{r}_{Bi}) \times \mathbf{F}_i + \sum_k \mathbf{M}_k = (\underline{\mathbf{r}_B} + \mathbf{r}_{BS}) \times \ddot{\mathbf{r}}_S m + \dot{\mathbf{L}}^{(S)} \;.$$

Die unterstrichenen Terme heben sich wegen der zu erfüllenden Impulsbilanz (2.66) heraus, so dass

$$\mathbf{M}_G^{(B)} = \sum_i \mathbf{r}_{Bi} \times \mathbf{F}_i + \sum_k \mathbf{M}_k = \mathbf{r}_{BS} \times \ddot{\mathbf{r}}_S m + \dot{\mathbf{L}}^{(S)} \tag{2.70b}$$

entsteht. Lässt man den Bezugspunkt B mit dem Schwerpunkt S zusammenfallen, d. h. $\mathbf{r}_{BS} = \mathbf{0}$, $\mathbf{r}_{Bi} = \mathbf{r}_{Si}$, so folgt aus (2.70b)

$$\mathbf{M}_G^{(S)} = \sum_i \mathbf{r}_{Si} \times \mathbf{F}_i + \sum_k \mathbf{M}_k = \dot{\mathbf{L}}^{(S)} \;. \tag{2.70c}$$

Die Beziehungen (2.70a,b,c) stellen drei äquivalente Varianten der Drehimpulsbilanz (2.63) bzw. (2.67) dar. Sie unterscheiden sich um den Bezugspunkt, der für (2.70a) ein raumfester, für (2.70b) ein beliebig bewegter und für (2.70c) der beliebig bewegte Schwerpunkt ist. Die Anwendung einer der drei Varianten bei der Lösung eines allgemeinen Falles erfordert noch die Berücksichtigung der Impulsbilanz (2.62) bzw. (2.66).

Abschließend sei noch eine Umformung des Drehimpulses $\mathbf{L}^{(S)}$ aus (2.69b) angegeben, die für spätere Überlegungen nützlich sein wird. Dazu wenden wir die Formel für das doppelte Vektorprodukt dreier Vektoren $\mathbf{a}, \mathbf{b}, \mathbf{c}$

$$\mathbf{a} \times (\mathbf{b} \times \mathbf{c}) = (\mathbf{a} \cdot \mathbf{c})\mathbf{b} - (\mathbf{a} \cdot \mathbf{b})\mathbf{c}$$

auf den Integranden von (2.69b) an. Dann ergibt sich für den auf den Schwerpunkt bezogenen Drehimpuls

$$\mathbf{L}^{(S)} = \boldsymbol{\omega} \int_m r_{SP}^2 dm - \int_m (\mathbf{r}_{SP} \cdot \boldsymbol{\omega}) \mathbf{r}_{SP} dm \;. \tag{2.71}$$

2.3.3 Ebene Bewegung in einer Symmetrieebene

Im Folgenden wird die Bewegung eines symmetrischen Körpers in seiner Symmetrieebene betrachtet (Bild 2.18). Dann vereinfacht sich vor allem die Drehimpulsbilanz beträchtlich.

Wir gehen zunächst vom Drehimpuls $\mathbf{L}^{(S)}$ in (2.71) aus. Der Betrag des körperfesten Vektors $\mathbf{r}_{SP}$ ist zeitlich konstant, d. h. $\dot{r}_{SP} = 0$. Bei der ebenen Bewegung

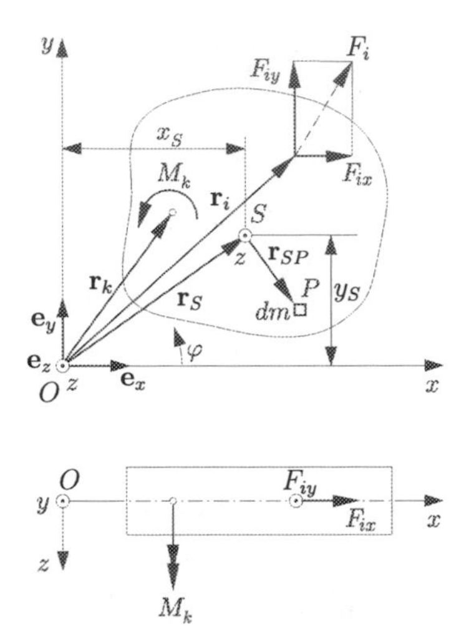

Bild 2.18. Zur ebenen Bewegung eines Körpers

in der x, y-Ebene steht der Winkelgeschwindigkeitsvektor $\boldsymbol{\omega}$ senkrecht auf der x, y-Ebene. Folglich ist $\boldsymbol{\omega} = \omega \mathbf{e}_z$. Die Vektoren $\mathbf{r}_S$ und $\mathbf{r}_{SP}$ liegen in der x, y-Ebene. Es gelten

$$\mathbf{r}_S = x_S \mathbf{e}_x + y_S \mathbf{e}_y \ , \quad \mathbf{r}_{SP} \cdot \boldsymbol{\omega} = 0 \ , \quad \dot{\boldsymbol{\omega}} = \dot{\omega} \mathbf{e}_z \ ,$$

$$\mathbf{r}_S \times \ddot{\mathbf{r}}_S = (x_S \mathbf{e}_x + y_S \mathbf{e}_y) \times (\ddot{x}_S \mathbf{e}_x + \ddot{y}_S \mathbf{e}_y) = (x_S \ddot{y}_S - y_S \ddot{x}_S) \mathbf{e}_z \ .$$

Einsetzen dieser Formeln in (2.71), (2.69a) ergibt die Zeitableitung des auf den raumfesten Punkt O bezogenen Drehimpulses

$$\dot{\mathbf{L}} = \dot{L} \mathbf{e}_z = \left[(x_S \ddot{y}_S - y_S \ddot{x}_S) m + \dot{\omega} \int\limits_m r_{SP}^2 dm \right] \mathbf{e}_z \ , \tag{2.72}$$

wobei $\dot{\omega} = \ddot{\varphi}$ ist und

$$\int\limits_m r_{SP}^2 dm = J_S \tag{2.73}$$

das Massenträgheitsmoment bezüglich einer Achse parallel zu $\mathbf{e}_z$ durch den Schwerpunkt darstellt.
Vom gesamten resultierenden Moment $\mathbf{M}_G$ verbleibt

$$\mathbf{M}_G = M_{Gz} \mathbf{e}_z = \sum_i (F_{iy} x_i - F_{ix} y_i) \mathbf{e}_z + \sum_k M_k \mathbf{e}_z \ , \tag{2.74}$$

so dass mit (2.70a), (2.72), (2.73) und (2.74) als Drehimpulsbilanz in z-Richtung bezüglich des raumfesten Punktes O

$$M_{Gz} = \dot{L}_z$$

bzw.

$$\sum_i (F_{iy} x_i - F_{ix} y_i) + \sum_k M_k = x_S \ddot{y}_S m - y_S \ddot{x}_S m + J_S \ddot{\varphi} \tag{2.75}$$

folgt, eine Gleichung, die bei Bezug auf den Schwerpunkt, d. h. $x_S = y_S = 0$, allein die Winkelbeschleunigung $\ddot{\varphi}$ bestimmt. Wird dann das gesamte resultierende Moment bezüglich des Schwerpunktes null gesetzt, so verschwindet die Winkelbeschleunigung. Daraus folgt, dass sich der Körper je nach Anfangsbedingung nicht oder mit konstanter Winkelgeschwindigkeit um eine Achse durch den Schwerpunkt senkrecht zur Ebene dreht. Die zur gleichförmigen Eigendrehung des Rugbyballes im Gedankenexperiment der Einführung führende Symmetrie gemäß (2.75) wäre gegeben, wenn die Eigendrehung um eine der Durchmesserachsen des ellipsoidförmigen Balles erfolgte. Allerdings ist die Stabilität dieser Bewegung gegenüber Störungen zu prüfen (s. Kapitel 7).
Außer (2.75) muss noch die Impulsbilanz (2.66) für die ebene Bewegung in der Symmetrieebene

$$\sum_i F_{ix} = m\ddot{x}_S \ , \quad \sum_i F_{iy} = m\ddot{y}_S \tag{2.76}$$

erfüllt werden.

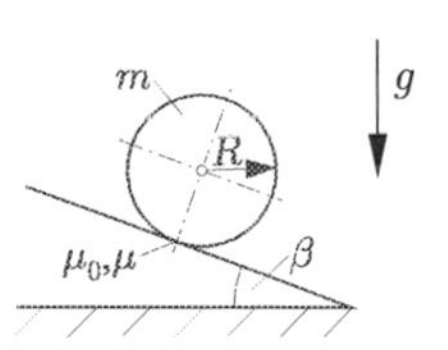

Bild 2.19. Kreisscheibe auf schiefer Ebene

Als Demonstrationsbeispiel der Bilanzen (2.75), (2.76) diene eine homogene Kreisscheibe vom Radius R und der Masse m, die sich infolge Schwerkraft eine geneigte Ebene hinabbewegt (Bild 2.19). Dabei soll reines Rollen mit dem Haftreibungskoeffizienten μ_0 vom Gleiten mit dem Gleitreibungskoeffizienten μ unterschieden werden (s. Statik, Kapitel 8).
Nach dem Freischneiden entsteht Bild 2.20a. Als äußere Kräfte wurden das resultierende Gewicht mit seiner Wirkungslinie durch den Schwerpunkt S, die Normalkraft F_N, alternativ die Haftreibungskraft F_H bzw. die Gleitreibungskraft F_{Gl}, ein raumfestes kartesisches Koordinatensystem mit den Achsen x, y sowie die raumfesten Winkelkoordinaten φ und $\bar{\varphi}$ eingetragen.

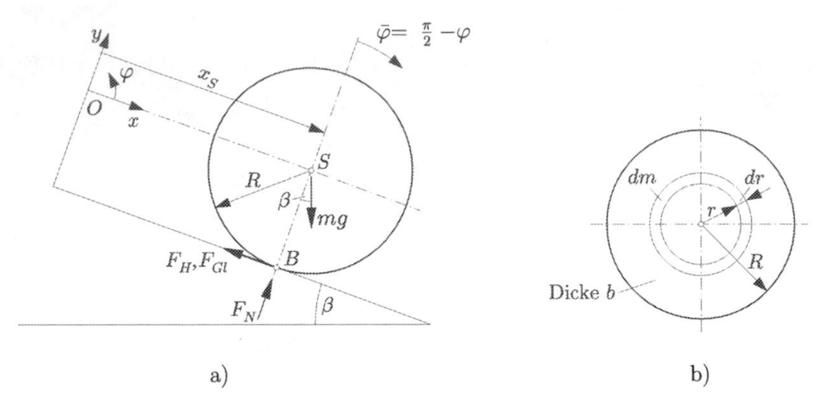

Bild 2.20. Kreisscheibe mit äußeren Kräften a) und Massenelement b)

Zunächst sei reines Rollen angenommen. Die Auswertung von (2.75), (2.76) ergibt mit $y_S \equiv 0$ und deshalb $\ddot{y}_S = 0$

$$\searrow: \quad m\ddot{x}_S = mg\sin\beta - F_H \;, \tag{a}$$

$$\nearrow: \quad F_N - mg\cos\beta = 0 \;, \tag{b}$$

$$\overset{\frown}{O}: \quad J_S\ddot{\bar{\varphi}} = x_S(F_N - mg\cos\beta) - RF_H$$

bzw. mit (b)

$$J_S\ddot{\bar{\varphi}} = -RF_H \;. \tag{c}$$

Die Rollbedingung lautet wie im Beispiel 1.7 $\dot{x}_S = R\dot{\varphi}$ bzw. mit $\dot{\bar{\varphi}} = -\dot{\varphi}$

$$-R\ddot{\bar{\varphi}} = \ddot{x}_S \;. \tag{d}$$

Dabei muss $|F_H| \leq \mu_0 F_N$ oder wegen $F_H > 0$ in (c)

$$F_H \leq \mu_0 F_N \tag{e}$$

eingehalten werden.
Einsetzen von F_H aus (c) und $\ddot{\bar{\varphi}}$ aus (d) in (a) ergibt die Schwerpunktbeschleunigung

$$\ddot{x}_S = \frac{g\sin\beta}{1 + \frac{J_S}{mR^2}} \;. \tag{f}$$

Zur Berechnung des Massenträgheitsmomentes nach (2.73) wird gemäß Bild 2.20b eine körperfeste Radiuskoordinate $r = r_{SP}$ bis zu einem ringförmigen Massenelement

$$dm = \frac{m}{\pi R^2 b} \cdot 2\pi r b dr$$

eingeführt, so dass sich

$$J_S = \int_m r^2 dm = \frac{2m}{R^2} \int_0^R r^3 dr = \frac{m}{2} R^2 \tag{g}$$

und damit

$$\ddot{x}_S = \frac{2}{3} g \sin\beta \tag{h}$$

ergeben. Die Haftungsbedingung (e) wird eingehalten, wenn mit (c), (d), (b)

$$-\frac{J_S \ddot{\varphi}}{R} = \frac{J_S \ddot{x}_S}{R^2} = \frac{m}{2} \cdot \frac{2}{3} g \sin\beta \leq \mu_0 m g \cos\beta \ ,$$

d. h.

$$\frac{1}{3} \tan\beta \leq \mu_0$$

gilt. Soll Rollen sicher garantiert werden, muss allerdings wegen $\mu < \mu_0$ und möglicher Erschütterungen

$$\frac{1}{3} \tan\beta < \mu$$

gefordert werden.
Im Fall eines Gleitvorganges ist (c) durch

$$F_{Gl} = \mu F_N \tag{i}$$

und in (a), (c) die Haftreibungskraft F_H durch die Gleitreibungskraft F_{Gl} zu ersetzen. Dies liefert mit (b) in (a)

$$\ddot{x}_S = g(\sin\beta - \mu\cos\beta) \ ,$$

ein Ergebnis, das mit dem des Beispiels 2.3 übereinstimmt. Die von $\ddot{x}_S$ entkoppelte Winkelbeschleunigung beträgt dann gemäß (c), (b), (i)

$$\ddot{\varphi} = -\frac{R}{J_S} \mu m g \cos\beta = -2\mu \frac{g}{R} \cos\beta \ .$$

Es sei noch erwähnt, dass die Gleichung (f) auch für die rollende Kugel mit der Masse m und dem Radius R gilt, wenn statt J_S nach (g) für die Kugel $J_{SK} = 2mR^2/5$ in (f) gesetzt wird. Dann ergibt sich statt (h) für die Schwerpunktbeschleunigung der Kugel $\ddot{x}_{SK} = 5g(\sin\beta)/7$.
Vor der Behandlung weiterer Beispiele sollen die Bilanzen (2.62), (2.63) und ihr äquivalenten Versionen einer etwas anderen Interpretation unterworfen werden.

2.3.4 Statische Interpretation der Impuls- und Drehimpulsbilanz

Die Statik beruht im Wesentlichen auf den beiden Bilanzen der Kräfte (2.17) und Momente (2.18). Die häufige Anwendung dieser Bilanzen hat zu dem Wunsch geführt, Aufgaben der Kinetik ähnlich wie in der Statik zu behandeln. Dies ist formal durch Einführung so genannter Trägheits- oder Hilfslasten $\mathbf{F}_H = -\dot{\mathbf{p}}$ in (2.62) und $\mathbf{M}_H = -\dot{\mathbf{L}}$ in (2.63) möglich (s. a. Kapitel 8).
Die Beziehungen

$$\mathbf{F}_R + \mathbf{F}_H = \mathbf{0} \,, \tag{2.77}$$

$$\mathbf{M}_G + \mathbf{M}_H = \mathbf{0} \tag{2.78}$$

erscheinen dann als Gleichgewichtsbedingungen. Die Trägheitslasten werden auch als D'ALEMBERTsche Hilfslasten bezeichnet (D'ALEMBERT, 1717-1783), obwohl die Idee der Vorgehensweise schon bei JACOB BERNOULLI (1655-1705) gefunden wurde und hinsichtlich des Drehimpulses einer von EULER formulierten Verallgemeinerung bedarf.
Die Impulsbilanz (2.66) lautet in der Interpretation (2.77)

$$\sum_i \mathbf{F}_i - m\ddot{\mathbf{r}}_S = 0 \,, \qquad -m\ddot{\mathbf{r}}_S = \mathbf{F}_H \tag{2.79}$$

und die Drehimpulsbilanz (2.67) mit den drei Varianten (2.70a,b,c) in der Form (2.78)

$$\begin{aligned} &\sum_i \mathbf{r}_i \times \mathbf{F}_i + \sum_k \mathbf{M}_k - \mathbf{r}_S \times \ddot{\mathbf{r}}_S m - \dot{\mathbf{L}}^{(S)} = 0 \,, \\ &\qquad -\mathbf{r}_S \times \ddot{\mathbf{r}}_S m - \dot{\mathbf{L}}^{(S)} = -\dot{\mathbf{L}} = \mathbf{M}_H \end{aligned} \tag{2.80a}$$

$$\begin{aligned} &\sum_i \mathbf{r}_{Bi} \times \mathbf{F}_i + \sum_k \mathbf{M}_k - \mathbf{r}_{BS} \times \ddot{\mathbf{r}}_S m - \dot{\mathbf{L}}^{(S)} = 0 \,, \\ &\qquad -\mathbf{r}_{BS} \times \ddot{\mathbf{r}}_S m - \dot{\mathbf{L}}^{(S)} = \mathbf{M}_H^{(B)} \end{aligned} \tag{2.80b}$$

$$\sum_i \mathbf{r}_{Si} \times \mathbf{F}_i + \sum_k \mathbf{M}_k - \dot{\mathbf{L}}^{(S)} = 0 \,, \qquad -\dot{\mathbf{L}}^{(S)} = \mathbf{M}_H^{(S)} \,. \tag{2.80c}$$

Im räumlichen Fall lässt sich die Zeitableitung des Drehimpulses nicht einfach durch die absoluten Bewegungs- bzw. Beschleunigungskoordinaten ausdrücken (s. Abschnitt 7.2). Die Koordinatendarstellung von (2.80) wird deshalb nur für den ebenen Fall angegeben.
Für die ebene Bewegung eines symmetrischen Körpers in seiner Symmetrieebene zeigt Bild 2.21 beispielhaft eine Freischnittskizze mit den Abmessungen und den raumfesten Koordinaten x_S, y_S, φ, welche in den Gleichungsvarianten von

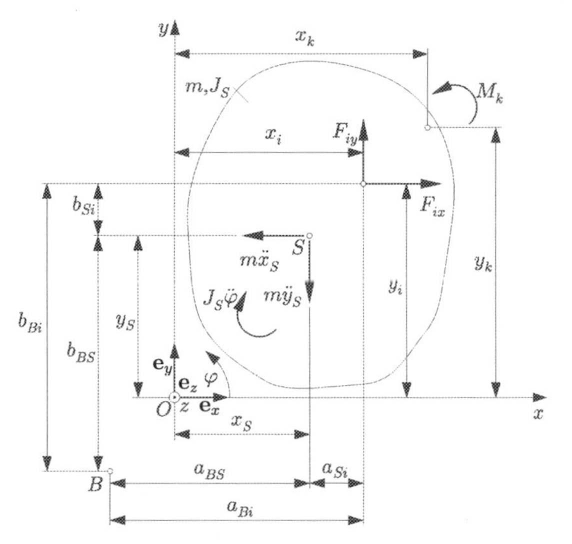

Bild 2.21. Freischnittskizze mit Trägheitslasten

(2.79), (2.80) verbleiben. Die absoluten Beschleunigungen $\ddot{x}_S$, $\ddot{y}_S$ und $\ddot{\varphi}$ werden hier wie die raumfesten Koordinaten x_S, y_S und φ im raumfesten Bezugssystem x, y, z mit der Basis $\mathbf{e}_x$, $\mathbf{e}_y$, $\mathbf{e}_z$ gezählt. Entgegengerichtet dazu wurden die Koordinaten der Trägheitslasten mit ihren individuellen Basisvektorpfeilen eingetragen. Außerdem enthält die Skizze die frei gewählten Basisvektorpfeile der äußeren Lasten. Damit lauten die Bilanzen:

$$\rightarrow: \sum_i F_{ix} - m\ddot{x}_S = 0 \,, \quad \uparrow: \sum_i F_{iy} - m\ddot{y}_S = 0 \,, \tag{2.81a,b}$$

$$\overset{\frown}{O}: \sum_i (F_{iy}x_i - F_{ix}y_i) + \sum_k M_k - x_S m\ddot{y}_S + y_S m\ddot{x}_S - J_S\ddot{\varphi} = 0 \,, \tag{2.82a}$$

$$\overset{\frown}{B}: \sum_i (F_{iy}a_{Bi} - F_{ix}b_{Bi}) + \sum_k M_k - a_{BS} m\ddot{y}_S + b_{BS} m\ddot{x}_S - J_S\ddot{\varphi} = 0 \,, \tag{2.82b}$$

$$\overset{\frown}{S}: \sum_i (F_{iy}a_{Si} - F_{ix}b_{Si}) + \sum_k M_k - J_S\ddot{\varphi} = 0 \,. \tag{2.82c}$$

Der Angriffspunkt des Einzelmomentes M_k wurde in Bild 2.21 mit eingetragen, um an seine Bedeutung für eventuelle Schnittreaktionsberechnungen zu erinnern. Es sei nochmals betont, dass die Punkte B und S beliebig bewegt sein können, während der Punkt O raumfest ist. Andere Anordnungen der Koordinaten und Lasten als in Bild 2.21 können die Vorzeichen in (2.81), (2.82) ändern.

Das Demonstrationsbeispiel aus Bild 2.20 diene jetzt zur Erläuterung der statischen Interpretation der Bilanzgleichungen. Hierzu wird die Freischnittskizze Bild 2.20a modifiziert, indem außer den schon vorliegenden äußeren Lasten, die jetzt bezüglich der Reibung nur den Haftreibungsfall enthalten sollen, entgegengesetzt zu den absoluten Beschleunigungskoordinaten $\ddot{x}_S$, $\ddot{\bar{\varphi}}$, hier wie die raumfesten Koordinaten x_S, $\bar{\varphi}$ gezählt, die Trägheitslasten $m\ddot{x}_S, J_S\ddot{\bar{\varphi}}$ eingetragen werden (Bild 2.22).

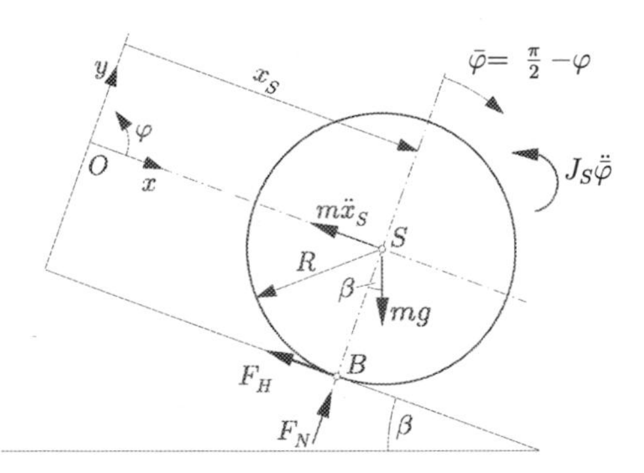

Bild 2.22. Scheibe mit äußeren Lasten und Trägheitslasten

Die statische Bilanzierung analog zu (2.81) und (2.82a), jetzt mit $\ddot{\bar{\varphi}}$ statt $\ddot{\varphi}$ in (2.82a), liefert Gleichungen gemäß dem früheren Ergebnis.

$$\searrow\ :\ mg\sin\beta - F_H - m\ddot{x}_S = 0\ , \qquad \text{(I)}$$

$$\nearrow\ :\ F_N - mg\cos\beta = 0\ , \qquad \text{(II)}$$

$$\overset{\frown}{O}\ :\ x_S(F_N - mg\cos\beta) - RF_H + J_S\ddot{\bar{\varphi}} = 0\ . \qquad \text{(III)}$$

Zum Vergleich werden zusätzlich noch die äquivalenten Bilanzen (2.82b) und (2.82c) benutzt.

$$\overset{\frown}{B}\ :\ (m\ddot{x}_S - mg\sin\beta)R + J_S\ddot{\bar{\varphi}} = 0\ , \qquad \text{(IV)}$$

$$\overset{\frown}{S}\ :\ -RF_H + J_S\ddot{\bar{\varphi}} = 0\ . \qquad \text{(V)}$$

Durch Einsetzen von (II) in (III) entsteht (V), desgleichen durch Substitution von (I) in (IV). Damit ist gezeigt, dass das gestellte Problem durch die äquivalenten Gleichungen (I, II, III), (I, II, IV) oder (I, II, V) beschrieben werden kann. Die Auswahl der zu benutzenden Variante genügt Zweckmäßigkeitsgründen. Wie in der Statik bietet es häufig Rechenvorteile, den Bezugspunkt zu benutzen, der möglichst wenig Momente erzeugt oder nicht benötigte unbekannte Kräfte außerhalb der Bilanz lässt. Wäre im betrachteten Beispiel die Rollbedingung $\ddot{x} = R\ddot{\bar{\varphi}}$ gesichert, z. B. infolge einer Verzahnung, und nur der durch $\ddot{x}_S$ einschließlich gegebener Anfangsbedingungen bestimmte Bewegungsablauf von Interesse, so enthielte (IV) zusammen mit der Rollbedingung alle benötigten Informationen zur Lösung der Aufgabe.

Beispiel 2.9

Dass Innenrad aus Bild 1.13 sei eine homogene Kreisscheibe der Masse m und unterliege der Schwerkraft (Bild 2.23)

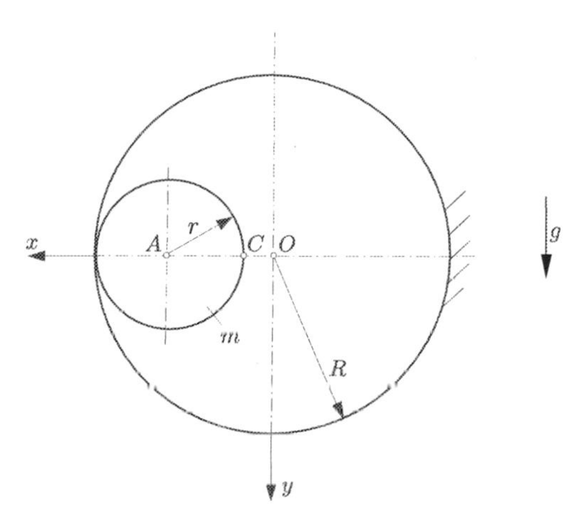

Bild 2.23. Ausgangslage des rollenden Innenrades unter Schwerkraft

Gesucht ist die Differenzialgleichung der absoluten Winkelbeschleunigung des Innenrades für reines Rollen.

Lösung:

Aus Beispiel 1.8 werden das Bild 1.14 als Bild 2.24a und die Zwangsbedingung für das Innenrad übernommen.

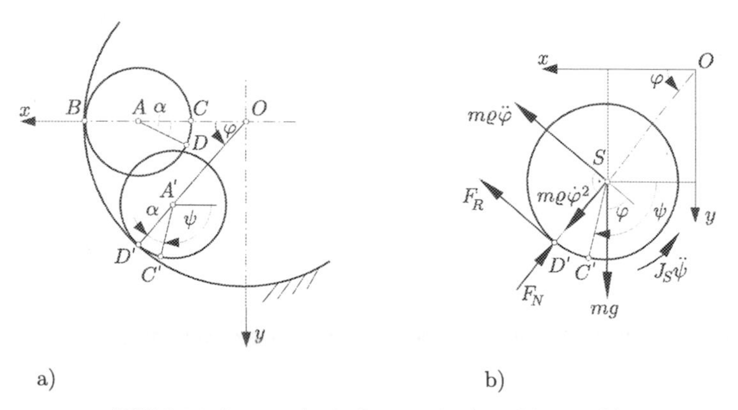

Bild 2.24. Innenrad mit Geometrie a) und Lasten b)

Die Zwangsbedingungen ohne den Hilfswinkel α lauten

$$\psi = \Big(\frac{R}{r} - 1\Big)\varphi\,, \quad R - r = \varrho\,.$$

Die Freischnittskizze des Innenrades (Bild 2.24b) enthält neben der absoluten Drehwinkelkoordinate ψ des Innenrades und dem absoluten Drehwinkel φ der Geraden OS, beide im raumfesten Bezug gemessen, die äußeren Lasten F_N, F_R am aktuellen Berührungspunkt D' sowie die Schwerkraft mg. Hinzu kommen noch die D'ALEMBERTschen Hilfslasten $m\varrho\ddot{\varphi}$, $m\varrho\dot{\varphi}^2$ entgegen den absoluten Schwerpunktbeschleunigungskoordinaten nach (1.34) und $J_S\ddot{\psi}$ entgegen der absoluten Winkelbeschleunigung des Innenrades.
Die auf den beliebig bewegten Punkt D' bezogene Drehimpulsbilanz analog zu (2.82b), in der jetzt aber die Trägheitskraft nach der Polarkoordinatenbasis (s. Bild 1.5) zerlegt wurde, liefert

$$\overset{\curvearrowleft}{D'}\,:\; J_S\ddot{\psi} + rm\varrho\ddot{\varphi} - rmg\cos\varphi = 0\,.$$

Mit den obigen Zwangsbedingungen ergibt sich die gesuchte Differenzialgleichung

$$(J_S + mr^2)\ddot{\psi} - rmg\cos\frac{r\psi}{R-r} = 0\,.$$

□

Abschließend seien nochmals die Bilanzen (2.81) und (2.82) betrachtet. Sie zeigen, dass für verschwindende Kräfte nur eine Winkelbeschleunigung verbleiben kann.

2.3.5 Mechanischer Arbeits- und Energiesatz für die ebene Bewegung

Im Abschnitt 2.2.2 wurde für die translatorische Bewegung des Körpers ein Wegintegral der NEWTONschen Bewegungsgleichung gebildet und als Ergebnis der mechanische Arbeitssatz gewonnen. Dieser ging bei Existenz eines Potenzials der äußeren Kräfte in den mechanischen Energiesatz über.
Für die Beschreibung der allgemeinen Bewegung des Körpers sind die beiden Grundgesetze der Kinetik (2.62) und (2.63) zu benutzen. Auch aus ihnen lassen sich Wegintegrale berechnen, die zu Arbeits- und Energiebilanzen zusammengefasst werden können. Im Folgenden führen wir eine solche Umrechnung durch und beschränken uns dabei auf den Fall der ebenen Bewegung.
Von den möglichen Formen der Impulsbilanzen wählen wir (2.81), (2.82c) und benutzen zur Abkürzung entsprechend (2.66) und (2.70c) wieder die resultierende Kraft $\mathbf{F}_R$ und das gesamte resultierende Moment bezüglich des Schwer-

punktes $\mathbf{M}_G^{(S)}$.

$$F_{Rx} = \sum_i F_{ix} = m\ddot{x}_S = m\dot{x}_S \frac{d\dot{x}_S}{dx_S} , \tag{2.83a}$$

$$F_{Ry} = \sum_i F_{iy} = m\ddot{y}_S = m\dot{y}_S \frac{d\dot{y}_S}{dy_S} , \tag{2.83b}$$

$$M_{Gz}^{(S)} = \sum_i (F_{iy}a_{Si} - F_{ix}b_{Si}) + \sum_k M_k = J_S\ddot{\varphi} = J_S\dot{\varphi}\frac{d\dot{\varphi}}{d\varphi} . \tag{2.83c}$$

Auf der rechten Seite dieser Gleichungen wurde die Kettenregel der Differenziation wie in (1.12) angewendet. Die Multiplikation der einzelnen Gleichungen mit dx_S, dy_S bzw. $d\varphi$, Integration zwischen zwei Wegpunkten 0 und 1 sowie Addition der Ergebnisse liefert den mechanischen Arbeitssatz

$$\int_0^1 (F_{Rx}dx_S + F_{Ry}dy_S + M_G^{(S)}d\varphi) = \left[\frac{m}{2}(\dot{x}_S^2 + \dot{y}_S^2) + \frac{J_S}{2}\dot{\varphi}^2\right]_0^1 . \tag{2.84}$$

Die linke Seite von (2.84) enthält die durch die resultierende Kraft an der Schwerpunktverschiebung und die durch das gesamte resultierende Moment bezüglich des Schwerpunktes an dem Drehwinkel des Körpers verrichtete Arbeit. Beide Terme entsprechen den schon früher angegebenen Definitionen (2.12), (2.24). Die rechte Seite von (2.84) besteht aus der kinetischen Energie, die sich aus der Translationsbewegung des Schwerpunktes wie in (2.56) ergibt, sowie aus einem neuen Term, der kinetischen Energie der Rotation des Körpers um den Schwerpunkt. Die gesamte kinetische Energie T am Wegpunkt 1 beträgt bei verschwindendem Wert am Wegpunkt 0

$$T = \frac{m}{2}(\dot{x}_S^2 + \dot{y}_S^2) + \frac{J_S}{2}\dot{\varphi}^2 . \tag{2.85}$$

Sind alle beteiligten Lasten konservativ, dann existiert eine gesamte potenzielle Energie U für die linke Seite von (2.84), und aus (2.84) folgt der mechanische Energiesatz

$$U_0 + T_0 = U_1 + T_1 = \text{konst.} , \tag{2.86}$$

der sich gegenüber (2.57) nur durch die zusätzlichen Terme gemäß (2.84) unterscheidet. Als Beispiel für konservative Lasten wurden in Abschnitt 2.1.3 die Schwerkraft, die lineare Federkraft und das lineare Torsionsfedermoment benannt.

Hinsichtlich der allgemeinen Energiebilanz für beliebige Energiearten und Leistungen gilt das schon im Abschnitt 2.2.2 Gesagte.

Beispiel 2.10
Eine homogene Kreisscheibe der Masse m bewegt sich infolge ihres Eigengewichtes auf einer schiefen Ebene aus der Ruhelage 0 in der Höhe h abwärts (Bild 2.25).

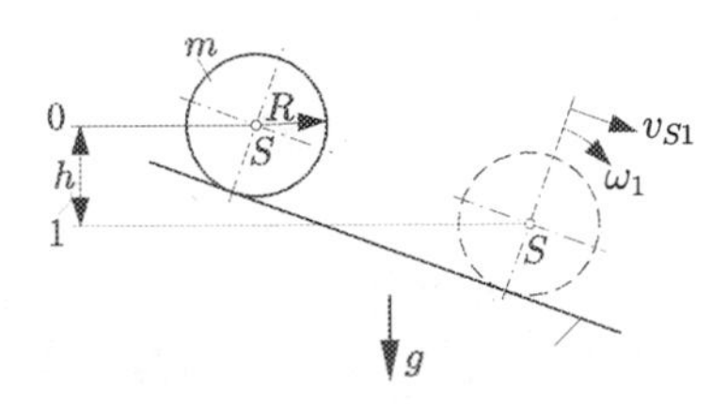

Bild 2.25. Zur Anwendung des mechanischen Energiesatzes

Gesucht ist die Translationsgeschwindigkeit des Scheibenschwerpunktes in der Endlage 1 für reines Rollen und reibungsfreies Gleiten.
Lösung:
Für die Anwendung des mechanischen Energiesatzes werden außer dem Massenträgheitsmoment $J_S = mR^2/2$ gemäß (2.73) und der Beispielrechnung nach Bild 2.20b aus Abschnitt 2.3.3 bereitgestellt:
bezüglich der Ruhelage die Größen

potenzielle Energie $U_0 = mgh$,
Schwerpunktgeschwindigkeit $v_{S0} = 0$,
Winkelgeschwindigkeit $\omega = \dot{\varphi}_0 = 0$,
kinetische Energie $T_0 = 0$

und für die Endlage die Größen

potenzielle Energie $U_1 = 0$,
Schwerpunkt- und Winkelgeschwindigkeit des Rollens $\overset{(R)}{v}_{S1} = R\,\overset{(R)}{\omega}_1$,
kinetische Energie des Rollens $T_1^{(R)} = \frac{m}{2}\overset{(R)}{v}{}^2_{S1} + \frac{1}{2}J_S\,\overset{(R)}{\omega}{}^2_1$,
Schwerpunkt- und Winkelgeschwindigkeit des Gleitens $\overset{(G)}{v}_{S1} \neq 0$, $\overset{(G)}{\omega}_1 = 0$,
kinetische Energie des Gleitens $T_1^{(G)} = \frac{1}{2}m\,\overset{(G)}{v}{}^2_{S1}$.

Der Energiesatz für Rollen

$$mgh = \frac{m}{2}\overset{(R)}{v}{}^2_{S1} + \frac{1}{2}J_S\,\overset{(R)}{\omega}{}^2_1 = \frac{m}{2}\overset{(R)}{v}{}^2_{S1} + \frac{1}{4}mR^2 \cdot \frac{\overset{(R)}{v}{}^2_{S1}}{R^2} = \frac{3}{4}m\,\overset{(R)}{v}{}^2_{S1}$$

ergibt

$$\overset{(R)}{v}_{S1} = 2\sqrt{\frac{gh}{3}}\ .$$

Für Gleiten liefert er

$$mgh = \frac{m}{2}\,\overset{(G)}{v}{}^2_{S1}$$

bzw.

$$\overset{(G)}{v}_{S1} = \sqrt{2gh}\ .$$

Wie man sieht, ist $\overset{(R)}{v}_{S1} < \overset{(G)}{v}_{S1}$. Dieses Ergebnis wird dadurch verursacht, dass die für beide Bewegungsarten verfügbare gleiche potenzielle Anfangsenergie beim Rollen in kinetische Energie der Translation und Rotation, beim Gleiten nur in eine kinetische Energie der Translation umgewandelt wird. □

Hier sei nochmals der schon in Abschnitt 2.2.1 erwähnte Begriff der Punktmasse (oder des Massenpunktes) angesprochen. Obwohl ihn viele Bücher als Grundbegriff ausweisen, existiert über seine Definition keine einheitliche Auffassung. Manchmal wird versucht, diesen Begriff durch den fehlenden Einfluss der Körperabmessungen auf die Körperbewegung oder die Kleinheit der Körperabmessungen im Vergleich zu sonstigen Abmessungen, z. B. Bahnkrümmungsradien, zu motivieren. Die Anwendung einer daraus folgenden Definition der Punktmasse auf die Kreisscheibe im oben behandelten Beispiel ermöglicht keine Entscheidung darüber, ob die Scheiben während ihres Bewegungsablaufes als Punktmasse anzusehen ist. In beiden Fällen des Rollens oder Gleitens handelt es sich um dieselbe Scheibe auf derselben schiefen Ebene. Der Unterschied der beiden Bewegungen ist allein durch die von null verschiedene Winkelbeschleunigung beim Rollen gegeben. Insofern wäre ein Punktmassenbegriff denkbar, der von einer rein translatorischen Bewegung eines starren Körpers ausgeht und dabei mit der Vorstellung verbunden ist, dass die Körpermasse und der Kraftangriff als im Körperschwerpunkt konzentriert gedacht angenommen werden können. Genau diese vereinfachte Situation wurde zunächst im Abschnitt 2.2.1 behandelt, allerdings unter der zwingend zu beachtenden Zusatzvoraussetzung (2.35). Die in (2.35) ausgedrückte Momentenbilanz, deren Erfüllung i. Allg. eine Drehbewegung verhindert, ist aber nicht in das Punktmassenkonzept einbeziehbar. Der scheinbar einfache Terminus „Punktmasse“ birgt also die Gefahr, nicht alle tatsächlich nötigen Voraussetzungen der Modellierung zu erfassen, weshalb er, wie schon in Abschnitt 2.2.1 angedeutet, von uns vermieden wird (s. a. Kapitel 8).

2.3.6 Drehung um eine feste Achse

Ist bei einer ebenen Bewegung wie im Beispiel von Bild 2.26 ein körperfester Punkt A gleichzeitig ein raumfester Punkt O, so liegt eine Drehung des Körpers um eine raumfeste Achse, die senkrecht auf der Ebene steht und durch den Punkt $A = O$ geht, vor. Abkürzend sprechen wir von einer Drehung um den Punkt A. Konstruktiv wird die Achse durch ein ebenes gelenkiges Festlager gehalten, von dem der Körper nach den Regeln der Statik freizuschneiden ist (Bild 2.26). Der Angriffspunkt des Einzelmomentes M_1 wurde nicht in Bild 2.26 eingetragen, da hier keine Schnittreaktionen berechnet werden.

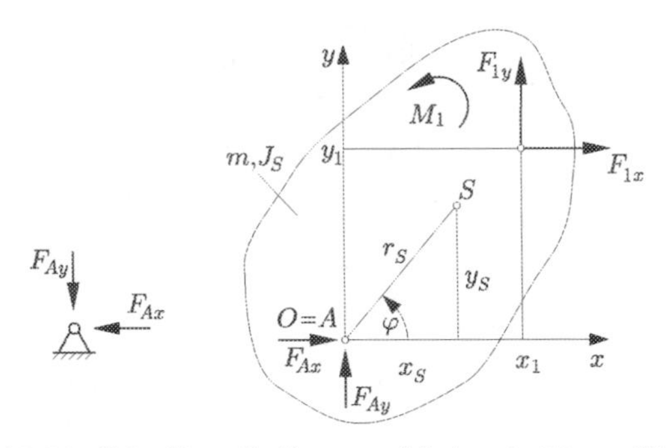

Bild 2.26. Gelenkiges Festlager und freigeschnittener Körper

Zur Beschreibung der Drehbewegung des Körpers um den Punkt A reicht die Drehimpulsbilanz (2.75) für die Winkelkoordinate φ aus, da in ihr die unbekannten Lagerreaktionen F_{Ax}, F_{Ay} nicht vorkommen. Das gesamte resultierende Moment der eingeprägten Lasten bezüglich A sei durch eine, hier schon zerlegte, Einzelkraft $\mathbf{F}_1$ und das Einzelmoment M_1 gegeben. Aus (2.75) folgt

$$\overset{\curvearrowleft}{A}: \; F_{1y}x_1 - F_{1x}y_1 + M_1 = M_A = x_S m\ddot{y}_S - y_S m\ddot{x}_S + J_S\ddot{\varphi} \; . \tag{2.87}$$

Die Zwangsbedingungen zwischen der Winkelkoordinate φ und den Schwerpunktkoordinaten x_S, y_S sowie deren Zeitableitungen lauten

$$\begin{aligned} x_S &= r_S \cos\varphi \; , & y_S &= r_S \sin\varphi \; , \\ \dot{x}_S &= -r_S\dot{\varphi}\sin\varphi \; , & \dot{y}_S &= r_S\dot{\varphi}\cos\varphi \; , \\ \ddot{x}_S &= -r_S(\ddot{\varphi}\sin\varphi + \dot{\varphi}^2\cos\varphi) \; , & \ddot{y}_S &= r_S(\ddot{\varphi}\cos\varphi - \dot{\varphi}^2\sin\varphi) \; . \end{aligned}$$

Multiplikation von $\ddot{y}_S$ mit $x_S = r_S\cos\varphi$ und von $\ddot{x}_S$ mit $-y_S = -r_S\sin\varphi$ sowie Addition liefert in (2.87)

$$x_S\ddot{y}_S - y_S\ddot{x}_S = r_S^2\big[\ddot{\varphi}(\sin^2\varphi + \cos^2\varphi) + \dot{\varphi}^2(\cos\varphi\sin\varphi - \sin\varphi\cos\varphi)\big] = r_S^2\ddot{\varphi} \; .$$

Demnach geht in die Drehimpulsbilanz bezüglich des raumfesten Punktes A neben dem aus der Drehbeschleunigung um den Schwerpunkt S herrührenden

Term $J_S\ddot{\varphi}$ erwartungsgemäß nur noch der durch die Umfangsbeschleunigung des Schwerpunktes $r_S\ddot{\varphi}$ bedingte Anteil $mr_S^2\ddot{\varphi}$ ein. Wir erhalten

$$M_A = mr_S^2\ddot{\varphi} + J_S\ddot{\varphi} = (J_S + mr_S^2)\ddot{\varphi} = J_A\ddot{\varphi} \ , \tag{2.88}$$

wobei der Klammerausdruck das Massenträgheitsmoment J_A bezüglich der Achse durch den Punkt A,

$$J_A = J_S + r_S^2 m \tag{2.89}$$

darstellt. Analog zu den Flächenträgheitsmomenten in der Statik, Kapitel 10, drückt (2.89) den Satz von STEINER (1796-1863) aus, der hier den Zusammenhang zwischen Massenträgheitsmomenten bezüglich paralleler Bezugsachsen vermittelt. Damit kann die durch die Drehimpulsbilanz (2.88) bestimmte Bewegungsgleichung in der Form

$$M_A = J_A\ddot{\varphi} \tag{2.90}$$

geschrieben werden.
Für gegebene Anfangsbedingungen und bekanntes Moment M_A lässt sich aus (2.90) durch Integration eine spezielle Lösung gewinnen.
Ist der Körper symmetrisch zur x,y-Ebene und sind die Lagerreaktionen von Interesse, so können noch die Impulsbilanzen (2.76) ausgewertet werden.

$$\rightarrow : F_{Ax} + F_{1x} = m\ddot{x}_S \ , \tag{2.91a}$$

$$\uparrow : F_{Ay} + F_{1y} = m\ddot{y}_S \ . \tag{2.91b}$$

Der berechnete Winkel φ ergibt mit den Zwangsbedingungen die Schwerpunktkoordinaten x_S, y_S und ihre Zeitableitungen, so dass (2.91) für bekannte eingeprägte Kräfte F_{1x}, F_{1y} die zeitabhängigen Lagerreaktionen F_{Ax}, F_{Ay} liefert. Für die konkrete Rechnung sind auch hier die formal übersichtlicheren statischen Interpretationen der Impulsbilanzen benutzbar. Nach Eintragung der D'ALEMBERTschen Trägheitslasten in die Freischnittskizze stehen dann die Gleichungen analog zu (2.81) und (2.82a) oder (2.82c) zur Verfügung.
Für die Bestimmung der Massenträgheitsmomente J_S erinnern wir an (2.73), wo J_S mit $dm = \varrho dV$ als Volumenintegral

$$J_S = \int_V r_{SP}^2 \varrho dV \tag{2.92}$$

zu berechnen ist, und verweisen bezüglich beliebiger Körper auf die Mathematik. Sonderfälle wie Kugel, Quader, Kegel u. a. können auch in einschlägigen Tabellenbüchern gefunden werden. Homogene scheibenförmige Körper konstanter Dicke der Masse m beschreiben wir durch ebene Flächen der Größe A, belegt mit der Massendichte je Flächeneinheit m/A, in einem körperfesten kartesischen Koordinatensystem $\hat{x}, \hat{y}$ mit dem Ursprung im Schwerpunkt (Bild 2.27).

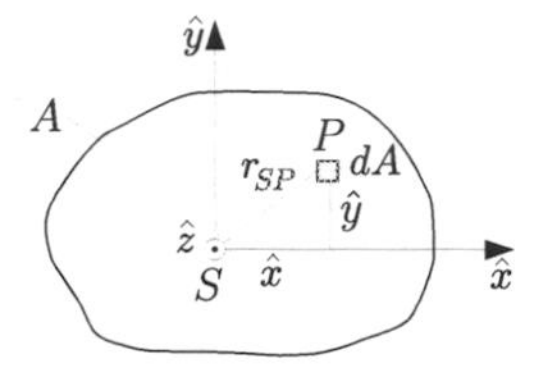

Bild 2.27. Zur Berechnung des Massenträgheitsmomentes von Scheiben

Dann führt (2.92) auf

$$J_S = \frac{m}{A} \int_A (\hat{x}^2 + \hat{y}^2) dA = \frac{m}{A} I_{\hat{z}} \tag{2.93}$$

mit dem aus der Statik bekannten polaren Flächenträgheitsmoment

$$I_{\hat{z}} = \int_A (\hat{x}^2 + \hat{y}^2) dA = \int_A \hat{x}^2 dA + \int_A \hat{y}^2 dA = I_{\hat{y}\hat{y}} + I_{\hat{x}\hat{x}} \tag{2.94}$$

und den Flächenträgheitsmomenten $I_{\hat{x}\hat{x}}$, $I_{\hat{y}\hat{y}}$. Die hier notwendige Unterscheidung zwischen körperfesten Koordinaten $\hat{x}, \hat{y}$ und raumfesten Koordinaten x, y war in der Statik nicht erforderlich.
Beispielsweise liefern die Flächenträgheitsmomente des Kreises vom Radius R das polare Flächenträgheitsmoment aus der Statik

$$I_{\hat{z}} = I_{\hat{x}\hat{x}} + I_{\hat{y}\hat{y}} = 2\frac{\pi}{4}R^4 = \frac{\pi}{2}R^4$$

und damit das schon im Anschluss an Bild 2.20b ermittelte Massenträgheitsmoment der Kreisscheibe bezüglich der Schwerpunktachse

$$J_S = \frac{m}{A} \cdot \frac{\pi}{2} R^4 = \frac{m}{2} R^2 \ . \tag{2.95}$$

Für die homogene Quadratscheibe der Kantenlänge a ergibt

$$I_{\hat{z}} = I_{\hat{x}\hat{x}} + I_{\hat{y}\hat{y}} = 2\frac{a^4}{12} = \frac{a^4}{6}$$

mit (2.93) das Massenträgheitsmoment

$$J_S = \frac{m}{A} \cdot \frac{a^4}{6} = \frac{m}{6} a^2 \ . \tag{2.96}$$

Beispiel 2.11

Eine homogene Quadratscheibe der Masse m ist an einem gelenkigen Festlager A und einem Faden F aufgehängt (Bild 2.28a).

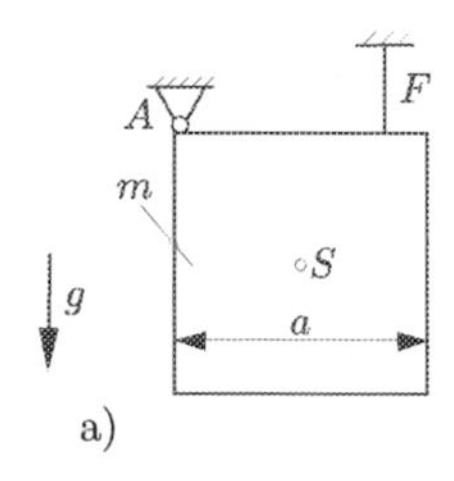

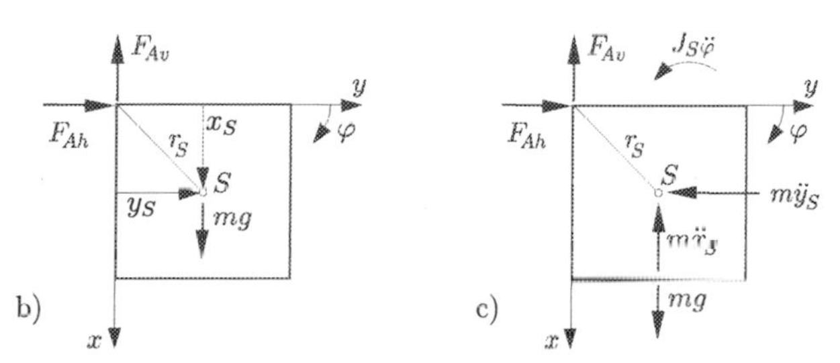

Bild 2.28. Zur Berechnung der Lagerreaktionen einer Quadratscheibe

Gesucht sind die Lagerreaktionen unmittelbar nach Durchtrennen des Fadens.

Lösung:

Zunächst werden die Massenträgheitsmomente J_S, J_A ermittelt. Mit (2.96) ist

$$J_S = \frac{m}{6}a^2 ,$$

so dass (2.89)

$$J_A = \frac{m}{6}a^2 + \left(\frac{\sqrt{2}}{2}a\right)^2 m = \frac{2}{3}ma^2$$

ergibt.

1. Variante nach (2.90), (2.91):

In der Freischnittskizze Bild 2.28b werden die raumfesten Koordinaten x_S, y_S, φ, die eingeprägte Kraft mg und die Lagerreaktionen F_{Ah}, F_{Av} unabhängig von Bild 2.26 eingetragen.

Die Drehimpulsbilanz analog zu (2.90) liefert

$$\overset{\frown}{A}: \; -mgr_S\frac{\sqrt{2}}{2} = -\frac{a}{2}mg = -J_A\ddot{\varphi} = -\frac{2}{3}ma^2\ddot{\varphi}$$

bzw.

$$\ddot{\varphi} = \frac{3}{4a}g .$$

Aus der Impulsbilanz gemäß (2.91) folgt

$$\begin{aligned} \rightarrow: &\quad F_{Ah} = m\ddot{y}_S \ , \\ \uparrow: &\quad F_{Av} - mg = -m\ddot{x}_S \end{aligned}$$

und wegen der für $\varphi = 0$ gültigen Zwangsbedingungen

$$\ddot{x}_S = \frac{a}{2}\ddot{\varphi} \ , \quad \ddot{y}_S = -\frac{a}{2}\ddot{\varphi} \ ,$$

$$F_{Ah} = -m\frac{a}{2}\ddot{\varphi} = -\frac{3}{8}mg \ , \quad F_{Av} = mg - \frac{3}{8}mg = \frac{5}{8}mg \ .$$

2. Variante nach (2.81), (2.82a):
In die Freischnittskizze der 1. Variante werden zusätzlich die D'ALEMBERTschen Hilfslasten $m\ddot{x}_S$, $m\ddot{y}_S$, $J_S\ddot{\varphi}$ entgegen dem Richtungssinn der raumfesten Koordinaten x_S, y_S, φ, d. h. entgegen dem Richtungssinn der absoluten Beschleunigungskoordinaten $\ddot{x}_S$, $\ddot{y}_S$, $\ddot{\varphi}$ eingetragen (Bild 2.28c).
Die Drehimpulsbilanz entsprechend (2.82a) mit dem Bezugspunkt A ergibt

$$\overset{\frown}{A}: \ J_S\ddot{\varphi} + m\ddot{x}_S\frac{a}{2} - m\ddot{y}_S\frac{a}{2} - mg\frac{a}{2} = 0$$

bzw. mit $J_S = ma^2/6$, $\ddot{x}_S = a\ddot{\varphi}/2$ und $\ddot{y}_S = -a\ddot{\varphi}/2$ das obige Ergebnis

$$\ddot{\varphi} = \frac{3}{4a}g \ .$$

Darin war die Zusammenfassung $J_S + ma^2/4 + ma^2/4 = 2ma^2/3 = J_A$ enthalten.
Die Impulsbilanz analog zu (2.81) führt auf die Gleichungen

$$\begin{aligned} \rightarrow: &\quad F_{Ah} - m\ddot{y}_S = 0 \ , \\ \uparrow: &\quad F_{Av} + m\ddot{x}_S - mg = 0 \ , \end{aligned}$$

die wie oben ausgewertet werden.
3. Variante nach (2.81), (2.82c):
Die Freischnittskizze ist dieselbe wie bei der 2. Variante (Bild 2.28c). Jetzt dient der Schwerpunkt als Bezugspunkt für die Drehimpulsbilanz entsprechend (2.82c):

$$\overset{\frown}{S}: \quad J_S\ddot{\varphi} - F_{Av}\frac{a}{2} - F_{Ah}\frac{a}{2} = 0 \ .$$

Diese Gleichung enthält die drei Unbekannten $\ddot{\varphi}$, F_{Ah}, F_{Av}. Mit der Impulsbilanz gemäß (2.81) entsteht wie bei der 2. Variante

$$\begin{aligned} \rightarrow: &\quad F_{Ah} - m\ddot{y}_S = 0 \ , \\ \uparrow: &\quad F_{Av} + m\ddot{x}_S - mg = 0 \ . \end{aligned}$$

Elimination von F_{Ah}, F_{Av} und Einsetzen in die Drehimpulsbilanz liefert

$$J_S\ddot{\varphi} + m\ddot{x}_S\frac{a}{2} - mg\frac{a}{2} - m\ddot{y}_S\frac{a}{2} = 0 \ ,$$

d. h. die Drehimpulsbilanz der 2. Variante. Der weitere Rechenweg ist dann auch derselbe wie in Variante 2.

Die 2. Variante erscheint günstiger als die 3. Variante, da ohne Elimination sofort die explizite Gleichung für $\ddot{\varphi}$ gewonnen werden kann. Wegen der Verwendung einer um die D'ALEMBERTschen Hilfslasten ergänzten Freischnittskizze besteht bei der 2. und 3. Variante eine etwas geringere Gefahr als bei der 1. Variante, während der Aufstellung der Impulsbilanzen Beschleunigungsterme zu übersehen. □

In allen Varianten wurde der Drehsinn des Winkels φ entgegen dem in den Ausgangsformeln vorliegenden Drehsinn gewählt. Dies hat keine grundsätzliche Bedeutung.

Es sei noch auf die Analogie zwischen (2.90) und (2.34) hingewiesen.

Statt des Integrals (2.48) gewinnt man aus (2.90) durch Integration über der Zeit

$$\int_{t_0}^{t_1} M_A(t)dt = J_A\dot{\varphi}_1 - J_A\dot{\varphi}_0 \tag{2.97}$$

die Bilanz zwischen dem Zeitintegral von M_A und der Änderung des Drehimpulses bezüglich der Achse im Punkt A. Für verschwindendes Moment $M_A = 0$ bleibt dieser Drehimpuls konstant.

Die Integration von (2.90) über dem Winkel liefert den mechanischen Arbeitssatz

$$\int_{\varphi_0}^{\varphi_1} M_A(\varphi)d\varphi = \frac{1}{2}J_A\dot{\varphi}_1^2 - \frac{1}{2}J_A\dot{\varphi}_0^2 \ , \tag{2.98}$$

wobei die kinetische Energie jetzt

$$T = \frac{1}{2}J_A\dot{\varphi}^2 \tag{2.99}$$

ist.

Besitzt das Moment $M_A(\varphi)$ ein Potenzial, so geht (2.98) in den mechanischen Energiesatz

$$\int_{\varphi_0}^{\varphi_1} M_A(\varphi)d\varphi = U_0 - U_1 = \frac{1}{2}J_A\dot{\varphi}_1^2 - \frac{1}{2}J_A\dot{\varphi}_0^2 \tag{2.100}$$

bzw.

$$U_0 + T_0 = U_1 + T_1 = \text{konst.} \tag{2.101}$$

über, der (2.57) formal gleicht.

Beispiel 2.12

Auf einer Achse A sitzen zwei rotierende Scheiben, die die Massenträgheitsmomente J_1 und J_2 bezüglich A haben und mit den Winkelgeschwindigkeiten ω_1 und ω_2 rotieren (Bild 2.29).

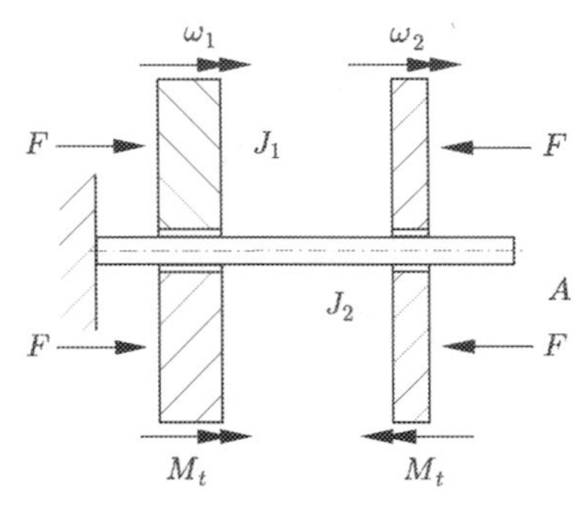

Bild 2.29. Scheibenkupplung mit Momenten des Kupplungsvorganges

Mittels axialer Kräfte F werden die Scheiben statisch aneinander gepresst, so dass sie infolge Reibung eine gemeinsame Winkelgeschwindigkeit erlangen (Kupplungsvorgang). Gesucht sind diese Winkelgeschwindigkeit und der Verlust an kinetischer Energie während des Kupplungsvorganges.

Lösung:

Die rotatorische Wechselwirkung der Scheiben wird analog zur translatorischen von Bild 2.12 durch ein axiales Wechselwirkungsmoment M_t, das als Schnittreaktion des aus den Scheiben 1 und 2 bestehenden Systems aufgefasst werden kann, ausgeübt. Mit (2.97) gilt für die Scheiben 1 und 2 in der Kupplungszeit $t_1 - t_0$

$$\int_{t_0}^{t_1} M_t(t)dt = J_1\omega_{11} - J_1\omega_{10} \ ,$$

$$-\int_{t_0}^{t_1} M_t(t)dt = J_2\omega_{21} - J_2\omega_{20} \ .$$

Hier bezeichnet ω_{kl} die Winkelgeschwindigkeit der Scheibe k zur Zeit t_l. Die Summation beider Gleichungen liefert

$$J_1\omega_{11} + J_2\omega_{21} = J_1\omega_{10} + J_2\omega_{20}$$

und, da am Ende der Ankuppelzeit $\omega_{11} = \omega_{21} = \omega$ gilt, die gesuchte Winkelgeschwindigkeit

$$\omega = \frac{J_1\omega_{10} + J_2\omega_{20}}{J_1 + J_2} \ .$$

Der Verlust an kinetischer Energie ergibt sich aus der Differenz der kinetischen Energien vor und nach dem Kupplungsvorgang.

$$\begin{aligned} \Delta T &= \frac{1}{2}J_1\omega_{10}^2 + \frac{1}{2}J_2\omega_{20}^2 - \frac{1}{2}(J_1 + J_2)\omega^2 \\ &= \frac{1}{2}\frac{J_1 J_2}{J_1 + J_2}(\omega_{10} - \omega_{20})^2 \ . \end{aligned}$$

□

2.3.7 Kinetische Schnittreaktionen des Balkens

Werden an einem beschleunigten Balken nach Freischnitt eines Balkenteils außer den Schnittreaktionen auch die D'ALEMBERTschen Trägheitslasten in die Freischnittskizze eingetragen, so sind die kinetischen Schnittreaktionen des Balkens wie in der Statik berechenbar. Gegebenenfalls ist vorher noch die Kinetik der Bewegung des gesamten Balkens zu analysieren. Der Balken wird insofern als starr betrachtet, als hinreichend kleine Verformungen in den Bilanzen vernachlässigt werden.

Zur Demonstration der Vorgehensweise wird nur der einfache Fall der Drehung eines homogenen Balkens der Masse m um eine vertikale feste Achse in A bei bekanntem Bewegungsgesetz $\varphi(t)$ infolge eines Einzelmomentes $M_A(t)$ bei A betrachtet (Bild 2.30).

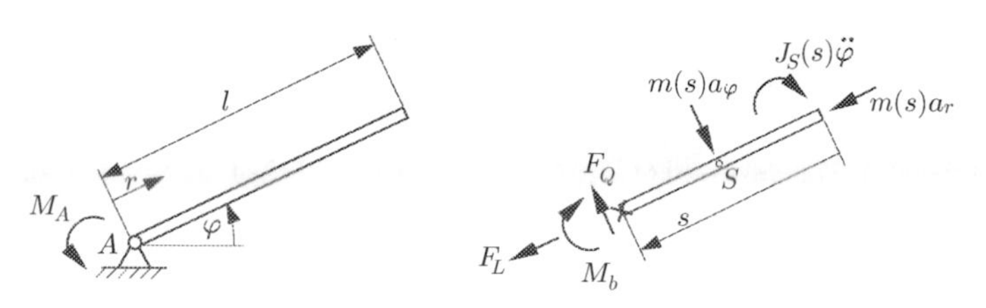

Bild 2.30. Zur Berechnung der kinetischen Schnittreaktionen

Wir führen eine körperfeste Balkenkoordinate s vom freien Ende bis zur Schnittstelle $\times$ ein und tragen an dem rechten Balkenteil die Schnittreaktionen sowie die D'ALEMBERTschen Trägheitslasten entgegen den Beschleunigungen an, wobei die Schwerpunktbeschleunigungen des Balkenteils in radialer Richtung und Umfangsrichtung

$$a_r = -\big(l - \frac{s}{2}\big)\dot{\varphi}^2 \,, \qquad a_\varphi = \big(l - \frac{s}{2}\big)\ddot{\varphi}$$

aus (1.34) entnommen wurden.
Die Masse des Balkenteils beträgt mit der Massendichte pro Längeneinheit m/l

$$m(s) = \frac{m}{l}s \,.$$

Das Massenträgheitsmoment J_S des Balkenteils bezüglich seines Schwerpunktes berechnet sich nach (2.92) und Bild 2.31

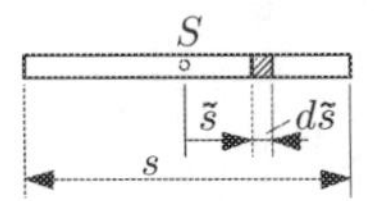

Bild 2.31. Zum Massenträgheitsmoment des Balkenteils

zu

$$J_S(s) = \int\limits_V r_{SP}^2 \varrho dV = \frac{m}{l} 2 \int\limits_0^{s/2} \tilde{s}^2 d\tilde{s} = \frac{1}{12}\frac{m}{l}s^3 \,. \tag{2.102}$$

Die Impulsbilanzen analog zu (2.81), (2.82b) führen auf

$$\nwarrow: \quad F_Q - m(s)a_\varphi = 0 \,, \quad F_Q = \frac{m}{l}s\big(l - \frac{s}{2}\big)\ddot{\varphi} \,, \tag{2.103a}$$

$$\swarrow: \quad F_L + m(s)a_r = 0 \,, \quad F_L = \frac{m}{l}s\big(l - \frac{s}{2}\big)\dot{\varphi}^2 \,, \tag{2.103b}$$

$$\overset{\curvearrowright}{\times}: \quad M_b + m(s)a_\varphi \cdot \frac{s}{2} + J_S(s)\ddot{\varphi} = 0 \,,$$

$$M_b = -\frac{m}{2l}s^2\big(l - \frac{s}{2}\big)\ddot{\varphi} - \frac{1}{12}\frac{m}{l}s^3\ddot{\varphi} = \big(-\frac{s^2}{2} + \frac{s^3}{6l}\big)m\ddot{\varphi} \,. \tag{2.103c}$$

Die Ortsfunktionen in (2.103) hängen nicht vom Winkel φ ab. Ihre qualitativen Verläufe sind in Bild 2.32 dargestellt.

Beispiel 2.13

Ein homogener Balken der Masse m ist in horizontaler Anordnung gelagert (Bild 2.33) und unterliegt seinem Eigengewicht. Plötzlich wird das rechte Lager

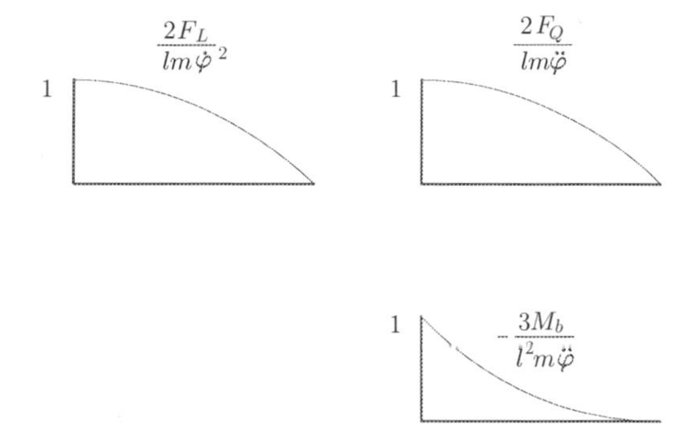

Bild 2.32. Qualitative Verläufe der Schnittreaktionen (2.103)

C entfernt, und der Balken beginnt zu pendeln. Gesucht sind die maximale Längskraft und der maximale Biegemomentenbetrag.

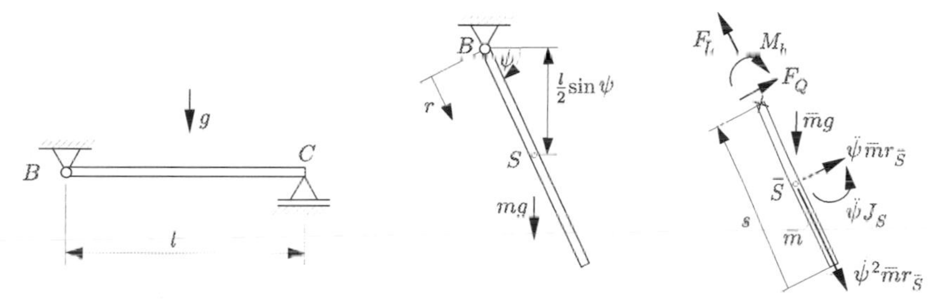

Bild 2.33. Balken als Pendelstab

Lösung:
Nach Einführen der raumfesten Winkelkoordinate ψ und der körperfesten Koordinate r wird am freigeschnittenen Balkenteil vom freien Ende aus die körperfeste Koordinate s eingezeichnet. Außerdem werden neben den Schnittreaktionen und der eingeprägten Gewichtskraft die Trägheitslasten entgegen den bekannten Orientierungen der absoluten Beschleunigungen angetragen. Es bezeichnen $r_{\bar{S}} = l - s/2$ die Koordinate des Balkenteilschwerpunktes $\bar{S}$, $\bar{m} = ms/l$ die Balkenteilmasse und $J_{\bar{S}} = ms^3/(12l)$ das Massenträgheitsmoment des Balkenteils bezüglich des Balkenteilschwerpunktes $\bar{S}$ (der jetzt übergesetzte Querstrich dient zur Unterscheidung des Balkenteils vom Gesamtbalken). Damit lauten die Impulsbilanzen analog zu (2.81), (2.82b)

$$\nwarrow: \quad F_L - \bar{m} r_{\bar{S}} \dot{\psi}^2 - \bar{m} g \sin\psi = 0 \ ,$$

$$F_L = \frac{m}{l} s \Big[\big(l - \frac{s}{2}\big) \dot{\psi}^2 + g \sin\psi \Big] \qquad \text{(a)}$$

$$\overset{\frown}{\times}: \quad -M_b + \frac{s}{2}\bar{m} r_{\bar{S}}\ddot{\psi} + J_{\bar{S}}\ddot{\psi} - \frac{s}{2}\bar{m} g \cos\psi = 0 \ ,$$

$$M_b = \frac{m}{l} s \Big[\frac{s}{2}\big(l - \frac{s}{2}\big)\ddot{\psi} + \frac{s^2}{12}\ddot{\psi} - \frac{s}{2} g \cos\psi\Big] \ . \qquad \text{(b)}$$

Die Bewegungsgleichung für den Winkel ψ kann auf unterschiedliche Weise gewonnen werden. Einerseits verschwindet im Lager B das Biegemoment, d. h. $M_b(l) = 0$ bzw. mit (b)

$$\frac{l^2}{4}\ddot{\psi} + \frac{l^2}{12}\ddot{\psi} - \frac{l}{2} g \cos\psi = 0$$

oder

$$\ddot{\psi} = \frac{3g}{2l}\cos\psi \ . \qquad \text{(c)}$$

Der Energiesatz (2.101) für die Drehung des Körpers um die feste Achse bei B liefert anderseits wegen $\dot{\psi} = 0$ für $\psi = 0$ und mit $r_S = l/2$

$$mg\frac{l}{2}\sin\psi = \frac{1}{2}J_B\dot{\psi}^2 = \frac{1}{2}\cdot\frac{ml^2}{3}\dot{\psi}^2$$

bzw.

$$\dot{\psi}^2 = \frac{3g}{l}\sin\psi \qquad \text{(d)}$$

sowie nach Zeitableitung die Bestätigung von (c).
Das Biegemoment ist mit (b), (c)

$$M_b = mg\frac{s^2}{4l}\big(1 - \frac{s}{l}\big)\cos\psi \ . \qquad \text{(e)}$$

Sein maximaler Betrag befindet sich zwischen seinen beiden Nullstellen an den Balkenenden und folgt mit $dM_b/ds = 0$ aus

$$2sl - 3s^2 = 0$$

unabhängig vom Winkel ψ des Balkens zu $s = 2l/3$. Damit ergibt sich der maximale Betrag des Biegemomentes für beliebige Winkel ψ zu

$$|M_b|_{max} = \frac{1}{27} mgl|\cos\psi| \ .$$

Sein größter Wert $|M_b(\psi = 0)|_{max}$ entsteht in der horizontalen Anfangslage des Balkens unmittelbar nach Entfernen des Lagers C.
In die Gleichung (a) für die Längskraft werde noch $\dot{\psi}^2$ aus (d) eingesetzt. Das Ergebnis lautet

$$F_L = mg\frac{s}{l}\Big(4 - \frac{3s}{2l}\Big)\sin\psi \ .$$

Diese Funktion der Balkenachskoordinate wächst von ihrer Nullstelle bei $s = 0$ monoton bis zu ihrem erwarteten Maximum bei $s = l$. Bezüglich des Winkels liegt das Maximum von F_L bei $\psi = \pi/2$. Die maximale Längskraft hat deshalb den Wert

$$F_{Lmax} = \frac{5}{2}mg \ ,$$

liegt also deutlich über dem Eigengewicht des Balkens. □

2.3.8 Kinetik von Mehrkörpersystemen

Technische Anordnungen bestehen häufig aus mehreren Körpern, die durch Gelenke, Führungen u. a. miteinander und mit der Umgebung verbunden sind. Eine kinetische Analyse solcher Systeme gelingt prinzipiell immer durch Schneiden der Bindungen, Ersetzen der Bindungen durch entsprechende Lager- und Schnittreaktionen (auch Schnittlasten) und Anwendung der Impulsbilanzen (2.62), (2.63) bzw. (2.77), (2.78) in der jeweils zweckmäßigen Variante auf alle beteiligten Körper. Statt einzelner Körper können auch Teilsysteme oder das Gesamtsystem so in die Analyse einbezogen werden, dass wieder die gleiche Zahl benötigter Gleichungen entsteht. Sollen aus diesem Ausgangsgleichungssystem die Bewegungsgleichungen des Systems, d. h. die Gleichungen, die die Bewegung der Körper gemäß dem Freiheitsgrad beschreiben, ermittelt werden, so sind die Lager- und Schnittreaktionen zu eliminieren. Die verbleibenden Beziehungen stellen Differenzialgleichungen dar, die unter Berücksichtigung gegebener Anfangsbedingungen eine Integration erfordern. Die Rücksubstitution der Ergebnisse erlaubt dann die Berechnung der Lager- und Schnittreaktionen. Die Vorgehensweise wird im Folgenden beispielhaft nur an der Aufstellung der Bewegungsgleichungen demonstriert. Dabei sind zweckmäßig die Impulsbilanzen so anzuwenden, dass das Ausgangsgleichungssystem möglichst schon keine Lager- und Schnittreaktionen enthält.

Gegeben sei eine horizontale Führung, auf der sich infolge der Horizontalkraft F ein Schlitten der Masse m_1 gegen eine geschwindigkeitsproportionale Dämpfung der Konstante b_1 und eine lineare Feder der Konstante c bewegen kann (Bild 2.34).

Am Schlitten befindet sich ein Gelenk G, um das sich unter Wirkung eines Momentes M und der Schwerkraft ein Pendel der Masse m_2 winkelgeschwindigkeitsproportional gedämpft (Konstante b_2) dreht. Die genannten Größen sowie der Schwerpunktabstand s und das Schwerpunktträgheitsmoment J_S des Pendels seien bekannt.

Es ist unschwer zu erkennen, dass das Gesamtsystem mit der Führung des Schlittens und der Drehbarkeit des Pendels den Freiheitsgrad $f = 2$ besitzt.

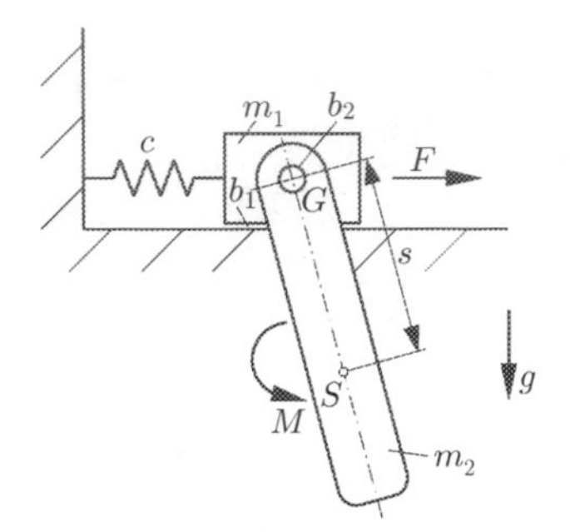

Bild 2.34. Schlitten mit Pendel

Für die Aufstellung der beiden Bewegungsgleichungen fertigen wir zwei Freischnittskizzen an (Bild 2.35), die beide die raumfesten Koordinaten x, y, φ enthalten. Die erste Skizze stellt das idealisierte, vom Gelenk gelöste, Pendel dar. Dort wurden die eingeprägten Lasten $m_2 g$, M, die Gelenkkräfte F_{Gh}, F_{Gv}, das Dämpfungsmoment $b_2\dot{\varphi}$ entgegen der Winkelgeschwindigkeit, die dieselbe Orientierung wie φ haben soll, und die Trägheitslasten $m_2\ddot{x}_{S2}$, $m_2\ddot{y}_{S2}$, $J_S\ddot{\varphi}$ entgegen den Beschleunigungen, d. h. hier entgegen den Koordinatenorientierungen eingetragen (Bild 2.35a).

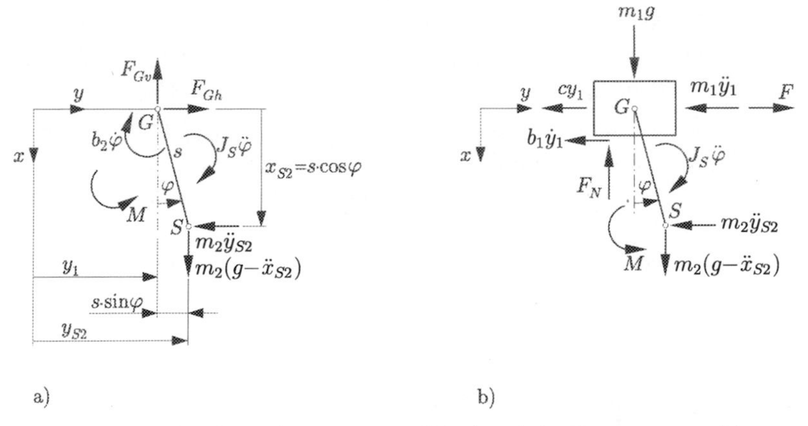

Bild 2.35. Freischnittskizzen des Pendels a) und des Gesamtsystems b)

Die zweite Skizze enthält das von der Feder und der Unterlage freigeschnittene Gesamtsystem mit den eingeprägten Lasten $m_1 g$, $m_2 g$, M, F, der Reaktionskraft F_N, Federkraft cy_1 entgegen y_1, Dämpfungskraft $b_1\dot{y}_1$ entgegen $\dot{y}_1$ sowie den Trägheitslasten $m_1\ddot{y}_{S1}$, $m_2\ddot{x}_{S2}$, $m_2\ddot{y}_{S2}$, $J_S\ddot{\varphi}$ entgegen den Beschleunigungen, d. h. Koordinatenorientierungen. Die Zwangsbedingungen zwischen den Schwerpunktkoordinaten x_{S2}, y_{S2}, der Gelenkkoordinate y_1 und dem Pendelwinkel φ sind

$$x_{S2} = s\cos\varphi\ , \qquad y_{S2} = y_1 + s\sin\varphi\ , \tag{2.104a}$$
$$\dot{x}_{S2} = -s\dot{\varphi}\sin\varphi\ , \qquad \dot{y}_{S2} = \dot{y}_1 + s\dot{\varphi}\cos\varphi\ , \tag{2.104b}$$
$$\ddot{x}_{S2} = -s(\ddot{\varphi}\sin\varphi + \dot{\varphi}^2\cos\varphi)\ , \quad \ddot{y}_{S2} = \ddot{y}_1 + s(\ddot{\varphi}\cos\varphi - \dot{\varphi}^2\sin\varphi)\ . \tag{2.104c}$$

Für das Pendel (Bild 2.35a) liefert die Drehimpulsbilanz analog zu (2.82b) mit dem beliebig bewegten Gelenk G als Bezugspunkt

$$\overset{\frown}{G}:\ -M + J_S\ddot{\varphi} + b_2\dot{\varphi} + m_2(g - \ddot{x}_{S2})s\sin\varphi + m_2\ddot{y}_{S2}s\cos\varphi = 0\ .$$

Das Einsetzen der translatorischen Beschleunigungen aus (2.104c) ergibt

$$(J_S + m_2 s^2)\ddot{\varphi} + m_2 s\ddot{y}_1\cos\varphi + b_2\dot{\varphi} + m_2 g s\sin\varphi = M\ . \tag{2.105}$$

Am Gesamtsystem (Bild 2.35b) führt die horizontale Impulsbilanz entsprechend (2.81) auf

$$\leftarrow:\ m_1\ddot{y}_1 - F + cy_1 + b_1\dot{y}_1 + m_2\ddot{y}_{S2} = 0$$

bzw. mit Substitution von $\ddot{y}_{S2}$ zu

$$(m_1 + m_2)\ddot{y}_1 + m_2 s(\ddot{\varphi}\cos\varphi - \dot{\varphi}^2\sin\varphi) + b_1\dot{y}_1 + cy_1 = F\ . \tag{2.106}$$

Die Beziehungen (2.105), (2.106) bilden ein System von zwei gewöhnlichen nichtlinearen gekoppelten Differenzialgleichungen zweiter Ordnung für die beiden gesuchten Funktionen $y_1(t)$ und $\varphi(t)$. Zur Festlegung spezieller Lösungen wären noch vier Anfangsbedingungen erforderlich. Eine explizite Angabe von Lösungen aus (2.105), (2.106) gelingt durch Linearisierung, wie im Kapitel 4 angedeutet wird.

Das gesamte Kapitel 2 zusammenfassend, betonen wir nochmals ausdrücklich, dass nicht das eine so genannte NEWTONsche Grundgesetz, sondern die beiden für beliebige Körper, Körperteile und Körpersysteme gültigen kinetischen Grundgesetze (2.62), (2.63) das Wesen der Kinetik und ihres Sonderfalles Statik ausmachen. Alle weiteren Betrachtungen haben nur ergänzenden Charakter oder betreffen für die Anwendung der Grundgesetze zweckmäßige Umformungen und mathematische Lösungsmethoden zu speziellen Modellsituationen. Das gilt insbesondere auch für die folgenden Kapitel.

Es sei noch erwähnt, dass die konzeptionelle Hervorhebung der Bilanzen (2.62), (2.63) vorteilhaft eine harmonische Einfügung der Kinetik in eine erweiterte Theorie, die auch thermodynamische und elektromagnetische Bilanzen berücksichtigt, ermöglicht.

3

Kapitel 3

Schwingungen von Systemen mit dem Freiheitsgrad 1

3

3 Schwingungen von Systemen mit dem Freiheitsgrad 1

Reale Systeme sind mitunter durch einen starren Körper modellierbar, der speziellen eingeprägten Lasten und Bindungen mit der Umgebung unterworfen ist. Im einfachsten Fall liegen fünf Zwangsbedingungen vor, so dass der Körper dann nur eine Bewegungsmöglichkeit, d.h. den Freiheitsgrad $f = 1$, besitzt.
Von den kinematischen Zwangsbedingungen sind Bindungen zu unterscheiden, die mit koordinatenabhängigen Schnittlasten einhergehen, wie in Abschnitt 2.1.2 erläutert und in Abschnitt 2.3.8 am Beispiel demonstriert wurde. Nach Anwendung der Impulsbilanz und der Drehimpulsbilanz sowie entsprechender Zwangsbedingungen gewinnt man eine Differenzialgleichung zweiter Ordnung für die Bewegung des Körpers. Dabei können Teile der Bilanzen identisch erfüllt sein, z. B. infolge Symmetrie, wie in Kapitel 2 gezeigt wurde. Unter speziellen Bedingungen kann die Koordinate der Bewegung mit der Zeit schwanken. Dann wird die Bewegung als Schwingung bezeichnet. Ihre besonderen Eigenschaften werden anschließend besprochen.

3.1 Grundbegriffe

3.1

Der Begriff der Schwingung ist allgemein auf die zeitliche Schwankung irgend einer Variablen anwendbar. Wir beziehen uns hauptsächlich auf die sich in der Zeit t regelmäßig wiederholende Änderung einer verallgemeinerten Bewegungskoordinate q, die für eine Verschiebung oder eine Verdrehung stehen kann. Eine solche Zeitabhängigkeit heißt periodisch und ergibt

$$q(t + T) = q(t) \;, \tag{3.1}$$

wobei T die Zeitperiode oder Schwingungsdauer bezeichnet. Ihr Reziprokwert

$$f = \frac{1}{T} \tag{3.2}$$

ist die Frequenz mit der Einheit Hertz

$$[f] = 1/\mathrm{s} = 1\mathrm{Hz} \;.$$

Die Größen T, f und die Einheit Hz sowie die Kreisfrequenz

$$\omega = 2\pi f \tag{3.3}$$

wurden schon in Abschnitt 1.1.3 für kreisförmige Bewegungen eingeführt.

H. Balke, *Einführung in die Technische Mechanik*,
https://doi.org/10.1007/978-3-662-59096-6_4

Bild 3.1 zeigt das Beispiel einer periodischen Abhängigkeit der Variablen q von der Zeit t.

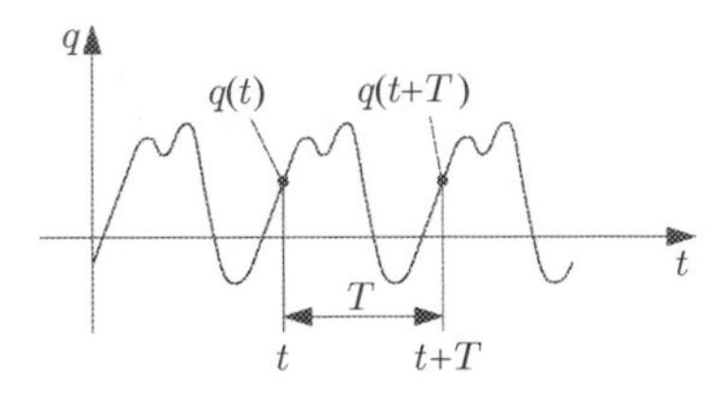

Bild 3.1. Grafische Darstellung der periodischen Funktion $q(t)$

Periodische Schwingungen können im Sonderfall harmonisch sein. Ihre Gleichung lautet dann

$$q(t) = A\cos(\omega t - \alpha) \tag{3.4}$$

mit der konstanten Amplitude A, der als Phasenwinkel bezeichneten Konstante α und der Kreisfrequenz ω. Sie lässt sich auch auf die Form

$$q = C_1 \cos\omega t + C_2 \sin\omega t \tag{3.5}$$

bringen. Zwischen den Konstanten C_1, C_2 und A, α bestehen die Zusammenhänge

$$C_1 = A\cos\alpha\ , \qquad C_2 = A\sin\alpha\ , \tag{3.6}$$

bzw.

$$A = \sqrt{C_1^2 + C_2^2}\ , \qquad \alpha = \arctan\frac{C_2}{C_1}\ . \tag{3.7}$$

Für die Gewinnung von (3.6) wurde (3.4) mittels Additionstheorems umgeformt. Die Quadratsumme und die Quotientenbildung in (3.6) führen auf (3.7). Zur Bestimmung der Konstanten in (3.4) oder (3.5) dienen meist Anfangsbedingungen mit gegebenen Werten für $q(t)$ und $\dot{q}(t)$ zur Zeit $t = t_0$. Es sind aber auch Bedingungen für $t > t_0$ möglich.
Im Folgenden beschränken wir uns auf so genannte lineare Schwingungen, die durch lineare Differenzialgleichungen beschrieben werden. Schwingungen, die ohne äußere erregende Lasten stattfinden, heißen freie Schwingungen oder Eigenschwingungen, anderenfalls erzwungene oder erregte Schwingungen.

3.2

3.2 Freie Schwingungen

Wir betrachten zunächst den einfachsten Fall, der vorliegt, wenn ein Körper ungedämpft schwingt.

3.2.1 Ungedämpfte freie Schwingungen

Gegeben sei ein Körper der Masse m auf einer reibungsfreien horizontalen Unterlage, der über eine lineare Feder der Konstante c mit der raumfesten Umgebung verbunden ist (Bild 3.2a).

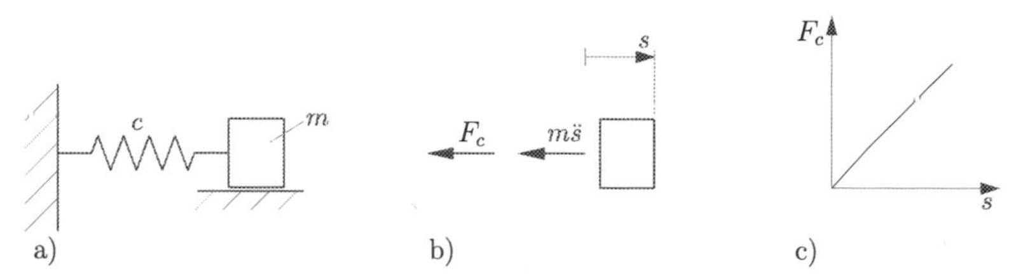

Bild 3.2. Ungedämpfter Einmassenschwinger

Der Körper kann in der Betrachterebene eine translatorische Bewegung ausführen.

In die Freischnittskizze (Bild 3.2b) werden die von der raumfesten Ruhelage mit verschwindender Federkraft F_c (Bild 3.2c) gezählte Verschiebungskoordinate s, die Federkraft F_c entgegen s und die D'ALEMBERTsche Trägheitskraft $m\ddot{s}$ entgegen der wie s gezählten Beschleunigung $\ddot{s}$ eingetragen. Ein mögliches Eigengewicht bleibt außerhalb der Betrachtung, da es durch die Normalkraft der Unterlage statisch ausgeglichen wird und den horizontalen Schwingungsvorgang nicht beeinflusst. Die Anwendung der Impulsbilanz in der Form (2.81a) auf Bild 3.2b liefert mit Berücksichtigung von (2.5)

$$\leftarrow: \; m\ddot{s} + cs = 0$$

bzw. mit der so genannten Eigenkreisfrequenz $\omega = \sqrt{c/m}$

$$\ddot{s} + \omega^2 s = 0 \; . \tag{3.8}$$

Die gewöhnliche lineare homogene Differenzialgleichung mit konstanten Koeffizienten (3.8) wird durch einen Exponentialansatz oder gleichwertig durch den trigonometrischen Ansatz

$$s = C_1 \cos \omega t + C_2 \sin \omega t \tag{3.9}$$

gelöst. Dies kann durch Einsetzen überprüft werden. Die Winkelfunktionen in (3.9) bilden das erforderliche Fundamentalsystem der Differenzialgleichung (3.8). Die Existenz der beiden Integrationskonstanten C_1, C_2 entspricht der zweiten Ableitungsordnung in (3.8). Die Periode 2π des Argumentes der Winkelfunktionen in (3.9) ergibt wegen $2\pi = \omega T$ die Schwingungsdauer T.

Damit der Körper schwingt, muss wenigstens ein Anfangswert aus $s(0) = s_0$, $\dot{s}(0) = v_0$ verschieden von null sein. Im Allgemeinen ergeben sich die Integrationskonstanten C_1, C_2 aus

$$C_1 = s_0 \,, \qquad C_2 = \frac{v_0}{\omega} \,. \tag{3.10}$$

Diese Konstanten können nach (3.7) uminterpretiert werden. Sie bestätigen in (3.4), dass die Schwingung harmonisch mit der Kreisfrequenz ω ist.
Der dargelegte Sachverhalt lässt sich auf viele technisch unterschiedliche, aber mathematisch gleichwertige Situationen übertragen.

Beispiel 3.1
Ein eingespannter masseloser Stab besitzt die aus der Festigkeitslehre bekannte Torsionsfederkonstante $c_t = GI_t/l$ (Bild 3.3a).

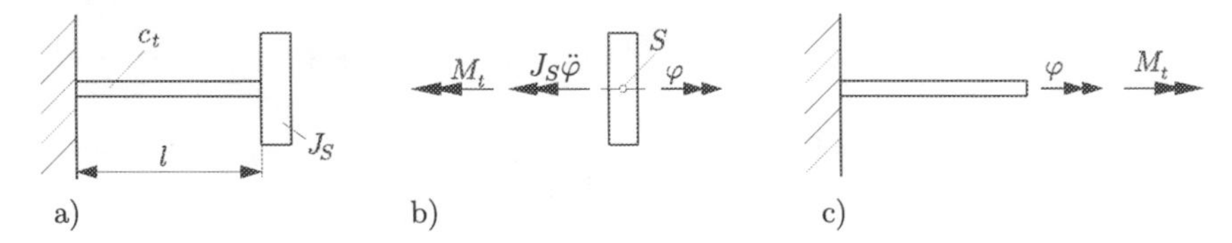

Bild 3.3. Torsionsschwinger

Er trägt eine dünne homogene Kreisscheibe mit dem Massenträgheitsmoment J_S bezüglich der Stabachse. Gesucht ist die Bewegungsdifferenzialgleichung der Torsionsschwingung.
Lösung:
In die Freischnittskizze (Bild 3.3b) wurden der von einer raumfesten Ruhelage zählende Verdrehungswinkel φ der Scheibe, das auf die Scheibe wirkende Moment M_t der Torsionsfeder entgegen φ und die D'ALEMBERTsche Trägheitslast $J_S\ddot{\varphi}$ entgegen $\ddot{\varphi}$ ($\ddot{\varphi}$ ist wie φ orientiert) eingetragen. Die Anwendung der Drehimpulsbilanz in der Form (2.82c) auf Bild 3.3b ergibt unter Berücksichtigung von (2.6) nach Bild 2.2 und Bild 3.3c

$$\twoheadleftarrow : \; J_S\ddot{\varphi} + c_t\varphi = 0$$

bzw.

$$\ddot{\varphi} + \omega^2\varphi = 0 \,, \qquad \omega^2 = \frac{c_t}{J_S} \,.$$

□

Beispiel 3.2
Ein masseloser Stab ist gemäß Bild 3.4 an einem gelenkigen Festlager A aufgehängt. Er trägt eine homogene Kreisscheibe der Masse m, die der Schwerkraft unterliegt. Das System vollführt nach Auslenkung Pendelbewegungen. Gesucht

ist die Bewegungsdifferenzialgleichung, die für $R \ll l$ zu diskutieren und außerdem für $|\varphi| \ll 1$ zu linearisieren ist.

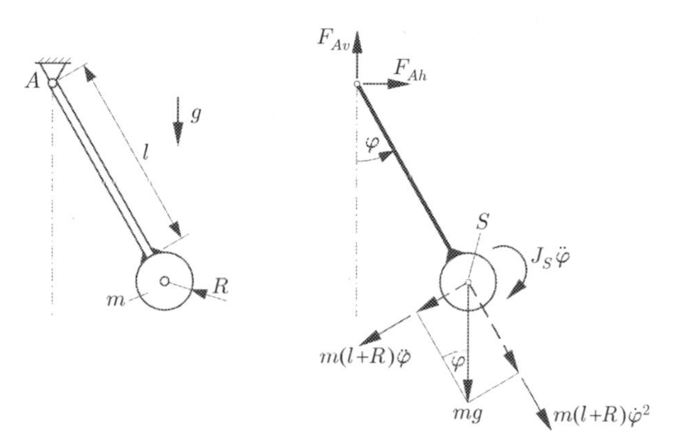

Bild 3.1. Pendelschwinger

Lösung:
In die Freischnittskizze werden die raumfeste Winkelkoordinate φ, die Lagerreaktionen F_{Ah}, F_{Av}, die eingeprägte Kraft mg und die Trägheitslasten $m(l+R)\ddot{\varphi}$, $m(l+R)\dot{\varphi}^2$, $J_S\ddot{\varphi}$ entgegen den dazugehörigen Beschleunigungen eingetragen. Da die Lagerreaktionen nicht gesucht sind, wird die Impulsbilanz nicht ausgewertet. Die Drehimpulsbilanz analog zu (2.82a) ergibt

$$\widehat{A}: \quad m(l+R)^2\ddot{\varphi} + (l+R)mg\sin\varphi + J_S\ddot{\varphi} = 0$$

bzw. mit $J_S = mR^2/2$

$$\Big[\big(1+\frac{R}{l}\big)^2 + \frac{R^2}{2l^2}\Big]\ddot{\varphi} + \big(1+\frac{R}{l}\big)\frac{g}{l}\sin\varphi = 0\ .$$

Für $R \ll l$ können die Eigendrehträgheit $J_S\ddot{\varphi}$ gegenüber dem Moment der translatorischen Trägheit $m(R+l)^2\ddot{\varphi}$ infolge Umfangsbeschleunigung und das Verhältnis R/l gegenüber 1 vernachlässigt werden. Die Differenzialgleichung vereinfacht sich dann zu

$$\ddot{\varphi} + \frac{g}{l}\sin\varphi = 0\ .$$

Die Scheibe wird unter dieser Vernachlässigung mitunter als Punktmasse, die Gesamtanordnung als mathematisches Pendel bezeichnet.
Die Ausnutzung der Annahme $|\varphi| \ll 1$ führt auf die lineare Differenzialgleichung

$$\ddot{\varphi} + \omega^2\varphi = 0\ , \qquad \omega = \sqrt{\frac{g}{l}}$$

mit ω als Kreisfrequenz der Eigenschwingung. □

In den behandelten Beispielen schwangen die Körper um eine lastfreie Ruhelage. Wir betrachten jetzt eine Ruhelage, in der der Körper belastet ist, und fragen nach dem Einfluss der zeitlich konstanten Last auf den Schwingungsvorgang. Der Schwinger bestehe gemäß Bild 3.5 aus einem Körper der Masse m, der über eine Feder der Konstante c vertikal aufgehängt ist. Er führt eine vertikale Schwingungsbewegung um eine Ruhelage, in der die Feder infolge des Körpergewichtes statisch vorgespannt ist, aus.

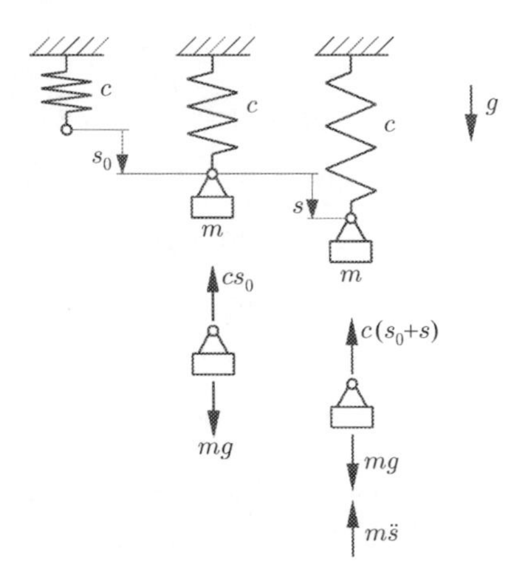

Bild 3.5. Schwinger mit Vorlast

Die Vorlast infolge Eigengewicht mg des Körpers verlängert die Feder um die zeitlich konstante Strecke s_0, so dass in der Ruhelage das statische Gleichgewicht

$$\uparrow: \quad cs_0 - mg = 0 \tag{3.11}$$

erfüllt ist. Von der statischen Ruhelage aus wird die zeitlich veränderliche Wegkoordinate s mit den dazugehörigen Lasten in der Freischnittskizze eingeführt. Die Impulsbilanz analog zu (2.81b) liefert die Gleichung

$$\uparrow: \quad c(\underline{s_0} + s) + m\ddot{s} - \underline{mg} = 0 \ , \tag{3.12}$$

in der die unterstrichenen Terme wegen (3.11) entfallen, so dass für $\omega^2 = c/m$ mit

$$\ddot{s} + \omega^2 s = 0 \tag{3.13}$$

eine zu (3.8) identische Beziehung verbleibt. Die Vorspannung der Feder und das Eigengewicht des Schwingers in der statischen Ruhelage sind also ohne Einfluss auf den Schwingungsvorgang. Es sei jedoch daran erinnert, dass die Federkraft gemäß (2.5) eine lineare Kennlinie (s. Bild 2.1) besaß. Für nichtlineare Kennlinien verliert die obige Aussage ihre Gültigkeit.

3.2.2 Schaltungsarten für Systemparameter

Bei der Modellierung technischer Anordnungen kann es zweckmäßig sein, die Wirkung mehrerer auftretender Einzellasten zusammenzufassen. Die Einzellasten werden durch spezielle Lastelemente wie Federn oder Dämpfer realisiert. Ihre zusammengefasste Wirkung hängt von der Anordnung der Lastelemente ab.

Wir betrachten als Beispiel für Lastelemente Federn. In Bild 3.6 wird ein reibungsfrei geführter Körper von zwei parallel nebeneinanderliegenden Federn gehalten und durch die eingeprägte Kraft F belastet.

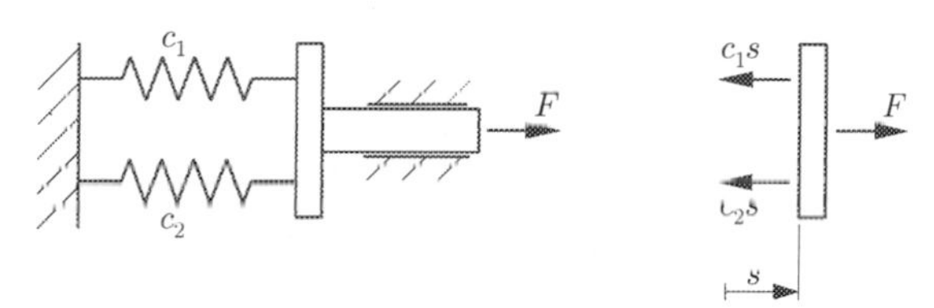

Bild 3.6. Parallelschaltung zweier Federn

Die statische Freischnittskizze enthält die beiden Federkräfte $c_1 s$, $c_2 s$ und die eingeprägte Kraft F. Das horizontale Kräftegleichgewicht

$$\rightarrow: \quad F - c_1 s - c_2 s = 0$$

führt bei gleicher Verlängerung s der beiden Federn zur Addition der Gesamtwirkung der Federkräfte, die bei dieser so genannten Parallelschaltung auch für beliebige Federkräfte, Dämpferkräfte oder eine Kombination von beiden gilt. Im Fall linearer Federn folgt aus der Parallelschaltung

$$F = (c_1 + c_2)s = cs \ , \quad c = c_1 + c_2 \ ,$$

wobei c eine Ersatzfederkonstante bezeichnet. Wirken n parallelgeschaltete Federn mit den Konstanten c_i, so ist die Ersatzfederkonstante

$$c = \sum_{i=1}^{n} c_i \ . \tag{3.14}$$

Das Bild 3.7 zeigt eine Hintereinander- oder Reihenschaltung zweier Federn. Die eingeprägte Kraft F verursacht eine gleiche Längskraft in beiden Federn. Die unterschiedlichen Verlängerungen Δs_i der Federn infolge dieser Längskraft

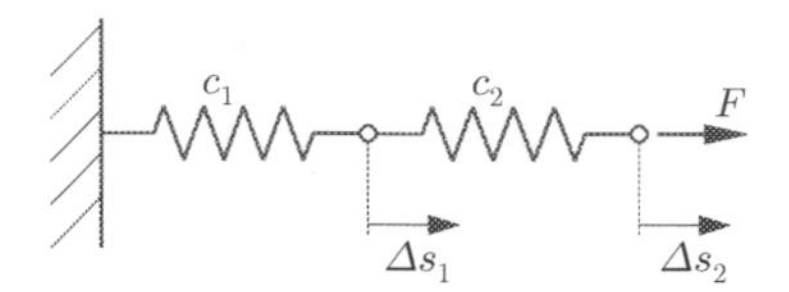

Bild 3.7. Reihenschaltung zweier Federn

ergeben die Gesamtverlängerung

$$\Delta s = \Delta s_1 + \Delta s_2 = \frac{F}{c_1} + \frac{F}{c_2} = \frac{F}{c} , \quad \frac{1}{c} = \frac{1}{c_1} + \frac{1}{c_2} ,$$

mit c als Ersatzfederkonstante der Reihenschaltung. Für n reihengeschaltete Federn gilt

$$\frac{1}{c} = \sum_{i=1}^{n} \frac{1}{c_i} . \qquad (3.15)$$

Es existieren Analogien zur Elektrotechnik. Dort summieren sich bei Parallelschaltung die Kapazitäten und die elektrischen Leitfähigkeiten. Bei Reihenschaltung sind die Reziprokwerte der Kapazitäten bzw. Leitfähigkeiten jeweils zu einem Gesamtreziprokwert zu addieren.
Die Schaltung von Torsionsfedern zeigt Bild 3.8.

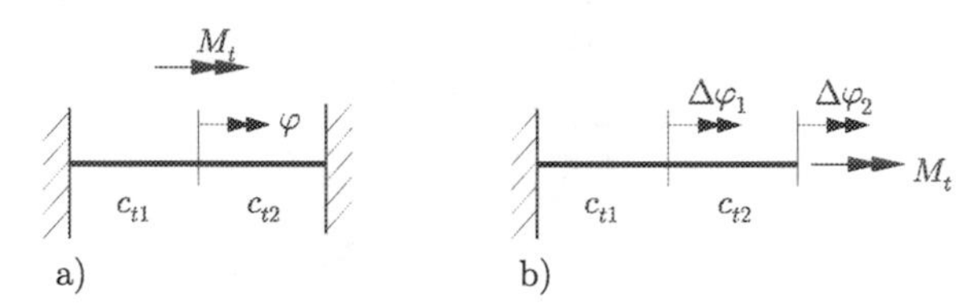

Bild 3.8. Parallelschaltung a) und Reihenschaltung b) zweier Torsionsfedern

Die Parallelschaltung (Bild 3.8a) führt wegen des Gleichgewichts zwischen dem eingeprägten Moment M_t und den Federmomenten zu

$$M_t = (c_{t1} + c_{t2})\varphi = c_t\varphi , \quad c_t = c_{t1} + c_{t2} ,$$

wobei φ den Verdrehwinkel des Federquerschnittes an der Einleitungsstelle des eingeprägten Momentes M_t bezeichnet.
Bei der Reihenschaltung (Bild 3.8b) liegt in beiden Torsionsfedern das gleiche Torsionsmoment an. Es summieren sich die individuellen Verdrehwinkel $\Delta\varphi_i$ der beiden Federn zur Gesamtverdrehung $\Delta\varphi$

$$\Delta\varphi = \Delta\varphi_1 + \Delta\varphi_2 = \frac{M_t}{c_{t1}} + \frac{M_t}{c_{t2}} = \frac{M_t}{c_t} , \qquad \frac{1}{c_t} = \frac{1}{c_{t1}} + \frac{1}{c_{t2}} .$$

Die Verallgemeinerung auf n Torsionsfedern entspricht (3.14), (3.15).

3.2.3 Gedämpfte freie Schwingungen

Ein Körper der Masse m sei über eine Feder der Konstante c und einen Dämpfer der Konstante b mit der raumfesten Umgebung wie in Bild 3.9 verbunden. Er ist zu gedämpften Translationsschwingungen fähig.

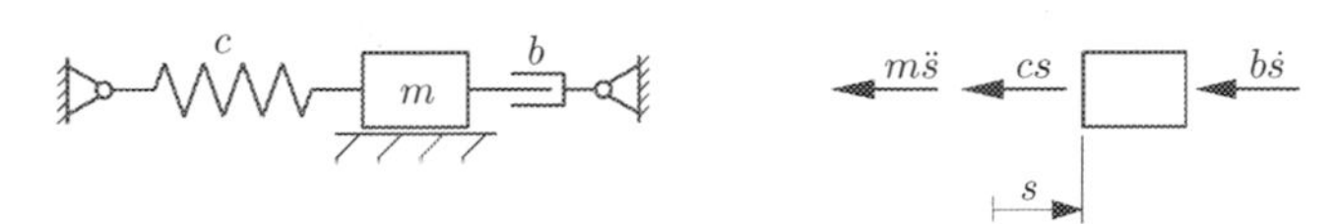

Bild 3.9. Gedämpfter Translationsschwinger

Die Anwendung der Impulsbilanz analog zu (2.81a) auf die Freischnittskizze liefert

$$\leftarrow: \quad m\ddot{s} + b\dot{s} + cs = 0 \; . \tag{3.16}$$

Diese Gleichung enthält bis auf die noch zu spezifizierenden Anfangsbedingungen die Mechanik des Problems. Die folgenden Ausführungen sind im Wesentlichen mathematischer Natur.

Mit der Abklingkonstante δ und der Eigenkreisfrequenz ω_0 des ungedämpften Schwingers gemäß

$$\frac{b}{m} = 2\delta \; , \qquad \frac{c}{m} = \omega_0^2 \tag{3.17}$$

entsteht aus (3.16)

$$\ddot{s} + 2\delta\dot{s} + \omega_0^2 s = 0 \; . \tag{3.18}$$

Der Lösungsansatz $s = e^{\lambda t}$ für die lineare homogene Differenzialgleichung (3.18) ergibt

$$e^{\lambda t}(\lambda^2 + 2\delta\lambda + \omega_0^2) = 0 \; .$$

Wegen $e^{\lambda t} \neq 0$ ist der Klammerausdruck null zu setzen. Die Wurzeln der dadurch bestimmten charakteristischen Gleichung lauten

$$\lambda_{1,2} = -\delta \pm \sqrt{\delta^2 - \omega_0^2}$$

oder nach Einführung des LEHRschen Dämpfungsmaßes

$$D = \delta/\omega_0 \tag{3.19}$$

$$\lambda_{1,2} = -D\omega_0 + \omega_0\sqrt{D^2 - 1} \; .$$

Damit ist die Lösung von (3.18)

$$s = K_1 e^{\lambda_1 t} + K_2 e^{\lambda_2 t} = e^{-D\omega_0 t}\left(K_1 e^{\omega_0\sqrt{D^2-1}t} + K_2 e^{-\omega_0\sqrt{D^2-1}t}\right) \; . \tag{3.20}$$

In (3.20) wurden zwei Integrationskonstanten K_1, K_2 gemäß der zweiten Ordnung der Differenzialgleichung (3.18) eingeführt. In Abhängigkeit von den Systemparametern werden drei Lösungstypen in (3.20) unterschieden:

$$D > 1 \quad - \quad \text{starke Dämpfung (keine Schwingung)} \ ,$$
$$D = 1 \quad - \quad \text{aperiodischer Grenzfall (keine Schwingung)} \ ,$$
$$D < 1 \quad - \quad \text{schwache Dämpfung (Schwingung)} \ .$$

Im letzten Fall sind die Quadratwurzeln aus (3.20) mit $i = \sqrt{-1}$ als

$$\sqrt{D^2 - 1} = i\sqrt{1 - D^2}$$

und die Exponentialfunktionen in (3.20) mittels der EULERschen Formel für komplexe Zahlen

$$e^{i\varphi} = \cos\varphi + i\sin\varphi \tag{3.21}$$

über die Definition der Eigenkreisfrequenz des gedämpften Schwingers

$$\omega = \omega_0\sqrt{1 - D^2} \tag{3.22}$$

als

$$\begin{aligned} K_1 e^{i\omega t} + K_2 e^{-i\omega t} &= (K_1 + K_2)\cos\omega t + i(K_1 - K_2)\sin\omega t \\ &= C_1\cos\omega t + C_2\sin\omega t \end{aligned}$$

zu schreiben. Die Lösungsfunktion hat deshalb die Form

$$s(t) = e^{-D\omega_0 t}(C_1\cos\omega t + C_2\sin\omega t) \ . \tag{3.23}$$

Ihre Zeitableitung ist

$$\dot{s}(t) = -D\omega_0 e^{-D\omega_0 t}(C_1\cos\omega t + C_2\sin\omega t) + \omega e^{-D\omega_0 t}(-C_1\sin\omega t + C_2\cos\omega t) \ .$$

Für gegebene Anfangsverschiebung s_0 und -geschwindigkeit v_0 folgen

$$s(0) = s_0 = C_1 \ ,$$

und

$$\dot{s}(0) = v_0 = -D\omega_0 C_1 + \omega C_2 \ , \quad C_2 = \frac{1}{\omega}(v_0 + D\omega_0 s_0) \ .$$

Die spezielle Lösung lautet damit in der zu (3.4) ähnlichen Form

$$s(t) = e^{-D\omega_0 t}[s_0\cos\omega t + \frac{1}{\omega}(v_0 + D\omega_0 s_0)\sin\omega t] = e^{-D\omega_0 t}A\cos(\omega t - \alpha) \tag{3.24}$$

mit der Zeitableitung

$$\dot{s}(t) = Ae^{-D\omega_0 t}[-D\omega_0 \cos(\omega t - \alpha) - \omega \sin(\omega t - \alpha)] \ . \tag{3.25}$$

In (3.25) ist zu sehen, dass für die Schwingungsdauer der gedämpften Schwingung

$$T = \frac{2\pi}{\omega} \tag{3.26}$$

aus $\dot{s}(t_1) = 0$ auch $\dot{s}(t_2) = \dot{s}(t_1 + T) = 0$ folgt, d. h. die Ausschlagsextrema der gedämpften Eigenschwingung liegen um die Schwingungsdauer T auseinander (Bild 3.10) und etwas vor dem Berührungspunkt mit der gestrichelt dargestellten Einhüllenden.

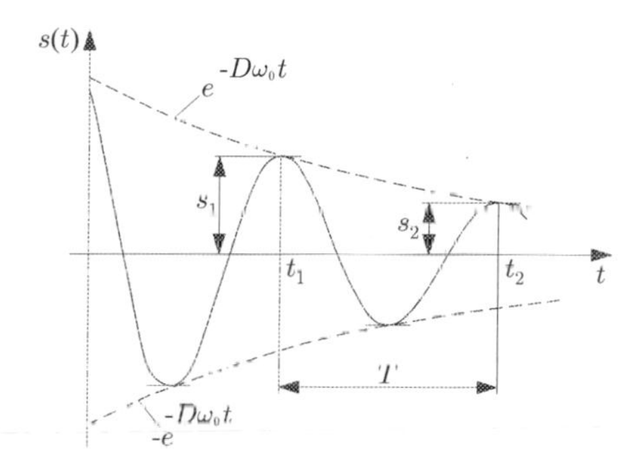

Bild 3.10. Ausschwingkurve der gedämpften Eigenschwingung

Aus der möglicherweise experimentell gewonnenen Ausschwingkurve nach Bild 3.10 lässt sich das Amplitudenverhältnis

$$\frac{s(t_1)}{s(t_2)} = \frac{s(t_1)}{s(t_1 + T)} = \frac{e^{-D\omega_o t_1}}{e^{-D\omega_0 (t_1 + T)}} = e^{D\omega_0 T}$$

bestimmen und das so genannte logarithmische Dekrement

$$\ln \frac{s(t_1)}{s(t_2)} = D\omega_0 T = \frac{2\pi D}{\sqrt{1 - D^2}} = \Lambda \tag{3.27}$$

berechnen, aus dem das Dämpfungsmaß

$$D = \frac{\Lambda}{\sqrt{4\pi^2 + \Lambda^2}} \tag{3.28}$$

folgt.

In der Realität liegt immer eine wenigstens geringe Dämpfung vor. Wie Bild 3.10 zeigt, klingen deshalb freie Schwingungen ab. Der Körper kommt nach einer endlichen Zeit praktisch zur Ruhe. Soll er dauerhaft schwingen, so muss ihm von außen Energie zugeführt werden, d. h. er wird durch eine Erregung zur Schwingung gezwungen.

3.3

3.3 Erzwungene Schwingungen

Wir betrachten zunächst den einfacheren Fall ohne Dämpfung.

3.3.1 Ungedämpfte erzwungene Schwingungen

Ein schwingungsfähiges System kann auf unterschiedliche Arten erregt werden. Hier wird die Erregung am Beispiel einer Kraft diskutiert. Bild 3.11 zeigt einen Translationsschwinger unter dem Einfluss einer Erregerkraft

$$F = F_0 \sin \Omega t \ .$$

Die Amplitude F_0 der Kraft und die Erregerkreisfrequenz Ω seien bekannt.

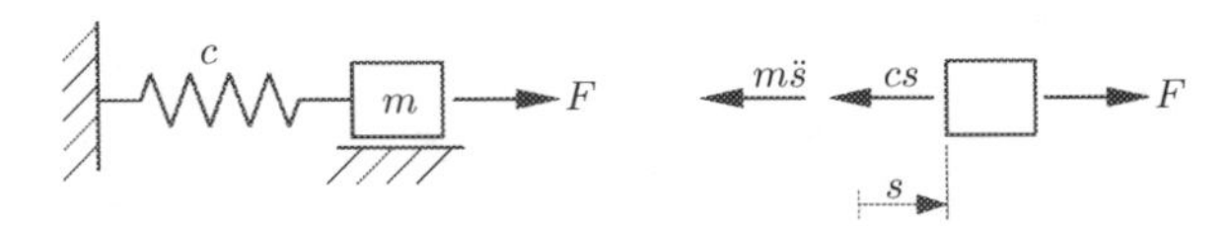

Bild 3.11. Translationsschwinger mit Erregerkraft

Die Anwendung der Impulsbilanz entsprechend (2.81a) auf die Freischnittskizze ergibt die Differenzialgleichung

$$\leftarrow: \quad m\ddot{s} + cs - F = 0$$

bzw. mit der Definition der statischen Auslenkung $s_F = F_0/c$ und der Eigenkreisfrequenz ω aus $\omega^2 = c/m$

$$\ddot{s} + \omega^2 s = \omega^2 s_F \sin \Omega t \ . \tag{3.29}$$

Die allgemeine Lösung von (3.29) besteht aus einem homogenen Anteil s_h und einem partikulären Anteil s_p

$$s = s_h + s_p \ , \tag{3.30}$$

$$s_h = C \sin(\omega t - \alpha) \tag{3.31a}$$

$$s_p = \frac{s_F}{1 - \frac{\Omega^2}{\omega^2}} \sin \Omega t \ . \tag{3.31b}$$

Für die Bestimmung der Integrationskonstanten C, α müssen zwei Anfangsbedingungen festgelegt werden. In der Realität klingt die homogene Lösung wegen der immer vorhandenen Dämpfung ab. Es verbleibt die partikuläre Lösung mit der so genannten Vergrößerungsfunktion

$$V = \frac{1}{1 - \frac{\Omega^2}{\omega^2}} \,, \tag{3.32}$$

die die kinetische Überhöhung des Verschiebungsausschlages gegenüber dem statischen Ausschlag angibt. Der qualitative Verlauf von $|V|$ über dem so genannten Abstimmungs- oder Frequenzverhältnis Ω/ω ist in Bild 3.12 dargestellt.

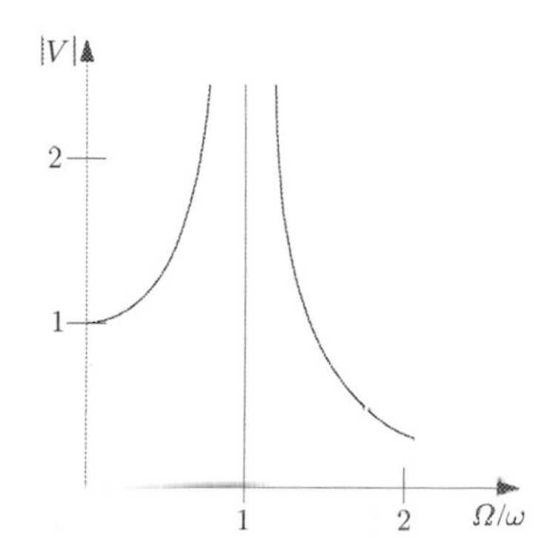

Bild 3.12. Vergrößerungsfunktionsbetrag einer ungedämpften, krafterregten Schwingung

Neben den Werten 1 und 0 für die Abstimmungsverhältnisse $\Omega/\omega = 0$ und $\Omega/\omega \to \infty$ ist die Unendlichkeitsstelle bei $\Omega/\omega = 1$ zu erkennen, wo die partikuläre Lösung (3.31b) versagt. In diesem so genannten Resonanzfall ist nach den Regeln zur Lösung gewöhnlicher Differenzialgleichungen ein Ansatz für die partikuläre Lösung in der Form

$$s_p = Kt\cos\Omega t = Kt\cos\omega t \tag{3.33}$$

zu benutzen und die Konstante K durch Einsetzen von (3.33) in (3.29) zu bestimmen. Wir stellen hier nur fest, dass die Funktion (3.33) mit der Zeit unbegrenzt anwächst, ein Effekt, der meist vermieden werden soll.
Es sei noch vermerkt, dass die obigen Betrachtungen auch für ungedämpfte erzwungene Torsionsschwingungen gelten.

3.3.2 Gedämpfte erzwungene Schwingungen

Wir untersuchen jetzt am Beispiel eines gedämpften Translationsschwingers die Wirkung unterschiedlicher Erregungen. Bild 3.13 zeigt einen Körper der Masse m, der reibungsfrei horizontal geführt wird und über eine Feder der Konstante c und einen Dämpfer der Konstante b mit der vertikalen Wand verbunden ist. In den Fällen a) und c) steht die Wand fest im Raum. Die Wand der Anordnung b) vollführt eine Horizontalverschiebung $u(t) = u_0 \sin\Omega t$ mit der gegebenen Amplitude u_0 und Kreisfrequenz Ω. Ähnlich wie in Bild 3.11 unterliegt der

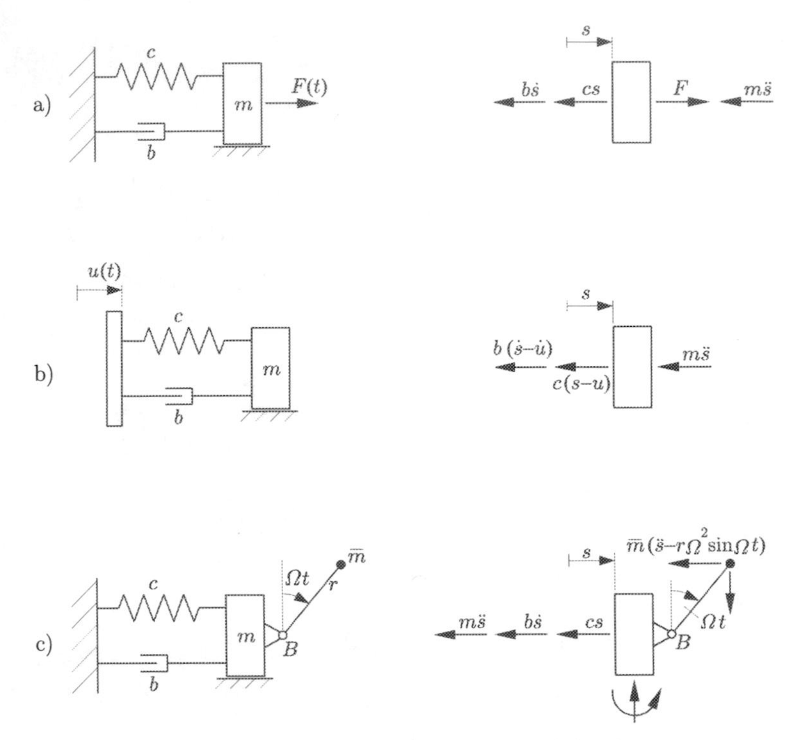

Bild 3.13. Schwingungssysteme mit unterschiedlichen Erregungen

Körper von Bild 3.13a einer eingeprägten Kraft $F(t) = F_0 \sin \Omega t$ mit bekannten Konstanten F_0, Ω. Im Fall c) rotiert um die im körperfesten Punkt B befestigte Achse ein weiterer Körper, der im Sinne des Beispiels 3.2 als Punktmasse $\bar{m}$ im Abstand r von B idealisiert ist.

Bild 3.13 enthält zu jedem Modell eine Freischnittskizze, in die die raumfeste Koordinate s, die Feder-, Dämpfer- und Trägheitskräfte sowie die eingeprägte Kraft F eingetragen wurden. Im Bild 3.13b ist die Koordinatendifferenz für die Berechnung von Feder- und Dämpferkraft zu beachten. Von der Trägheitskraft der konzentrierten Masse des Schwingers c) wird nur die horizontale Komponente benötigt. In sie gehen die Beschleunigung $\ddot{s}$ der Masse m und wegen Ω=konst. des weiteren nur die Horizontalkomponente der Radialbeschleunigung der konzentrierten Masse nach (1.34) ein. Die nicht näher bezeichneten Führungsreaktionen sorgen für das Gleichgewicht mit der vertikalen Komponente.

Die Anwendung der Impulsbilanz analog zu (2.81a) auf die Freischnittskizzen liefert

a) $$\leftarrow: \; m\ddot{s} + b\dot{s} + cs - F = 0$$

bzw.

$$m\ddot{s} + b\dot{s} + cs = F_0 \sin \Omega t \ , \tag{3.34}$$

b)

$$\leftarrow: \ m\ddot{s}+b(\dot{s}-\dot{u})+c(s-u) = 0$$

bzw. mit der Relativverschiebung $s_r = s - u$ und $u = u_0 \sin \Omega t$

$$m\ddot{s}_r + b\dot{s}_r + cs_r = -m\ddot{u} = mu_0\Omega^2 \sin \Omega t \ , \tag{3.35}$$

c)

$$(m + \bar{m})\ddot{s} + b\dot{s} + cs = \bar{m}r\Omega^2 \sin \Omega t \ . \tag{3.36}$$

Die mathematische Beschreibung aller drei Modelle mündet in den gleichen Typ einer gewöhnlichen linearen harmonisch gestörten Differenzialgleichung mit konstanten Koeffizienten. Man spricht von a) Kraft-, b) Weg- und c) Unwuchterregung.
Die allgemeine Lösung dieser Differenzialgleichung ergibt sich wie im Fall (3.29) als Summe eines homogenen und eines partikulären Anteils

$$s = s_h + s_p \ . \tag{3.37}$$

Die homogene Lösung ist bis auf die Bezeichnung der Masse in (3.36) identisch zu (3.23) bzw. bei Berücksichtigung von Anfangsbedingungen zu (3.24). Sie klingt mit der Zeit ab. Wir untersuchen nur die partikuläre (auch stationäre) Lösung und beschränken uns auf den Fall a). Mit den Abkürzungen (3.17) und $s_F = F_0/c$ wird (3.34) zu

$$\ddot{s} + 2\delta\dot{s} + \omega_0^2 s = \omega_0^2 s_F \sin \Omega t \ . \tag{3.38}$$

Der die Erregerfunktion und den Dämpferterm $2\delta\dot{s}$ berücksichtigende Lösungsansatz

$$s_p = B \sin(\Omega t - \beta) \tag{3.39}$$

mit den Freiwerten für die Amplitude B und dem Phasenwinkel β zwischen Erregung und Ausschlag liefert in (3.38) unter Ausnutzung des Additionstheorems $\sin(x - y) = \sin x \cos y - \cos x \sin y$ die Gleichung

$$\begin{aligned}&(B\omega_0^2 \cos\beta + 2B\delta\Omega \sin\beta - B\Omega^2 \cos\beta - \omega_0^2 s_F) \sin \Omega t + \\ &B(-\omega_0^2 \sin\beta + 2\delta\Omega \cos\beta + \Omega^2 \sin\beta) \cos \Omega t = 0 \ ,\end{aligned} \tag{3.40}$$

welche für beliebige Ωt nur erfüllbar ist, wenn die beiden Klammerausdrücke getrennt verschwinden. Nullsetzen des zweiten Klammerausdruckes ergibt unter

Beachtung des Frequenzverhältnisses

$$\eta = \frac{\Omega}{\omega_0}$$

und des LEHRschen Dämpfungsmaßes (3.19) den Phasenwinkel

$$\beta = \arctan \frac{2D\eta}{1-\eta^2} \,. \tag{3.41}$$

Division des null gesetzten ersten Klammerausdruckes aus (3.40) durch $\cos\beta$ und Berücksichtigung von $\cos\beta = (1 + \tan^2\beta)^{-1/2}$ führt auf die gegenüber (3.32) geänderte Vergrößerungsfunktion

$$V_a = \frac{B}{s_F} = \frac{1}{\sqrt{(1-\eta^2)^2 + 4D^2\eta^2}} \,. \tag{3.42}$$

Die grafische Darstellung der Funktionen (3.42), (3.41) vermittelt das Bild 3.14. Dabei wurde der Phasenwinkel β für $\eta > 1$ durch den um π vergrößerten Hauptwert dargestellt.

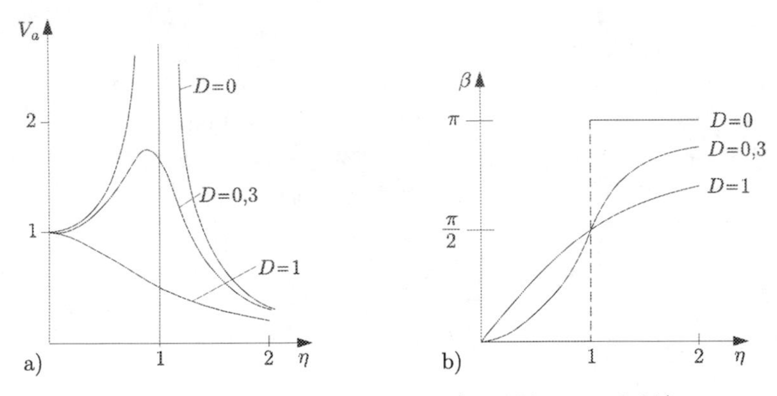

Bild 3.14. Vergrößerungsfunktion a) und Phasenwinkel b)

Extremwerte von V_a in η ergeben sich aus der notwendigen Bedingung

$$\frac{d}{d\eta}\left[(1-\eta^2)^2 + 4D^2\eta^2\right] = 0$$

für $\eta = 0$ und $\eta = \sqrt{1-2D^2}$ mit $D^2 \leq 0,5$. Sie betragen

$$V_{ae} = 1 \qquad \text{bzw.} \qquad V_{ae} = \frac{1}{2D\sqrt{1-D^2}} \tag{3.43}$$

und gehören zu Abstimmungsverhältnissen der ungedämpften Schwingung $\eta = \Omega/\omega_0 \leq 1$, liegen also i.Allg. nicht bei dem Resonanzfrequenzverhältnis. Der in η gemessene Abstand ist aber gering.

Beispiel 3.3

Für den unwuchterregten Schwinger nach Bild 3.13c ist die auf die Wand wirkende stationäre Kraftamplitude zu bestimmen. Alle Parameter von (3.36) seien bekannt.

Lösung:

Die Wandkraft F_W ergibt sich aus der Summe von Dämpfer- und Federkraft (Parallelschaltung).

$$F_W = b\dot{s} + cs \ .$$

Die Gleichung (3.34) geht in (3.36) über, wenn in (3.34) folgende Ersetzungen stattfinden:

$$\frac{F_0}{m} \to \frac{\bar{m}r\Omega^2}{m+\bar{m}} \ , \quad \frac{b}{m} \to \frac{b}{m+\bar{m}} \ , \quad \frac{c}{m} \to \frac{c}{m+\bar{m}} \ .$$

In (3.38) gilt dann wegen (3.17)

$$2\delta = \frac{b}{m+\bar{m}} \ , \quad \omega_0^2 = \frac{c}{m+\bar{m}} \ , \quad \omega_0^2 s_F = \frac{\bar{m}r\Omega^2}{m+\bar{m}} \ ,$$

und dies muss in (3.19), (3.22) beachtet werden. Mit der Lösung (3.39) wird die Wandkraft

$$F_W = B\big[b\Omega\cos(\Omega t - \beta) + c\sin(\Omega t - \beta)\big] \ ,$$

die sich nach trigonometrischer Umformung der eckigen Klammer als

$$F_W = B\sqrt{(b\Omega)^2 + c^2}\sin(\gamma + \Omega t - \beta) = \hat{F}_W\sin(\gamma + \Omega t - \beta) \ , \quad \tan\gamma = \frac{b\Omega}{c}$$

schreiben lässt. Die stationäre Amplitude der Wandkraft folgt damit für B aus (3.42)

$$B = s_F V_a = \frac{\bar{m}r}{m+\bar{m}}\frac{\eta^2}{\sqrt{(1-\eta^2)^2 + 4D^2\eta^2}} \ , \quad \eta = \frac{\Omega}{\omega_0} \ , \quad (2D\eta)^2 = \left(\frac{b\Omega}{c}\right)^2$$

zu

$$\hat{F}_W = B\sqrt{(b\Omega)^2 + c^2} = Bc\sqrt{1 + 4D^2\eta^2} = \frac{\bar{m}rc}{m+\bar{m}} \cdot \frac{\eta^2\sqrt{1+4D^2\eta^2}}{\sqrt{(1-\eta^2)^2 + 4D^2\eta^2}} \ .$$

□

Es sei noch erwähnt, dass beliebige periodische Erregerfunktionen in FOURIER-reihen (FOURIER, 1768-1830) zerlegt und deshalb partikuläre Lösungen in Form von FOURIERreihen gewonnen werden können.

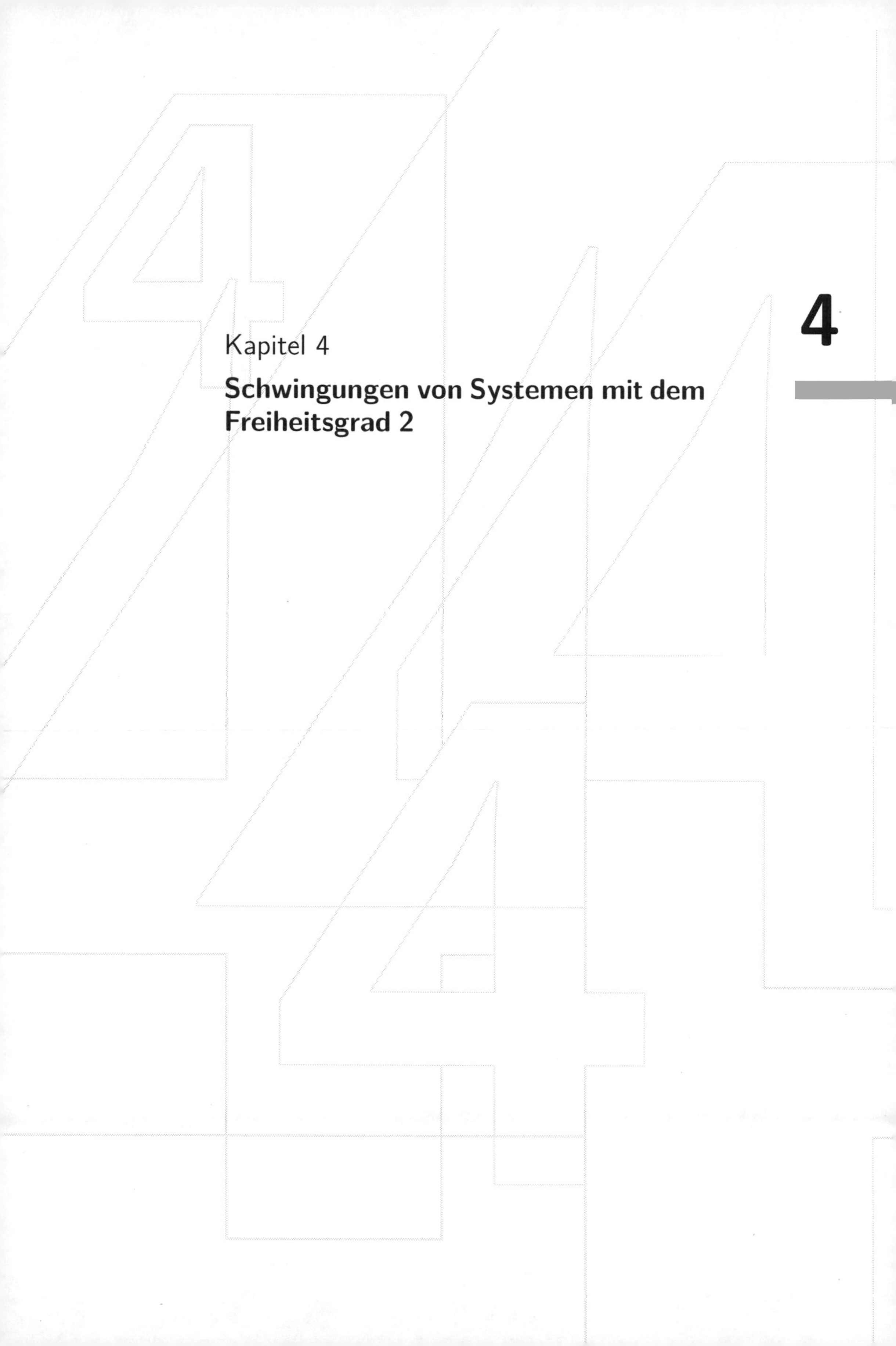

Kapitel 4

Schwingungen von Systemen mit dem Freiheitsgrad 2

4

4 Schwingungen von Systemen mit dem Freiheitsgrad 2

Wird der Freiheitsgrad von sechs Bewegungsmöglichkeiten eines massebehafteten starren Körpers im Raum durch kinematische Bindungen auf zwei reduziert und der Körper in den verbleibenden Bewegungsrichtungen mit Federn und Dämpfern ausgestattet, so entsteht ein schwingungsfähiges System mit dem Freiheitsgrad 2. Ein anderes Beispiel hierfür kann aus zwei kinematisch verbundenen Körpern so konstruiert werden, dass der Gesamtfreiheitsgrad des Systems gleich 2 ist. Die Erweiterung auf beliebig viele Körper ist evident. Wie die Bewegungsgleichungen aufzustellen sind, wurde grundsätzlich in Abschnitt 2.3.8 erklärt und am Beispiel eines Systems mit dem Freiheitsgrad 2 demonstriert. Wir greifen auf dieses Beispiel zurück und untersuchen die Schwingungen des Systems unter vereinfachenden Annahmen.

4.1 Ungedämpfte freie Schwingungen

4.1

Im Folgenden werden in (2.105), (2.106) die Näherungen

$$|\varphi| \lll 1 \;, \quad \sin\varphi \approx \varphi \;, \quad \cos\varphi \approx 1 \;, \quad |\dot{\varphi}^2\varphi| \ll |\ddot{\varphi}| \tag{4.1}$$

vorausgesetzt und die Bezeichnungen

$$J_S + m_2 s^2 = J \;, \quad m_1 + m_2 = m \;, \quad y_1 = q_1 \;, \quad \varphi = q_2 \tag{4.2}$$

eingeführt. Dann lauten die Gleichungen (2.105), (2.106)

$$J\ddot{q}_2 + m_2 s\ddot{q}_1 + b_2\dot{q}_2 + m_2 g s q_2 = M \;, \tag{4.3}$$

$$m_2 s\ddot{q}_2 + m\ddot{q}_1 + b_1\dot{q}_1 + c q_1 = F \;. \tag{4.4}$$

In ihnen vermitteln m_2 und s eine Kopplung zwischen den verallgemeinerten Koordinaten q_1 und q_2. Für $s = 0$ oder $m_2 = 0$ verbleibt mit (4.4) eine Schwingungsdifferenzialgleichung bekannten Typs.
Freie ungedämpfte Schwingungen gehen einher mit

$$b_{1,2} = 0 \;, \quad M = 0 \;, \quad F = 0 \;. \tag{4.5}$$

Die Lösung von (4.3), (4.4) unter der Voraussetzung (4.5) wird mittels des komplexen Ansatzes

$$q_k = \hat{q}_k e^{i\omega t} \;, \quad i = \sqrt{-1} \;, \quad k = 1,2 \tag{4.6}$$

H. Balke, *Einführung in die Technische Mechanik*,
https://doi.org/10.1007/978-3-662-59096-6_5

gesucht. Er liefert nach Vertauschung der Zeilenreihenfolge das homogene lineare Gleichungssystem

$$(c - m\omega^2)\hat{q}_1 \qquad -m_2 s\omega^2 \hat{q}_2 = 0 \tag{4.7a}$$

$$-m_2 s\omega^2 \hat{q}_1 + (m_2 g s - J\omega^2)\hat{q}_2 = 0 \tag{4.7b}$$

oder in Matrixschreibweise

$$[k][\hat{q}] = [0] \ , \quad [k] = [k]^T \tag{4.8}$$

mit der symmetrischen Koeffzientenmatrix $[k]$ und dem Spaltenvektor $[\hat{q}]$ der Amplituden der q_k.
Eine mögliche Entkopplungsvoraussetzung $m_2 = 0$ ergibt in (4.7a) für ein nichtriviales $\hat{q}_1 \neq 0$ bei unbestimmtem $\hat{q}_2$ die Eigenkreisfrequenz

$$\omega_1 = \sqrt{\frac{c}{m_1}} \ .$$

Für die zweite Entkopplungsvoraussetzung $s = 0$ folgt aus (4.7a) dagegen

$$\bar{\omega}_1 = \sqrt{\frac{c}{m}} \ .$$

In beiden Fällen findet nur eine Translationsschwingung statt.
Wird die Federkonstante c gegenüber dem Subtrahenden in der Klammer von (4.7a) unendlich vergößert, so folgt $\hat{q}_1 = 0$, und aus (4.7b) ergibt sich die Eigenkreisfrequenz

$$\omega_2 = \sqrt{\frac{m_2 g s}{J}}$$

des Pendels.
Für die Existenz einer gekoppelten Lösung ist das Verschwinden der Koeffizientendeterminante

$$|[k]| = 0 \tag{4.9}$$

notwendig. Dies liefert mit $mJ - m_2^2 s^2 = mJ_S + m_1 m_2 s^2$ und den Abkürzungen

$$2a = \frac{m m_2 g s + cJ}{mJ_S + m_1 m_2 s^2} \ , \quad b = \frac{c m_2 g s}{mJ_S + m_1 m_2 s^2} \tag{4.10}$$

die biquadratische Gleichung

$$(\omega^2)^2 - 2a\omega^2 + b = 0 \ . \tag{4.11}$$

Die Wurzeln von (4.11) sind

$$\omega_{1,2}^2 = a \mp \sqrt{a^2 - b} \ . \tag{4.12}$$

In (4.12) ist mit (4.10)

$$a^2 - b = \frac{(mm_2gs + cJ)^2}{4(mJ_S + m_1m_2s^2)^2} - \frac{cm_2gs}{mJ_S + m_1m_2s^2} \cdot \frac{mJ_S + m_1m_2s^2}{mJ_S + m_1m_2s^2} \cdot \frac{4}{4}$$

und der Zähler dieses Ausdrucks

$$\begin{aligned} &(mm_2gs + cJ)^2 - 4cm_2gs(mJ - m_2^2s^2) \\ &= (mm_2gs - cJ)^2 + 4mm_2gscJ - 4cm_2gs(mJ - m_2^2s^2) \\ &= (mm_2gs - cJ)^2 + 4cm_2^3gs^3 > 0 \; . \end{aligned}$$

Folglich sind die Wurzeln $\omega_{1,2}^2$ reell und wegen $b > 0$ in (4.10) positiv.
Durch Einsetzen von (4.12) und (4.10) in (4.7) ergeben sich die Amplitudenverhältnisse

$$\left(\hat{q}_2/\hat{q}_1\right)_{1,2} = \frac{c - m\omega_{1,2}^2}{m_2s\omega_{1,2}^2} = Q_{1,2} \; , \qquad Q = \hat{q}_2/\hat{q}_1 \; , \tag{4.13}$$

welche den beiden Schwingformen oder Eigenmoden entsprechen.
Die allgemeine Lösung (4.6) wird unter Beachtung von (4.13) zunächst in der Form

$$\begin{aligned} q_1 &= \hat{q}_1e^{i\omega_1t} + \hat{\bar{q}}_1e^{-i\omega_1t} + \hat{q}_2e^{i\omega_2t} + \hat{\bar{q}}_2e^{-i\omega_2t} \\ q_2 &= Q_1\left(\hat{q}_1e^{i\omega_1t} + \hat{\bar{q}}_1e^{-i\omega_1t}\right) + Q_2\left(\hat{q}_2e^{i\omega_2t} + \hat{\bar{q}}_2e^{-i\omega_2t}\right) \end{aligned}$$

geschrieben, die mittels der EULERschen Formel für komplexe Zahlen und Ersatz der vier Integrationskonstanten $\hat{q}_{1,2}$, $\hat{\bar{q}}_{1,2}$ durch die anderen möglichen Konstanten $C_1, ..., C_4$ als

$$\begin{aligned} q_1 &= C_1\cos\omega_1t + C_2\sin\omega_1t + C_3\cos\omega_2t + C_4\sin\omega_2t \; , \\ q_2 &= Q_1\left(C_1\cos\omega_1t + C_2\sin\omega_1t\right) + Q_2\left(C_3\cos\omega_2t + C_4\sin\omega_2t\right) \end{aligned}$$

darstellbar ist. Zur Festlegung der vier Integrationskonstanten sind vier Anfangsbedingungen für die Größen q_1, $\dot{q}_1$, q_2 und $\dot{q}_2$ anzugeben.
Wegen der in der Realität immer vorhandenen Dämpfung klingen die freien Schwingungen mit der Zeit ab.

4.2 Ungedämpfte erzwungene Schwingungen

4.2

Wir betrachten nur ungedämpfte Schwingungen infolge einer Krafterregung $F = F_0\sin\Omega t$ bekannter Amplitude F_0 und Erregerkreisfrequenz Ω. Aus (4.3), (4.4) entsteht

$$J\ddot{q}_2 + m_2s\ddot{q}_1 + m_2gsq_2 = 0 \; , \tag{4.14}$$

$$m_2 s\ddot{q}_2 + m\ddot{q}_1 + cq_1 = F_0 \sin \Omega t \ . \tag{4.15}$$

Von der zunächst allgemeinen Lösung

$$q_k = q_{hk} + q_{pk} \ , \tag{4.16}$$

die mit q_{hk} das homogene Differenzialgleichungssystem von (4.14), (4.15) erfüllt und mit q_{pk} das inhomogene, wird nur der inhomogene Fall diskutiert. Wir suchen die Lösung mittels des Ansatzes

$$q_k = \tilde{q}_k \sin \Omega t \ , \qquad k = 1, 2 \tag{4.17}$$

und gewinnen aus (4.14), (4.15)

$$\Big[\big(c - m\Omega^2\big)\tilde{q}_1 - m_2 s\Omega^2 \tilde{q}_2\Big] \sin \Omega t = F_0 \sin \Omega t \ , \tag{4.18a}$$

$$\Big[- m_2 s\Omega^2 \tilde{q}_1 + \big(m_2 g s - J\Omega^2\big)\tilde{q}_2\Big] \sin \Omega t = 0 \ . \tag{4.18b}$$

Die Lösung des verbleibenden inhomogenen algebraischen Gleichungssystems für die $\tilde{q}_{1,2}$ liefert die Schwingungsamplituden

$$\tilde{q}_1 = \frac{F_0(m_2 g s - J\Omega^2)}{N(\Omega^2)} \ , \qquad \tilde{q}_2 = \frac{F_0 m_2 s \Omega^2}{N(\Omega^2)} \ , \tag{4.19}$$

wobei der Nenner $N(\Omega^2)$ nach dem Fundamentalsatz der Algebra in Abhängigkeit von seinen Nullstellen $\omega_{1,2}^2$ gemäß (4.12) auf die Form

$$N = (mJ_S + m_1 m_2 s^2)(\Omega^2 - \omega_1^2)(\Omega^2 - \omega_2^2)$$

gebracht wurde.

Der qualitative Verlauf der Amplituden $\tilde{q}_1$, $\tilde{q}_2$ über der Erregerkreisfrequenz ist in den Bildern 4.1a,b dargestellt.

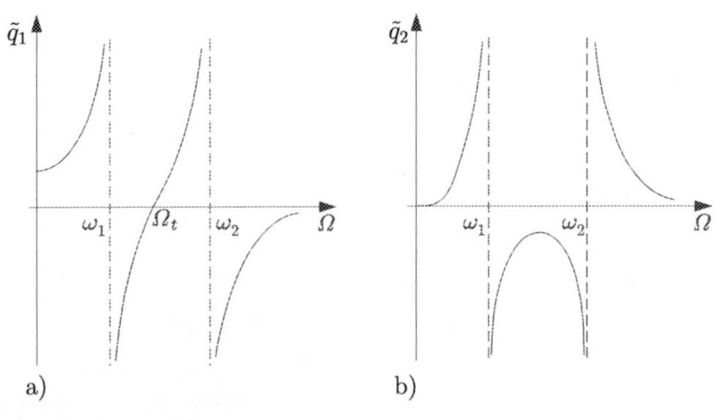

Bild 4.1. Abhängigkeit der Amplituden von der Erregerkreisfrequenz

Beide Bilder zeigen auch die Asymptoten der Amplituden an den Nullstellen des Nenners $N(\Omega^2)$ aus (4.19). In diesen Nullstellen gleicht die Erregerfrequenz einer Eigenfrequenz, so dass Resonanz herrscht. Dann versagt die Lösung (4.19) ähnlich wie (3.32) im Fall des Freiheitgrades 1.
Erwähnt sei noch, dass der Zähler von $\tilde{q}_1$ bei der speziellen Erregerkreisfrequenz

$$\Omega_t^2 = \frac{m_2 g s}{J} \tag{4.20}$$

verschwindet. Dies entspricht einer so genannten Tilgeranordnung, bei der der Ausschlag $\tilde{q}_1$ vermieden wird.

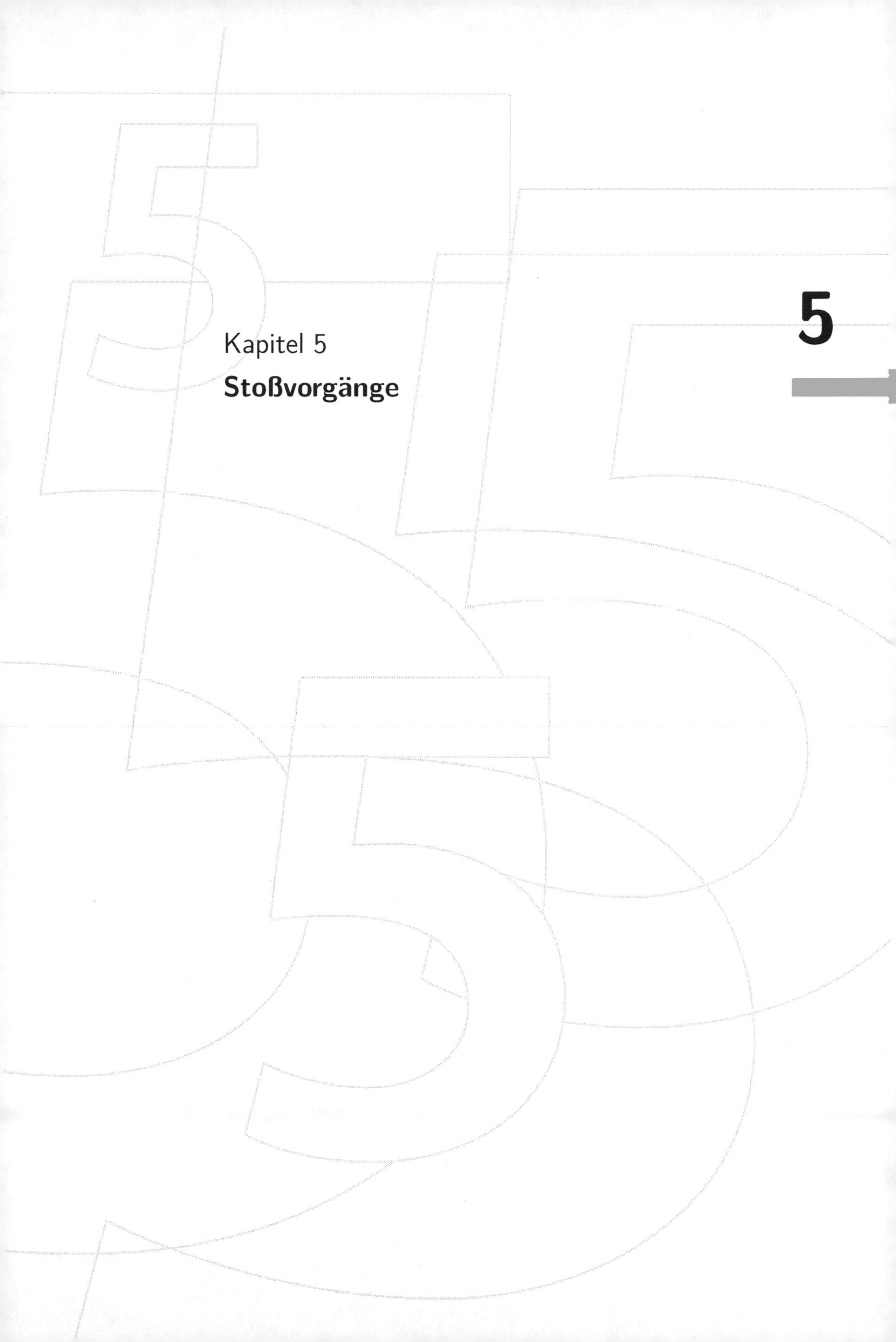

Kapitel 5

Stoßvorgänge

5

5

5 Stoßvorgänge

In Ergänzung zu den bisherigen Anwendungen der Impulsbilanzen auf die Bewegung starrer Körper und Systeme von starren Körpern werden jetzt Vorgänge studiert, bei denen zwei getrennte Körper mit unterschiedlichen Geschwindigkeitszuständen zeitweise in Kontakt kommen und dabei über Schnittreaktionen miteinander wechselwirken. Die während des Kontaktes ablaufenden sehr komplexen Vorgänge, pauschal mit dem Begriff „Stoß" bezeichnet, werden einer stark vereinfachenden Theorie unterworfen.
Obwohl sich die Körper während der Kontaktwechselwirkung verformen, wird nur die Änderung ihres Geschwindigkeitszustandes berücksichtigt, nicht aber die Änderung ihres Verschiebungszustandes. Die Änderung des Geschwindigkeitszustandes bedingt i. Allg. eine Änderung der Impulse und Drehimpulse der Körper. Die mit hinreichend großen Impulsänderungen verknüpften Schnittreaktionen sind wegen ihrer geringen Wirkungszeit während des Stoßes als sehr groß im Vergleich zu den eingeprägten Lasten anzunehmen, so dass letztere während des Stoßes unberücksichtigt bleiben.
Einschränkend wird weiterhin vorausgesetzt, dass die Körper Bewegungen in einer Ebene ausführen. Bild 5.1 zeigt zwei Körper in dieser Ebene beim Kontakt.

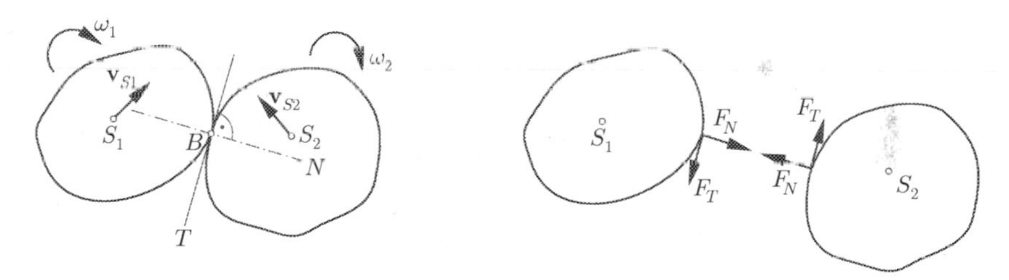

Bild 5.1. Stoßgeometrie

Von den Körperkonturen sei im Berührungspunkt B wenigstens eine regulär, d. h. ohne Ecke. Dann existieren in B eine Tangente T einer der beiden Konturen und eine Normale N. Letztere wird als Stoßnormale bezeichnet. Geht sie durch beide Körperschwerpunkte S_1, S_2 so handelt es sich um einen zentrischen Stoß, anderenfalls um einen exzentrischen Stoß. Symmetrische Anordnungen mit flächenhaftem Kontakt lassen sich in die obigen Überlegungen mit aufnehmen, jedoch nicht Punktmassensysteme.
Der Geschwindigkeitszustand der Körper unmittelbar vor dem Stoß werde durch ihre Schwerpunktgeschwindigkeiten $\mathbf{v}_{S1}$, $\mathbf{v}_{S2}$ und Winkelgeschwindigkeiten ω_1, ω_2 beschrieben. Ergeben sich hieraus gleiche Tangentialgeschwindigkeiten $v_{T1} = v_{T2}$ bei B, so sprechen wir von einem geraden Stoß. Für $v_{T1} \neq v_{T2}$ liegt ein schiefer Stoß vor. Weitere Idealisierungen betreffen die Kontaktbedingungen. Bei ideal glatten, d. h. reibungsfreien Berührungsflächen verschwindet die Tan-

H. Balke, *Einführung in die Technische Mechanik*,
https://doi.org/10.1007/978-3-662-59096-6_6

gentialkraft. Verursachen hinreichend raue Berührungsflächen sofortiges Haften der beiden Körper, so ist die tangentiale Relativgeschwindigkeit während des Stoßes im Berührungspunkt null, und es entsteht eine tangentiale Reaktionskraft, die in ihrem Maximalwert begrenzt ist. Denkbar sind auch Situationen, bei denen durch Blockierung eines rotierenden Körpers auf einer linienförmigen Achse als Reaktion ein Einzelmoment auftritt. Ein solches wird hier gemäß Bild 5.1 ausgeschlossen.
In der Realität tritt im Kontakt regulärer Flächen während der Anpassung tangentialer Geschwindigkeiten vor dem Haften auch Gleitreibung auf, die kinetische Energie verbraucht. Der gesamte Stoßvorgang des schiefen Stoßes ist dann nicht elementar beschreibbar. Im Folgenden beschränken wir uns deshalb auf den geraden Stoß und im Übrigen auf nur abschätzende Untersuchungen des schiefen zentrischen Stoßes.

5.1

5.1 Gerader zentrischer Stoß

Zwei homogene Kugeln der Massen m_1, m_2 nähern sich translatorisch (d. h. drehungsfrei) aneinander mit Geschwindigkeiten $v_1 > v_2$, die parallel zur Geraden durch die Schwerpunkte orientiert sind (Bild 5.2). Die Tangente im Berührungspunkt B wurde wieder mit T bezeichnet.

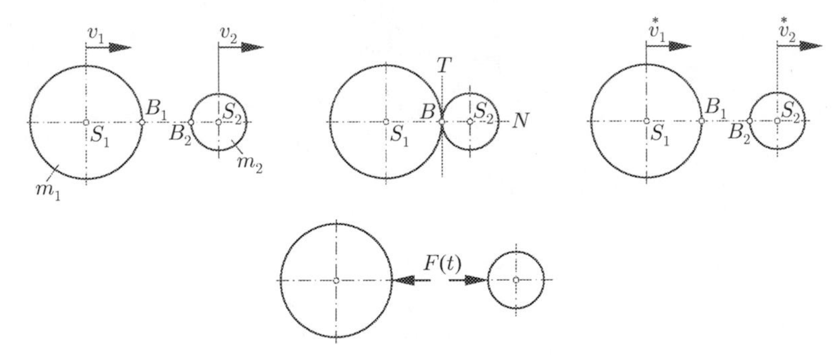

Bild 5.2. Gerader zentrischer Stoß

Alle Punkte eines Körpers haben bei Translation die gleiche Geschwindigkeit, d. h. es gilt $v_{Si} = v_{Bi} = v_i$, $i = 1, 2$. In der Stoßphase $t = 0...t_s$ berühren sich die Punkte B_1 und B_2 in B. In dieser Zeit wechselwirken beide Kugeln über die Normalkraft $F(t)$. Das Zeitintegral der Impulsbilanz (2.50) für jede Kugel liefert mit den Geschwindigkeiten $\overset{*}{v}_1$, $\overset{*}{v}_2$ nach dem Stoß die Gleichungen

$$(\overset{*}{v}_1 - v_1)m_1 = -\int_0^{t_s} F(t)dt = -S \ , \tag{5.1a}$$

$$(\overset{*}{v}_2 - v_2)m_2 = \int_0^{t_s} F(t)dt = S \ , \tag{5.1b}$$

in denen das Integral der Stoßkraft $F(t)$ über der Zeit t als Stoß oder Kraftstoß S bezeichnet wird im Unterschied zu dem schon benutzten Wort Stoß für den gesamten Vorgang. Das Gleichungssystem (5.1) enthält die drei Unbekannten $\overset{*}{v}_1$, $\overset{*}{v}_2$, S. Die beiderseitige Summe in (5.1) ergibt zunächst

$$(\overset{*}{v}_1 - v_1)m_1 + (\overset{*}{v}_2 - v_2)m_2 = 0 \ , \tag{5.2}$$

d. h. die Impulserhaltung für nur innere Kraftwirkung, äquivalent zu (2.52). Nach dem Stoß entfernen sich i. Allg. die Kugeln wieder voneinander, wobei jetzt $\overset{*}{v}_{Si} = \overset{*}{v}_{Bi} = \overset{*}{v}_i$ gilt.
Mit bekannten Geschwindigkeiten v_1, v_2 vor dem Stoß wird für die Bestimmung der Geschwindigkeiten nach dem Stoß zusätzlich zu (5.2) eine zweite Gleichung benötigt. Diese kann nicht die mechanische Energiebilanz sein, da während der Verformungen der Körper in der Stoßphase ein unbekannter Teil der kinetischen Energie in nichtmechanische Energie umgewandelt wird. Hier hilft die NEWTONsche Stoßhypothese weiter, nach der das Integral über die Stoßkraft aus (5.1) gemäß Bild 5.3 in einen Teil A_b für die Belastung und einen restlichen Teil A_e für die Entlastung zerlegt werden kann, so dass das Verhältnis beider Teile eine bestimmbare Zahl k, die so genannte Stoßzahl

$$k = \frac{A_e}{A_b} \ , \tag{5.3}$$

liefert.

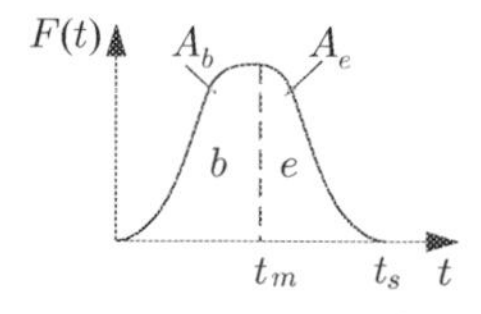

Bild 5.3. Kontaktreaktionskraft während des Stoßes

Die Stoßzahl hängt hauptsächlich von den Materialeigenschaften der beiden Körper ab. Ein möglicher Einfluss der kinematischen Bedingungen auf die Stoßzahl wird per Annahme ausgeschlossen.

In Bild 5.3 ist zu sehen, dass zur Festlegung der Flächen A_b, A_e durch die Integrale

$$A_b = \int_0^{t_m} F(t)dt \ , \qquad A_c = \int_{t_m}^{t_s} F(t)dt$$

unterschiedliche Funktionsverläufe $F(t)$ dienen können. Die Benutzung der in den Zahlenangaben für A_b, A_e gegenüber $F(t)$ enthaltenen geringeren Information wird die Ergebnisse der Theorie umso weniger beeinflussen, je kleiner die Stoßzeit t_s gegenüber sonstigen charakteristischen Zeiten der Bewegungen ist, die mit dem Stoßvorgang verbunden sind. Da i. Allg. immer $A_b \neq 0$ gilt, führen die kleinen Stoßzeiten auf Spitzenwerte von $F(t)$, deren Beträge deutlich größer sein können als die Beträge von Kräften, die nicht durch den Stoß verursacht werden.
Um eine Beziehung zwischen k und den Geschwindigkeiten der Körper vor und nach dem Stoß zu gewinnen, wenden wir die integrierte Impulsbilanz (2.50) jeweils getrennt auf die Belastungsphase b und die Entlastungsphase e an (s. Bild 5.3). Im Zeitpunkt t_m, wo die Stoßkraft $F(t_m)$ ein Maximum besitzt, ist auch die lokale Zusammendrückung jedes Körpers im Berührungspunkt B maximal und folglich stationär, so dass, quasistatisch gesehen, die Relativgeschwindigkeit der beiden Schwerpunkte verschwindet oder anders ausgedrückt, die Schwerpunkte die gleiche Geschwindigkeit v_m besitzen. Die getrennte Anwendung der Bilanz (2.50) auf die beiden Stoßphasen jedes einzelnen Körpers ergibt mit (5.3)

$$(v_m - v_1)m_1 = -\int_0^{t_m} F(t)dt = -A_b \ , \quad (\overset{*}{v}_1 - v_m)m_1 = -\int_{t_m}^{t_s} F(t)dt = -A_e \ ,$$

$$\frac{v_m - \overset{*}{v}_1}{v_1 - v_m} = \frac{A_e}{A_b} = k \ , \tag{5.4}$$

$$(v_m - v_2)m_2 = \int_0^{t_m} F(t)dt = A_b \ , \quad (\overset{*}{v}_2 - v_m)m_2 = \int_{t_m}^{t_s} F(t)dt = A_e \ ,$$

$$\frac{\overset{*}{v}_2 - v_m}{v_m - v_2} = \frac{A_e}{A_b} = k \ . \tag{5.5}$$

Die Elimination von v_m aus (5.4), (5.5) führt auf die Stoßzahl

$$k = \frac{\overset{*}{v}_2 - \overset{*}{v}_1}{v_1 - v_2} \leq 1 \ , \tag{5.6}$$

wobei die Ungleichung durch die Erfahrung bestätigt wird.
Die beiden Gleichungen (5.2), (5.6) erlauben es, die Geschwindigkeiten nach dem Stoß zu berechnen.

$$\overset{*}{v}_1 = \frac{1}{m_1 + m_2}\left[m_1 v_1 + m_2 v_2 - k m_2 (v_1 - v_2)\right] , \tag{5.7a}$$

$$\overset{*}{v}_2 = \frac{1}{m_1 + m_2}\left[m_1 v_1 + m_2 v_2 + k m_1 (v_1 - v_2)\right] . \tag{5.7b}$$

Aus (5.7) ergeben sich zwei Sonderfälle.
Ein vollständig elastischer Stoß (kurz: elastischer Stoß) liegt vor, wenn $k = 1$ ist. Dann wird die vor dem Stoß vorhandene kinetische Energie der beteiligten Körper während der Stoßphase zeitweise als elastische Energie in den Körpern gespeichert und anschließend wieder in kinetische Energie gleicher Größe umgewandelt. Die Geschwindigkeiten nach dem Stoß sind unter dieser Voraussetzung

$$\overset{*}{v}_1 = \frac{m_1 v_1 + m_2 (2 v_2 - v_1)}{m_1 + m_2} , \tag{5.8a}$$

$$\overset{*}{v}_2 = \frac{m_2 v_2 + m_1 (2 v_1 - v_2)}{m_1 + m_2} . \tag{5.8b}$$

Beim vollständig inelastischen Stoß (auch als plastischer Stoß bezeichnet) ist $k = 0$, und aus (5.7) ergibt sich eine gemeinsame Geschwindigkeit

$$\overset{*}{v} = \overset{*}{v}_1 = \overset{*}{v}_2 = \frac{m_1 v_1 + m_2 v_2}{m_1 + m_2} \tag{5.9}$$

beider Körper nach dem Stoß.
Die Differenz ΔT der kinetischen Energien vor und nach dem Stoß

$$\Delta T = T - \overset{*}{T} = T_1 + T_2 - \overset{*}{T}_1 - \overset{*}{T}_2 = \frac{m_1}{2}(v_1^2 - \overset{*}{v}{}_1^2) + \frac{m_2}{2}(v_2^2 - \overset{*}{v}{}_2^2)$$

ist mit (5.7)

$$\Delta T = \frac{1 - k^2}{2} \frac{m_1 m_2}{m_1 + m_2} (v_1 - v_2)^2 . \tag{5.10}$$

Sie wird im Wesentlichen irreversibel in Wärme umgewandelt („dissipiert“). Dieser Verlust tritt beim elastischen Stoß nicht auf, da mit $k = 1$ in (5.10) $\Delta T = 0$ ist. Beim plastischen Stoß $k = 0$ beträgt er nach (5.10)

$$\Delta T = \frac{1}{2} \frac{m_1 m_2}{m_1 + m_2} (v_1 - v_2)^2 . \tag{5.11}$$

Der Verlust der kinetischen Energie (5.11) ist analog dem Verlust an kinetischer Energie beim Kupplungsvorgang der rotierenden Scheiben des Beispiels 2.12.

Ein weiterer Sonderfall entsteht für sehr unterschiedliche Massen. So liefert $m_1/m_2 \to 0$ in (5.7b)

$$\overset{*}{v}_2 = \frac{1}{1+\frac{m_1}{m_2}}\left[\frac{m_1}{m_2}v_1 + v_2 + k\frac{m_1}{m_2}(v_1 - v_2)\right] = v_2 \ , \tag{5.12}$$

d. h. die Geschwindigkeit des Körpers 2 wird durch den Stoß mit dem Körper 1 nicht beeinflusst.
Ruht der Körper 2, dann gilt mit $\overset{*}{v}_2 = v_2 = 0$ in (5.6)

$$\overset{*}{v}_1 = -kv_1 \ . \tag{5.13}$$

Für den elastischen Stoß $k = 1$ folgt hieraus $\overset{*}{v}_1 = -v_1$ und für den plastischen Stoß $\overset{*}{v}_1 = 0$. Diese Situation beschreibt den Fall einer homogenen Kugel der Masse m_1 aus der Ruhelage bei h auf ein raumfestes Fundament (Bild 5.4).

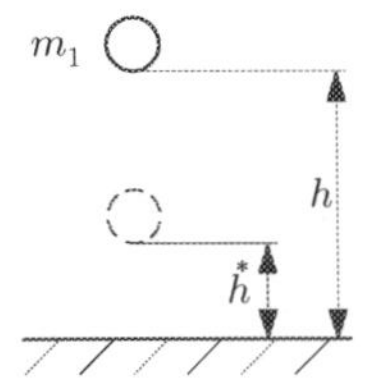

Bild 5.4. Zur Bestimmung der Rücksprunghöhe

Die Auftreffgeschwindigkeit der Kugel entspricht der Geschwindigkeit v_1 vor dem Stoß. Sie beträgt nach (2.41)

$$v_1 = \sqrt{2gh} \ . \tag{5.14}$$

Das Fundament besitzt die Geschwindigkeit $v_2 = \overset{*}{v}_2 = 0$, so dass sich für die Geschwindigkeit $\overset{*}{v}_1$ der Kugel nach dem Stoß gemäß (5.13) der Wert

$$\overset{*}{v}_1 = -kv_1 = -\sqrt{2g\overset{*}{h}} \tag{5.15}$$

ergibt, mit der die Kugel auf die Höhe $\overset{*}{h}$ zurückspringt. Durch Messung der Fallhöhe h und der Rücksprunghöhe $\overset{*}{h}$ lässt sich aus (5.14), (5.15) die Stoßzahl zu

$$k = \left|\frac{\overset{*}{v}_1}{v_1}\right| = \sqrt{\frac{\overset{*}{h}}{h}} \tag{5.16}$$

bestimmen.

Beispiel 5.1
In einer symmetrischen Anordnung fällt ein Quader aus Knetmasse vom Ge-

wicht G ohne Anfangsgeschwindigkeit aus der Höhe h auf einen ruhenden metallischen Teller der Masse m (Bild 5.5).

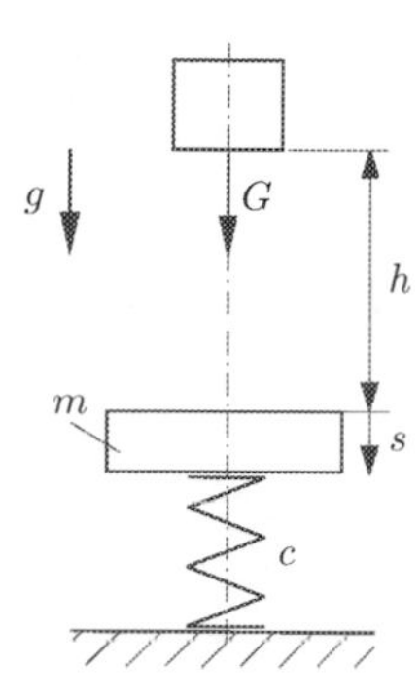

Bild 5.5. Symmetrische Stoßanordnung

Der Teller wird durch eine masselose Feder der Konstante c gestützt. Gesucht ist die maximale Zusammendrückung der Feder. Die Koordinate s der Verschiebung des Tellers zählt von der statischen Ruhelage des Tellers.
Lösung:
Der Quader besitzt die Masse $m_1 = G/g$. Seine Geschwindigkeit unmittelbar vor dem Aufprall auf dem Teller beträgt $v_1 = \sqrt{2gh}$. Nach dem Fall wird wegen der Verformungseigenschaften des Quaders ein plastischer Stoß mit $k = 0$ erwartet. Deshalb bewegen sich beide Körper unmittelbar nach dem Stoß mit der gemeinsamen Geschwindigkeit gemäß (5.9)

$$\overset{*}{v} = \frac{m_1 v_1}{m_1 + m} = \frac{m_1 \sqrt{2gh}}{m_1 + m} ,$$

die nur von der Ausgangsgeschwindigkeit v_1 des Quaders abhängt, da der Teller sich vor dem Stoß in Ruhe befand.
In der mechanischen Energiebilanz (2.57) besteht die gesamte Energie des Niveaus $s = 0$ aus der mit $\overset{*}{v}$ gebildeten kinetischen Energie beider Körper $T_0 = (m_1 + m)\overset{*}{v}^2/2$ und der potenziellen Energie der Schwere beider Körper $U_0 = (m_1 + m)gs_m$ für die maximale Federzusammendrückung s_m. Auf dem Niveau der zusammengedrückten Feder liegt nur die potenzielle Energie der Feder bezüglich ihrer vorgespannten Situation $U_F = mgs_m + cs_m^2/2$ vor. Der Vergleich beider Gesamtenergien ergibt

$$\frac{1}{2}(m_1 + m)\overset{*}{v}^2 + (m_1 + m)gs_m = mgs_m + \frac{1}{2}cs_m^2 .$$

Bei horizontaler Anordnung des Systems und gegebener Geschwindigkeit v_1 entfallen die Schwerkraftanteile.

Die maximale Federzusammendrückung ist mit Schwerkrafteinfluss

$$s_m = \frac{m_1 g}{c} + \sqrt{\left(\frac{m_1 g}{c}\right)^2 + \frac{2gm_1^2 h}{c(m_1+m)}}$$

und ohne Schwerkrafteinfluss

$$s_m = \frac{m_1 v_1}{\sqrt{c(m_1+m)}} \ .$$

□

5.2

5.2 Gerader exzentrischer Stoß

Wir studieren das Problem am Beispiel des ballistischen Pendels. Ein homogener Stab der Masse m ist symmetrisch in dem gelenkigen Festlager A aufgehängt (Bild 5.6), wobei $h \ll a$ gilt.

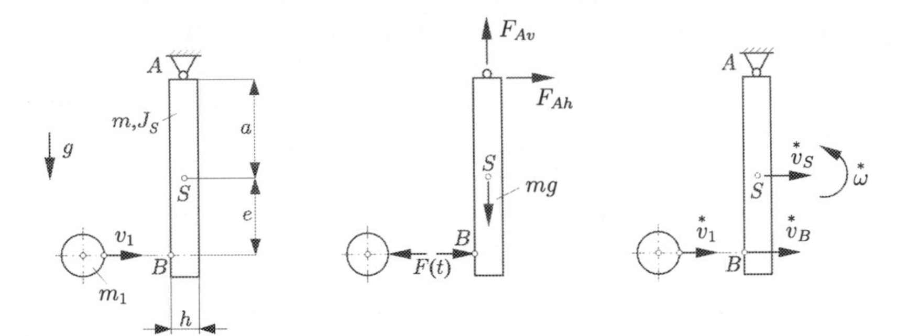

Bild 5.6. Ballistisches Pendel

Die homogene Kugel der Masse m_1 bewegt sich translatorisch mit der Geschwindigkeit v_1 und stößt normal auf die Staboberfläche bei B. Die Stoßnormale verfehlt den Schwerpunkt S des Pendels, während beide Tangentialgeschwindigkeiten in B verschwinden. Es liegt also ein gerader exzentrischer Stoß vor. Zunächst wird die Winkelgeschwindigkeit $\overset{*}{\omega}$ des Pendels nach dem Stoß berechnet.

Das Zeitintegral der Impulsbilanz (2.76) für die Kugel (5.1a) ergibt mit der Freischnittskizze von Bild 5.6

$$\rightarrow: \quad m_1\overset{*}{v}_1 - m_1 v_1 = -\int_0^{t_s} F(t)dt \ . \tag{5.17}$$

Das Zeitintegral der Drehimpulsbilanz (2.88) für das Pendel liefert

$$\overset{\frown}{A}: \quad J_A\overset{*}{\omega} = (a+e)\int\limits_0^{t_s} F(t)dt \ , \qquad J_A = J_S + ma^2 \ . \tag{5.18}$$

Nach Multiplikation von (5.17) mit $(a+e)$ und Addition zu (5.18) folgt

$$J_A\overset{*}{\omega} + (a+e)m_1(\overset{*}{v}_1 - v_1) = 0 \ . \tag{5.19}$$

Die Stoßzahl (5.6) ist hier wegen $v_B = 0$

$$k = \frac{\overset{*}{v}_B - \overset{*}{v}_1}{v_1} \ . \tag{5.20}$$

Die Zwangsbedingung

$$\overset{*}{v}_B = (a+e)\overset{*}{\omega} \tag{5.21}$$

gestattet die Elimination von $\overset{*}{v}_B$ aus (5.20) und die Auflösung nach

$$\overset{*}{v}_1 = (a+e)\overset{*}{\omega} - kv_1 \ , \tag{5.22}$$

so dass mit (5.19)

$$\overset{*}{\omega} = \frac{(1+k)(a+e)m_1v_1}{J_A + (a+e)^2m_1} \tag{5.23}$$

entsteht. Bleibt die Kugel am Pendel haften, dann ist in (5.20) $k = 0$ (plastischer Stoß).

Die mechanische Energiebilanz (2.57) zwischen kinetischer Energie der Anordnung unmittelbar nach dem Stoß und potenzieller Energie bei maximaler Auslenkung α ergibt noch für den plastischen Stoß

$$\frac{1}{2}\big[J_A + (a+e)^2m_1\big]\overset{*}{\omega}^2 = \big[ma + m_1(a+e)\big]g(1-\cos\alpha) \ ,$$

so dass bei gemessenem Winkel α die Geschwindigkeit v_1 der Kugel vor dem Stoß mit (5.23) aus

$$v_1^2 = 2\frac{J_A + (a+e)^2m_1}{(a+e)^2m_1^2}\big[ma + m_1(a+e)\big]g(1-\cos\alpha) \tag{5.24}$$

bestimmt werden kann.

In der Stoßzeit können relativ große Lagerreaktionen entstehen. Deshalb sind die Lagerreaktionsstöße von Interesse und sollen berechnet werden. Die Freischnittskizze aus Bild 5.6 ergibt für das Zeitintegral der vertikalen Impulsbilanz

(2.76) des Pendels

$$\uparrow: \int_0^{t_s} F_{Av}(t)dt = 0 \ .$$

Da der Integrand das Vorzeichen nicht wechselt, ist $F_{Av} \equiv 0$. Das Zeitintegral der horizontalen Impulsbilanz (2.76) des Pendels

$$\rightarrow: \ m\overset{*}{v}_S - m \cdot 0 = \int_0^{t_s} F(t)dt + \int_0^{t_s} F_{Ah}(t)dt$$

kann zu (5.17) addiert werden, so dass

$$m_1\overset{*}{v}_1 - m_1 v_1 + m\overset{*}{v}_S = \int_0^{t_s} F_{Ah}(t)dt$$

mit (5.22), (5.23) und $\overset{*}{v}_S = a\overset{*}{\omega}$

$$\int_0^{t_s} F_{Ah}(t)dt = (1+k)m_1 v_1 \frac{a(a+e)m - J_A}{J_A + (a+e)^2 m_1} \qquad (5.25)$$

liefern. Eine weitergehende Bestimmung des horizontalen Kraftstoßes F_{Ah} ist nicht möglich. Jedoch kann der Zähler von (5.25) und damit der Kraftstoß zum Verschwinden gebracht werden. Die Bedingung hierfür lautet

$$a(a+e)m - J_A = 0$$

bzw.

$$e = \frac{J_A}{ma} - a \ . \qquad (5.26)$$

Der damit festgelegte Ort auf der durch die Punkte A und S laufenden Symmetrielinie des Pendels heißt Stoßzentrum oder Stoßmittelpunkt.

Beispiel 5.2

Ein homogener Quader der Masse m gleitet mit der Geschwindigkeit v reibungsfrei auf einer horizontalen Unterlage und stößt plastisch gegen eine mit der Unterlage festverbundenen Erhebung E.

Die Querschnittsabmessungen der Erhebung sind sehr viel kleiner als die Quaderabmessungen. Gesucht ist die Größe der Geschwindigkeit v, bei der der Quader umkippt.

Lösung:

Die Erhebung E wird als gelenkiges Lager E betrachtet, das während des Sto-

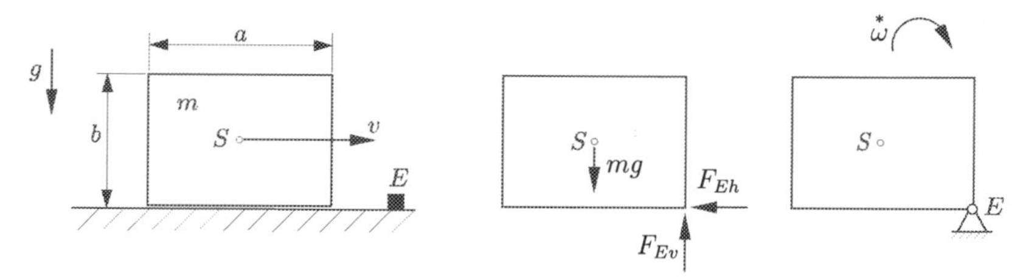

Bild 5.7. Stoßender Quader

ßes mit der stoßenden Quaderecke zusammenfällt. Die eingeprägte Schwerkraft wird während des Stoßes vernachlässigt. Da der Stoß plastisch ist, verbleibt die Quaderecke nach dem Stoß bei E. Die integrierte Drehimpulsbilanz (2.88) bezüglich E lautet mit der Geschwindigkeit v unmittelbar vor dem Stoß und der Winkelgeschwindigkeit $\overset{*}{\omega}$ unmittelbar nach dem Stoß

$$\overset{\curvearrowright}{E}: \quad J_E \overset{*}{\omega} - mv\frac{b}{2} = 0$$

bzw.

$$\overset{*}{\omega} = \frac{mb}{2J_E} v \,.$$

Der Quader kippt um, wenn die höchste Schwerpunktlage gerade überschritten wird. Die Energiebilanz nach dem Stoß liefert hierfür

$$\frac{1}{2} J_E \overset{*}{\omega}{}^2 + \frac{b}{2} mg = \frac{m}{2} g \sqrt{a^2 + b^2} \,.$$

Damit ergibt sich

$$v = \sqrt{\frac{4J_E g}{mb^2}\left(\sqrt{a^2 + b^2} - b\right)} \,.$$

Das Massenträgheitsmoment bezüglich E ist nach dem STEINERschen Satz (2.89)

$$J_E = J_S + \left(\frac{a^2}{4} + \frac{b^2}{4}\right) m \,,$$

wobei J_S nach (2.93), (2.94) aus Flächenträgheitsmomenten mit der Massendichte pro Flächeneinheit $m/(ab)$ als

$$J_S = \frac{m}{ab}\left[\frac{ab^3}{12} + \frac{ba^3}{12}\right] = \frac{m}{12}(a^2 + b^2)$$

zu berechnen ist, so dass sich

$$J_E = \frac{m}{12}(a^2 + b^2) + \frac{m}{4}(a^2 + b^2) = \frac{m}{3}(a^2 + b^2)$$

ergibt. Damit wird die Kippgeschwindigkeit

$$v = \sqrt{\frac{4(a^2+b^2)g}{3b^2}\left(\sqrt{a^2+b^2}-b\right)} .$$

□

5.3 Schiefer zentrischer Stoß

Wir betrachten als Beispiel eine mit der Winkelgeschwindigkeit ω rotierende homogene Kugel der Masse m, die aus der translatorischen Ruhelage bei h auf die horizontale Oberfläche eines Fundamentes sehr großer Masse $M \gg m$ fällt (Bild 5.8a)

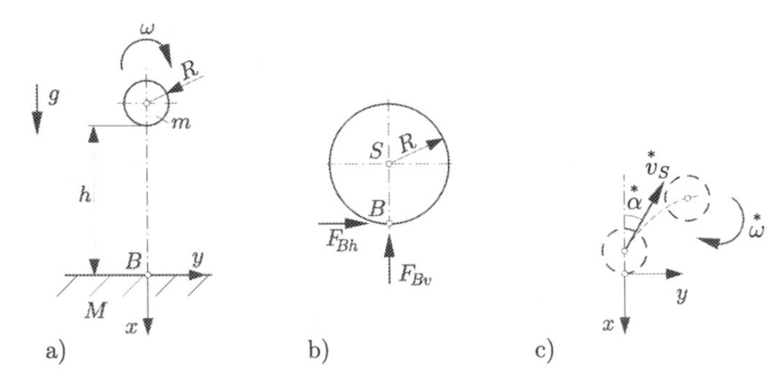

Bild 5.8. Stoß einer fallenden, rotierenden Kugel

Der Schwerpunkt des Fundamentes bleibt unbestimmt. Die Stoßnormale verläuft durch den Schwerpunkt der Kugel, d. h. der Stoß ist zentrisch. Wegen der Rotation der Kugel unterscheiden sich die Tangentialgeschwindigkeiten vor dem Stoß im Berührungspunkt B, so dass ein schiefer zentrischer Stoß entsteht. Wir treffen die nichttriviale Annahme, dass die während der Stoßzeit im Berührungspunkt auftretenden normalen und tangentialen Reaktionskräfte jeweils nur die ihrer Richtung zugeordneten Geschwindigkeitskomponenten beeinflussen, wir den Stoßvorgang also in zwei entkoppelten Teilen behandeln dürfen. Die Stoßzahl sei für die Normalenrichtung definiert und betrage

$$k_n \leq 1 . \tag{5.27}$$

Wir untersuchen den Stoß für die idealisierten Sonderfälle tangentialen Haftens und tangentialer Reibungsfreiheit.

Die vertikale Schwerpunktgeschwindigkeit v_{Sx} der Kugel vor dem Stoß im raumfesten Koordinatensystem x, y gleicht der Vertikalgeschwindigkeit v_{Bx} eines Kugelpunktes unmittelbar vor der Berührung der horizontalen Ebene in B und beträgt

$$v_{Sx} = v_{Bx} = \sqrt{2gh} \; . \tag{5.28}$$

Nach dem Stoß gilt wegen (5.27)

$$\overset{*}{v}_{Sx} = \overset{*}{v}_{Bx} = -k_n\sqrt{2gh} \; . \tag{5.29}$$

Die über der Zeit integrierten Impulsbilanzen (2.70c), (2.66) ergeben für die Freischnittskizze (5.8b)

$$\overset{\frown}{S}: \quad J_S(\overset{*}{\omega} - \omega) = -R\int_0^{t_s} F_{Bh}dt \; , \tag{5.30}$$

$$\rightarrow: \quad m(\overset{*}{v}_{Sy} - 0) = \int_0^{t_s} F_{Bh}dt \tag{5.31}$$

bzw. nach Multiplikation der letzteren Gleichung mit R und Addition zur ersten Gleichung

$$J_S(\overset{*}{\omega} - \omega) + Rm\overset{*}{v}_{Sy} = 0 \; . \tag{5.32}$$

Tangentiales Haften führt auf die Zwangsbedingung

$$\overset{*}{v}_{By} = \overset{*}{v}_{Sy} - R\overset{*}{\omega} = 0 \; . \tag{5.33}$$

Aus (5.32), (5.33) gewinnen wir

$$\overset{*}{\omega} = \frac{J_S\omega}{J_S + mR^2} \; , \qquad \overset{*}{v}_{Sy} = \frac{J_S\omega R}{J_S + mR^2} \; . \tag{5.34}$$

Der Winkel des Rückprallgeschwindigkeitsvektors des Kugelschwerpunktes (s. Bild 5.8c) bestimmt sich aus

$$\tan\overset{*}{\alpha} = -\frac{\overset{*}{v}_{Sy}}{\overset{*}{v}_{Sx}} = \frac{J_S\omega R}{(J_S + mR^2)k_n\sqrt{2gh}} \; . \tag{5.35}$$

Mit (5.34) ist noch $\overset{*}{\omega} < \omega$ festzustellen, d. h. die Winkelgeschwindigkeit hat sich durch den Stoß verringert. Dies ist gleichbedeutend mit einer von k_n unabhängigen Abnahme der kinetischen Rotationsenergie, welche während der Stoßphase zum Teil in kinetische Energie der horizontalen Translation und in Dissipationsenergie der tangentialen Deformation der Körper von Bild 5.8 umgewandelt wurde.

In den obigen Überlegungen wurde außer Acht gelassen, dass die beiden Körper während der Stoßphase vor Einsetzen des Haftens noch Gleitreibung unterliegen

können. Wir verzichten auf eine weitere Untersuchung dieser unübersichtlichen Situation und verweisen nur darauf, dass plötzlicher Formschluss einem vollständigen Haften nahekommt wie z. B. beim Fall eines rotierenden Zahnrades in eine horizontal liegende Zahnstange.
Wie angekündigt, sei noch der reibungsfreie Kontakt besprochen. Wegen $F_{Bh} = 0$ in (5.30), (5.31) folgen sofort $\overset{*}{\omega} = \omega$ und $\overset{*}{v}_{Sy} = 0$.

Beispiel 5.3
Eine homogene Kugel der Masse m stößt translatorisch mit der Geschwindigkeit v_S unter dem Winkel α auf eine ebene raumfeste Wand (Bild 5.9).

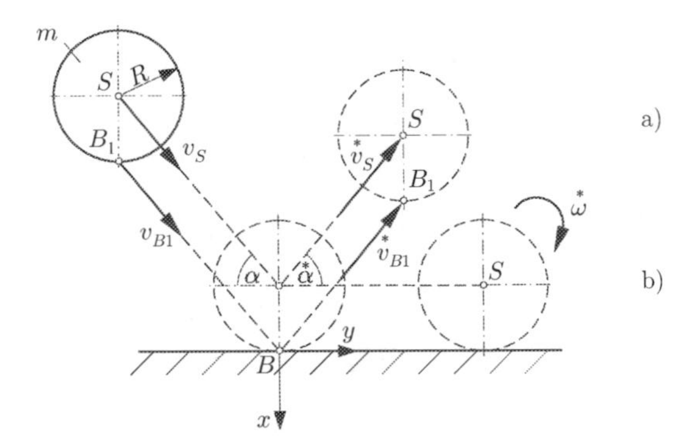

Bild 5.9. Schiefer Stoß einer Kugel

Gesucht ist der Geschwindigkeitszustand der Kugel nach dem Stoß für die Grenzfälle a) Reibungsfreiheit, elastischer Kontakt und b) Haften.
Lösung:

a) Wegen der Reibungsfreiheit ist $\overset{*}{v}_{B1y} = v_{B1y}$ bzw. $\overset{*}{v}_{Sy} = v_{Sy}$ und wegen des elastischen Kontaktes $\overset{*}{v}_{B1x} = -v_{B1x}$ bzw. $\overset{*}{v}_{Sx} = -v_{Sx}$

$$\tan\alpha = \frac{v_{Sx}}{v_{Sy}} = -\frac{\overset{*}{v}_{Sx}}{\overset{*}{v}_{Sy}} = \tan\overset{*}{\alpha} \,.$$

Folglich gilt $\alpha = \overset{*}{\alpha}$, d. h. die Kugel prallt translatorisch mit der Anfangsgeschwindigkeit unter einem Winkel, der dem Auftreffwinkel gleicht, von der Wand ab.

b) Haften führt auf $\overset{*}{v}_{B1x} = v_{Bx} = 0$, $\overset{*}{v}_{B1y} = v_{By} = 0$. Die zeitlich integrierte Drehimpulsbilanz bezüglich $B = B_1$ liefert

$$\overset{\frown}{B}: \quad J_B\overset{*}{\omega} - Rmv_{Sy} = 0 \,, \qquad J_B = J_S + mR^2$$

bzw.

$$\overset{*}{\omega} = \frac{Rmv_S\cos\alpha}{J_B} \,,$$

woraus wegen der Zwangsbedingung $\overset{*}{v}_{Sy} = \overset{*}{\omega} R$

$$\overset{*}{v}_{Sy} = \frac{R^2 m v_S \cos\alpha}{J_B}$$

folgt.
Der Rückprallwinkel ergibt sich aus

$$\tan\overset{*}{\alpha} = -\frac{\overset{*}{v}_{\mathcal{S}_\perp}}{\overset{*}{v}_{Sy}}$$

wegen $\overset{*}{v}_{B1x} = \overset{*}{v}_{Sx} = 0$ zu $\overset{*}{\alpha} = 0°$, d. h. die Kugel rollt nach dem Stoß auf der Unterlage in y-Richtung weiter. Der vollständig plastische Stoß der im Punkt B konzentrierten resultierenden Reaktionskraft, deren Wirkungslinie nicht durch den Schwerpunkt der stoßenden Kugel verläuft, verursacht die Drehbewegung. □

6

Kapitel 6

LAGRANGEsche Gleichungen zweiter Art

6

6 LAGRANGEsche Gleichungen zweiter Art

Wie in Kapitel 2 festgestellt wurde, bilden die beiden Impulsbilanzen (2.62), (2.63) die allgemeingültige Grundlage der Kinetik. Auf ihrer Basis ist prinzipiell jede Aufgabe der Kinetik lösbar. Es gibt jedoch Problemstellungen, in denen nicht alle Informationen, die bei der Auswertung der Impulsbilanzen anfallen, benötigt werden. Diese betreffen Aufgaben mit Zwangsbedingungen, bei denen nur die Bewegungsgleichungen und nicht die Schnittreaktionen von Interesse sind. Ausgehend von den Grundgleichungen der Kinetik ist es deshalb günstig, anfallende Schnittreaktionen aus dem aufzustellenden kinetischen Gleichungssystem grundsätzlich zu eliminieren. Die verbleibenden Bewegungsgleichungen werden zweckmäßig in den verallgemeinerten Koordinaten (s. Abschnitt 1.3) ausgedrückt. Sie heißen dann LAGRANGEsche Gleichungen zweiter Art (LAGRANGE, 1736-1813).
Die Vorgehensweise bietet besonders für Mehrkörpersysteme Vorteile. Wir demonstrieren zunächst die Gleichwertigkeit beider Methoden an einer einfachen Anordnung.

6.1 Beispiel eines alternativen Zugangs zur Bewegungsgleichung

6.1

Wir betrachten das schon in Abschnitt 1.3 besprochene System, bestehend aus einem Schlitten und einem daran gelenkig befestigten homogenen Pendelstab. Der Stab besitze jetzt die Masse m und unterliege den gegebenen eingeprägten Kräften $F_1(t)$, $F_2(t)$ (Bild 6.1).

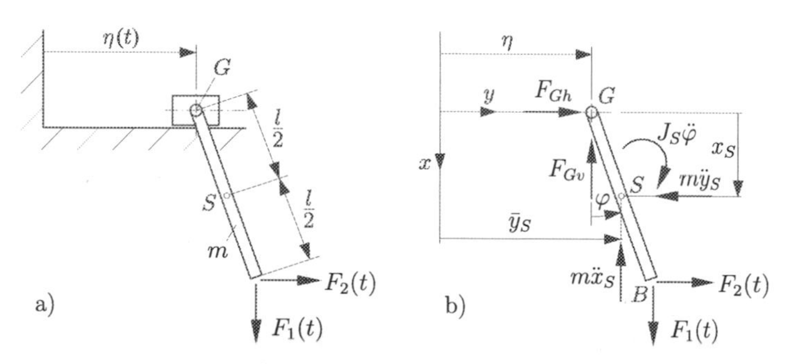

Bild 6.1. Schlitten mit belastetem Pendelstab

Die Führungsbewegung $\eta(t)$ des Schlittens sei bekannt. Wie in Abschnitt 1.3 schon bemerkt, reicht ergänzend dazu der Drehwinkel des Stabes zur Beschreibung der Stabbewegung aus.

H. Balke, *Einführung in die Technische Mechanik*,
https://doi.org/10.1007/978-3-662-59096-6_7

Wir suchen die Differenzialgleichung für diesen Drehwinkel zunächst mittels direkter Auswertung der Impulsbilanzen. Hierfür enthält die Freischnittskizze von Bild 6.1 neben den schon in Bild 1.16 eingeführten raumfesten Koordinaten x_S, y_S, φ mit den Zwangsbedingungen

$$x_S = \frac{l}{2}\cos\varphi\,, \qquad y_S = \eta + \frac{l}{2}\sin\varphi\,, \tag{6.1}$$

$$\dot{x}_S = -\frac{l}{2}\dot{\varphi}\sin\varphi\,, \qquad \dot{y}_S = \dot{\eta} + \frac{l}{2}\dot{\varphi}\cos\varphi\,, \tag{6.2}$$

$$\ddot{x}_S = -\frac{l}{2}(\ddot{\varphi}\sin\varphi + \dot{\varphi}^2\cos\varphi)\,, \qquad \ddot{y}_S = \ddot{\eta} + \frac{l}{2}(\ddot{\varphi}\cos\varphi - \dot{\varphi}^2\sin\varphi) \tag{6.3}$$

die eingeprägten Lasten F_1, F_2, die D'ALEMBERTschen Trägheitslasten $m\ddot{x}_S$, $m\ddot{y}_S$, $J_S\ddot{\varphi}$ und die unbenötigten Gelenkreaktionen F_{Gh}, F_{Gv}. Die Impulsbilanz nach (2.81) und die Drehimpulsbilanz nach (2.82c) liefern

$$\rightarrow:\quad F_2 + F_{Gh} - m\ddot{y}_S = 0\,, \tag{6.4}$$

$$\uparrow:\quad -F_1 + F_{Gv} + m\ddot{x}_S = 0\,, \tag{6.5}$$

$$\overset{\frown}{S}:\quad F_{Gh}\frac{l}{2}\cos\varphi + F_{Gv}\frac{l}{2}\sin\varphi + J_S\ddot{\varphi} - F_2\frac{l}{2}\cos\varphi + F_1\frac{l}{2}\sin\varphi = 0\,. \tag{6.6}$$

Einsetzen von F_{Gh} aus (6.4) und F_{Gv} aus (6.5) in (6.6) ergibt

$$\frac{l}{2}(m\ddot{y}_S - F_2)\cos\varphi + \frac{l}{2}(F_1 - m\ddot{x}_S)\sin\varphi + J_S\ddot{\varphi} - \frac{l}{2}F_2\cos\varphi + \frac{l}{2}F_1\sin\varphi = 0\,. \tag{6.7}$$

Die Substitution von $\ddot{x}_S$, $\ddot{y}_S$ aus (6.3) in (6.7) führt auf die gesuchte, in der verallgemeinerten Koordinate φ ausgedrückte Bewegungsgleichung

$$\ddot{\varphi}\left[J_S + \frac{l^2}{4}m\right] + lF_1\sin\varphi - lF_2\cos\varphi + \frac{l}{2}m\ddot{\eta}\cos\varphi = 0\,, \tag{6.8}$$

in der für den homogenen Stab $J_S = ml^2/12$ eingesetzt werden kann. Im vorliegenden Beispiel war nur ein Ende des Stabes durch unbekannte Reaktionskräfte belastet. Hier ist es noch möglich, durch Aufstellung der Drehimpulsbilanz nach (2.82b) für den beliebig bewegten Bezugspunkt im Gelenk die Gelenkreaktionen sofort außerhalb der Betrachtung zu lassen:

$$\overset{\frown}{G}:\quad F_1 l\sin\varphi - F_2 l\cos\varphi + m\ddot{y}_S\frac{l}{2}\cos\varphi - m\ddot{x}_S\frac{l}{2}\sin\varphi + J_S\ddot{\varphi} = 0\,.$$

Nach Elimination von $\ddot{x}_S$ und $\ddot{y}_S$ mittels (6.3) entsteht wieder (6.8).
Es sind mehrgliedrige Systeme denkbar, bei denen z. B. ein Stab an beiden Enden durch unbekannte Gelenkkräfte belastet ist. Da für einen Körper aus den Impulsbilanzen in der Ebene nur drei Gleichungen zur Verfügung stehen,

wäre dann eine der unbekannten Kräfte aus dem erweiterten Gleichungssystem unter Einbeziehung der benachbarten Körper zu bestimmen.
Der angekündigte alternative Zugang zur Aufstellung der Bewegungsgleichung für das vorliegende Beispiel geht von der kinetischen Energie (2.84)

$$T = \frac{m}{2}(\dot{x}_S^2 + \dot{y}_S^2) + \frac{1}{2}J_S\dot{\varphi}^2$$

des Stabes aus, die sich mittels (6.2) als

$$T = \frac{m}{2}\left[\frac{l}{4}^2\dot{\varphi}^2\sin^2\varphi + \left(\dot{\eta} + \frac{l}{2}\dot{\varphi}\cos\varphi\right)^2\right] + \frac{1}{2}J_S\dot{\varphi}^2 \tag{6.9}$$

schreiben lässt. Außerdem wird unter Berücksichtigung des Arbeitszuwachses (2.10) der eingeprägten Kräfte $dW = F_1 dx_B + F_2 dy_B$ die Definition eines eingeschränkten Arbeitszuwachses

$$\delta W = F_1\frac{\partial x_B}{\partial\varphi}\delta\varphi + F_2\frac{\partial y_B}{\partial\varphi}\delta\varphi \tag{6.10}$$

bereitgestellt, in welchem der spezielle, als virtuelle Koordinate bezeichnete Winkelzuwachs $\delta\varphi$ aus dem allgemeinen Winkelzuwachs $d\varphi$ durch Festhalten der Zeit, d. h. t =konst. bzw. $dt = 0$, hervorgeht:

$$\delta\varphi \overset{\text{Def.}}{=} d\varphi\Big|_{t=\text{konst.}} . \tag{6.11}$$

Die Koordinaten des Angriffspunktes B der eingeprägten Kräfte F_1, F_2

$$x_B = l\cos\varphi\,, \qquad y_B = \eta + l\sin\varphi \tag{6.12}$$

ergeben

$$\frac{\partial x_B}{\partial\varphi} = -l\sin\varphi\,, \qquad \frac{\partial y_B}{\partial\varphi} = l\cos\varphi\,, \tag{6.13}$$

so dass aus (6.10)

$$\delta W = (-F_1 l\sin\varphi + F_2 l\cos\varphi)\delta\varphi = Q\delta\varphi \tag{6.14}$$

mit

$$Q = -F_1 l\sin\varphi + F_2 l\cos\varphi \tag{6.15}$$

folgt. Der als Q bezeichnete Klammerausdruck wird verallgemeinerte Last zur verallgemeinerten Koordinate φ genannt. In (6.15) stellt Q, wie auch an der Dimension sichtbar, ein Moment dar. In der Literatur wird in einem solchen Zusammenhang meist von einer verallgemeinerten Kraft gesprochen, weniger von einem verallgemeinerten Moment. Da wir Kräfte und Momente als eigenständige Größen eingeführt und unter dem Oberbegriff Lasten zusammengefasst

haben, ziehen wir zur Vermeidung der Dominanz des Kraftbegriffes den Terminus „verallgemeinerte Last“ vor.
Wir behaupten jetzt die Differenzialgleichung der Bewegung in der Form

$$\Big(\frac{\partial T}{\partial \dot\varphi}\Big)^{\cdot} - \frac{\partial T}{\partial \varphi} = Q \, . \tag{6.16}$$

Der Beweis wird hier durch Auswertung von (6.16) mittels (6.9), (6.15) geliefert. Die in der linken Seite von (6.16) enthaltenen Terme sind

$$\frac{\partial T}{\partial \dot\varphi} = \frac{m}{2}\Big[\frac{l}{2}^2\dot\varphi\sin^2\varphi + 2\big(\dot\eta + \frac{l}{2}\dot\varphi\cos\varphi\big)\frac{l}{2}\cos\varphi\Big] + J_S\dot\varphi$$

$$= \frac{m}{2}\big(\frac{l}{2}^2\dot\varphi + \dot\eta l\cos\varphi\big) + J_S\dot\varphi \, ,$$

$$\Big(\frac{\partial T}{\partial \dot\varphi}\Big)^{\cdot} = \big(J_S + \frac{m}{4}l^2\big)\ddot\varphi + \frac{m}{2}l\ddot\eta\cos\varphi - \frac{m}{2}l\dot\eta\dot\varphi\sin\varphi \, ,$$

$$-\frac{\partial T}{\partial \varphi} = -\frac{m}{2}\Big[\frac{l}{2}^2\dot\varphi^2\sin\varphi\cos\varphi + 2\big(\dot\eta + \frac{l}{2}\dot\varphi\cos\varphi\big)\big(-\frac{l}{2}\dot\varphi\sin\varphi\big)\Big] = \frac{ml}{2}\dot\eta\dot\varphi\sin\varphi \, .$$

Einsetzen der letzten beiden Ausdrücke und der Größe Q aus (6.15) in (6.16) ergibt

$$\big(J_S + \frac{m}{4}l^2\big)\ddot\varphi + \frac{m}{2}l\ddot\eta\cos\varphi = -F_1 l\sin\varphi + F_2 l\cos\varphi \, ,$$

d. h. das schon vorliegende Ergebnis (6.8).
Die am obigen Beispiel demonstrierte Methode ist nun auf beliebige Mehrkörpersysteme zu verallgemeinern, wobei wir uns zwecks Hervorhebung des Wesentlichen auf ebene Bewegungen beschränken.

6.2

6.2 Ebene Bewegung von Mehrkörpersystemen

Im Einklang mit der ebenen Kinematik von Mehrkörpersystemen (Abschnitt 1.3) betrachten wir N starre ungebundene Körper mit $2N$ Schwerpunktkoordinaten und N Winkelkoordinaten im raumfesten Bezugssystem. Dies ergibt $f_u = 3N$ Ausgangskoordinaten $s_i, i = 1, ..., f_u$. Wenn z Zwangsbedingungen existieren, die auch zeitabhängig sein können, reduziert sich der ursprüngliche Freiheitsgrad f_u des Systems ungebundener Körper auf den zu betrachtenden Freiheitsgrad des Systems gebundener Körper $f = 3N - z$. Für diese Situation werden von den f_u Ausgangskoordinaten f ausgewählte Koordinaten s_{z+l} als verallgemeinerte Koordinaten $q_l = s_{z+l}$ mit $l = 1, ..., f$ deklariert, welche zur Beschreibung der Bewegung des Systems ausreichen. Die überzähligen

Ausgangskoordinaten s_k mit $k = 1, ..., z$ lassen sich mittels der z Zwangsbedingungen gemäß (1.69) durch die verallgemeinerten Koordinaten q_l ausdrücken. Damit ergibt sich

$$s_k = h_k(q_l, t) \ , \quad k = 1, ..., z \ , \quad l = 1, ..., f \ , \tag{6.17a}$$

$$s_{z+r} = h_{z+r}(q_l, t) = q_r \ , \quad r = 1, ..., f \ , \tag{6.17b}$$

wobei die spezielle Funktion (6.17b) nur eine Umbenennung darstellt.
Die vollständige Zeitableitung von (6.17) ist

$$\dot{s}_i = \sum_l \frac{\partial h_i}{\partial q_l} \dot{q}_l + \frac{\partial h_i}{\partial t} \ , \quad i = 1, ..., 3N \ . \tag{6.18}$$

Das hier verwendete Symbol $()^{\cdot}$ für die vollständige Zeitableitung enthält den schon früher aufgetretenen Sonderfall $f^{\cdot}(t) = df(t)/dt$ der Zeitableitung einer Funktion $f(t)$, die wie in (6.17b) nur von der Zeit abhängt, d. h. $\dot{s}_{z+r} = \dot{q}_r(t)$.
Für die weiteren Herleitungen stellen wir zwei Hilfsformeln bereit.
Die partielle Ableitung von (6.18) nach $\dot{q}_n$ liefert die Beziehung

$$\frac{\partial \dot{s}_i}{\partial \dot{q}_n} = \sum_l \frac{\partial h_i}{\partial q_l} \frac{\partial \dot{q}_l}{\partial \dot{q}_n} = \frac{\partial h_i}{\partial q_n} \ , \tag{6.19}$$

mit dem darin enthaltenen Sonderfall $\partial \dot{s}_{z+r}/\partial \dot{q}_n = \partial \dot{q}_r/\partial \dot{q}_n$, für den sich $\partial \dot{q}_r/\partial \dot{q}_n = 1$ bei $r = n$ und $\partial \dot{q}_r/\partial \dot{q}_n = 0$ bei $r \neq n$ ergibt.
Für die partielle Ableitung von (6.18) nach q_m erhalten wir

$$\frac{\partial \dot{s}_i}{\partial q_m} = \sum_l \frac{\partial^2 h_i}{\partial q_l \partial q_m} \dot{q}_l + \frac{\partial^2 h_i}{\partial t \partial q_m} = \sum_l \frac{\partial^2 h_i}{\partial q_m \partial q_l} \dot{q}_l + \frac{\partial^2 h_i}{\partial q_m \partial t} = \left(\frac{\partial h_i}{\partial q_m} \right)^{\cdot} \ , \tag{6.20}$$

worin der Sonderfall nach (6.17b) auf $\partial \dot{s}_{z+r}/\partial q_m = \partial \dot{q}_r/\partial q_m = 0$ führt.
Die kinetischen Grundgleichungen für die ebene Bewegung jedes Körpers p des Systems von N Körpern werden entsprechend (2.83) in der Form

$$K_i = \Theta_i \ddot{s}_i \ , \qquad i = 1, ..., 3N \tag{6.21}$$

geschrieben. Hier steht die äußere Last K_i für jedes Element aus $(F_{Rx}, F_{Ry}, M_{Gz}^{(S)})_p$, der Massenparameter Θ_i für jedes Element aus $(m, m, J_S)_p$ und die Koordinate s_i für jedes Element aus $(x_S, y_S, \varphi)_p$, wobei $p = 1, ..., N$ gilt.
Mit der Schreibweise (6.21) lautet die kinetische Energie gemäß (2.85)

$$T = \frac{1}{2} \sum_i \Theta_i \dot{s}_i^2 \ . \tag{6.22}$$

Nach Multiplikation von (6.21) mit $\partial h_i/\partial q_l$ und Einsetzen von (6.20) erhalten wir mit $\Theta_i^{\cdot} = 0$

$$K_i \frac{\partial h_i}{\partial q_l} = \Theta_i \ddot{s}_i \frac{\partial h_i}{\partial q_l} = \left(\Theta_i \dot{s}_i \frac{\partial h_i}{\partial q_l}\right)^{\cdot} - \Theta_i \dot{s}_i \frac{\partial \dot{s}_i}{\partial q_l} \ . \tag{6.23}$$

Die wegen (6.17) von $i = 1$ bis $i = 3N$ erlaubte Summation liefert

$$\sum_i K_i \frac{\partial h_i}{\partial q_l} = \sum_i \left(\Theta_i \dot{s}_i \frac{\partial h_i}{\partial q_l}\right)^{\cdot} - \sum_i \Theta_i \dot{s}_i \frac{\partial \dot{s}_i}{\partial q_l} \ . \tag{6.24}$$

Die linke Seite von (6.24) stellt die verallgemeinerte Last Q_l in der Arbeit δW

$$Q_l = \sum_{i=1}^{3N} K_i \frac{\partial h_i}{\partial q_l} \ , \qquad \delta W = \sum_{l=1}^{f} Q_l \delta q_l \tag{6.25a,b}$$

infolge eines Zuwachses δq_l der verallgemeinerten Koordinate q_l aus (6.17) bei festgehaltener Zeit dar. Der Zuwachs δq_l heißt auch virtuelle Verschiebung.
Der erste Term der rechten Seite von (6.24) kann mit (6.19) als

$$\sum_i \left(\Theta_i \dot{s}_i \frac{\partial h_i}{\partial q_l}\right)^{\cdot} = \sum_i \left(\Theta_i \dot{s}_i \frac{\partial \dot{s}_i}{\partial \dot{q}_l}\right)^{\cdot} \tag{6.26}$$

geschrieben werden. Der Inhalt der Klammer auf der rechten Seite von (6.26) entspricht der partiellen Ableitung der kinetischen Energie (6.22) nach $\dot{q}_l$, der Subtrahend in (6.24) der partiellen Ableitung der kinetischen Energie (6.22) nach q_l. Deshalb lässt sich die Gleichung (6.24) mit (6.25) auf die Form

$$\left(\frac{\partial T}{\partial \dot{q}_l}\right)^{\cdot} - \frac{\partial T}{\partial q_l} = Q_l \ , \qquad l = 1, ..., f \tag{6.27}$$

bringen. Diese Beziehungen sind die gesuchten LAGRANGEschen Gleichungen zweiter Art.
Die Auswertung von (6.27) verläuft nach folgendem Schema:

1. Festlegung der Schwerpunkt- und Winkelkoordinaten, bei Drehung um eine raumfeste Achse nur der betreffenden Winkelkoordinate
2. Ermittlung des Systemfreiheitsgrades f
3. Auswahl der f verallgemeinerten Koordinaten q_l
4. Aufstellung der kinetischen Energie in Abhängigkeit von den $\dot{q}_l$, den Körpermassen und den Massenträgheitsmomenten
5. Berechnung der linken Seite von (6.27)
6. Bestimmung der verallgemeinerten Lasten gemäß (6.25).

Speziell für Körperdrehungen um eine raumfeste Achse A kann die kinetische Energie (2.85) mit (2.89) in dem einen Term (2.99) zusammengefasst werden.

Zur Veranschaulichung der Vorgehensweise betrachten wir das Mehrkörpersystem eines Mechanismus in Bild 6.2.

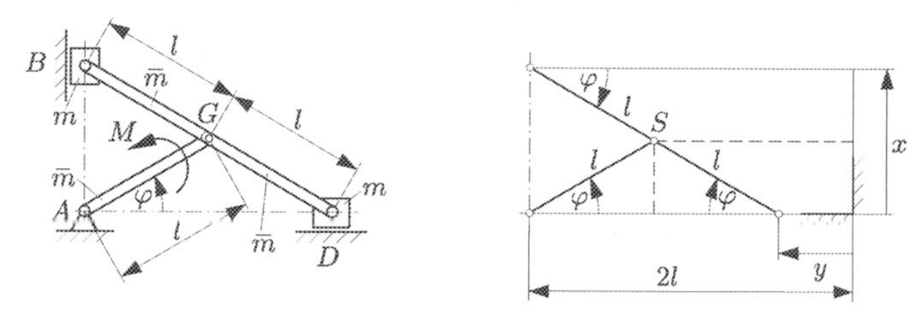

Bild 6.2. Mehrkörpersystem

Dieses bestehe aus den bei B und D geführten Gleitelementen der Masse m. Die Gleitelemente sind mittels zweier dünner Stäbe der Masse $\bar{m}$ über ein Gelenk G mit einer dünnen Kurbelstange verbunden. Die Kurbelstange der Masse $\bar{m}$ ist drehbar bei A gelagert und wird durch ein konstantes Moment M angetrieben. Wir interessieren uns nicht für die Lager- und Gelenkreaktionen. Es soll nur die Winkelbeschleunigung φ bestimmt werden, wobei $0 < \varphi < \pi/2$ gelte.
Die kinematische Skizze in Bild 6.2 zeigt das Fluchten der beiden Stäbe für beliebige Kurbelwinkel. Die beiden Stäbe werden deshalb zu einem Stab zusammengefasst. Die Lage seines Schwerpunktes S wird in dem eingezeichneten raumfesten Koordinatensystem x, y berechnet.

$$
\begin{aligned}
x_S &= l \sin\varphi \,, & y_S &= 2l - l\cos\varphi \,, \\
\dot{x}_S &= l\dot{\varphi}\cos\varphi \,, & \dot{y}_S &= l\dot{\varphi}\sin\varphi \,.
\end{aligned} \tag{6.28}
$$

Die Koordinaten der Gleitelemente sind

$$
x = 2l\sin\varphi \,, \qquad y = 2l(1-\cos\varphi)
$$

und die dazugehörigen Geschwindigkeiten

$$
\dot{x} = 2l\dot{\varphi}\cos\varphi \,, \qquad \dot{y} = 2l\dot{\varphi}\sin\varphi \,. \tag{6.29}
$$

Der Freiheitsgrad des Systems beträgt $f = 1$.
Als verallgemeinerte Koordinate dient der Kurbelwinkel φ.
Das Massenträgheitsmoment eines homogenen dünnen Stabes der Länge l und Masse $\bar{m}$ bezüglich eines seiner Enden G oder A ist gemäß (2.73) und (2.89)

$$
J_A = \frac{\bar{m}}{l}\int\limits_{-l/2}^{l/2} r^2 dr + \frac{l^2}{4}\bar{m} = \frac{\bar{m}}{3}l^2 \,. \tag{6.30}
$$

Die kinetische Energie setzt sich aus der Translationsenergie der Gleitelemente $m(\dot{x}^2+\dot{y}^2)/2$, der Translationsenergie der mit dem Schwerpunkt S bewegten Masse $2\bar{m}$ in der Form $2\bar{m}(\dot{x}_S^2+\dot{y}_S^2)/2$, der Rotationsenergie des zusammengefassten Stabes der Länge $2l$ infolge Drehung um den Schwerpunkt $(2\bar{m}l^2/3)\dot{\varphi}^2/2$ und der Rotationsenergie der um A drehenden Kurbel $J_A\dot{\varphi}^2/2=(\bar{m}l^2/3)\dot{\varphi}^2/2$ zusammen, wobei der letzte Term gemäß (2.85) gebildet wurde:

$$T=\frac{1}{2}\Big[m\Big(\dot{x}^2+\dot{y}^2\Big)+2\bar{m}\Big(\dot{x}_S^2+\dot{y}_S^2\Big)+\Big(\frac{2}{3}\bar{m}l^2+\frac{\bar{m}}{3}l^2\Big)\dot{\varphi}^2\Big]$$

bzw. mit (6.28) und (6.29)

$$T=\frac{1}{2}\Big(4ml^2\dot{\varphi}^2+2\bar{m}l^2\dot{\varphi}^2+\bar{m}l^2\dot{\varphi}^2\Big)=\Big(2m+\frac{3}{2}\bar{m}\Big)l^2\dot{\varphi}^2\ . \tag{6.31}$$

Die Auswertung von (6.27) ergibt

$$\Big(\frac{\partial T}{\partial\dot{\varphi}}\Big)^{\cdot}-\frac{\partial T}{\partial\varphi}=(4m+3\bar{m})l^2\ddot{\varphi}-0=Q\ . \tag{6.32}$$

Aus (6.25) folgt

$$\delta W=Q\delta\varphi=M\delta\varphi\ ,\qquad Q=M\ , \tag{6.33}$$

so dass das Ergebnis für die gesuchte Winkelbeschleunigung

$$\ddot{\varphi}=\frac{M}{(4m+3\bar{m})l^2} \tag{6.34}$$

lautet.
Es sei noch ergänzt, dass bei Existenz eines Potenzials $U(q_l,t)$ für die verallgemeinerten Lasten der Arbeitszuwachs (6.25b) als

$$\delta W=\sum_l Q_l\delta q_l=-\delta U=-\sum_l\frac{\partial U}{\partial q_l}\delta q_l \tag{6.35}$$

geschrieben werden kann. Wegen der Unabhängigkeit der δq_l gilt

$$Q_l=-\frac{\partial U}{\partial q_l}\ ,\qquad l=1,...,f\ . \tag{6.36}$$

Mit Definition der LAGRANGEschen Funktion

$$L=T-U \tag{6.37}$$

ergibt sich noch

$$\Big(\frac{\partial L}{\partial\dot{q}_l}\Big)^{\cdot}-\frac{\partial L}{\partial q_l}=\Big(\frac{\partial T}{\partial\dot{q}_l}\Big)^{\cdot}-\Big(\frac{\partial U}{\partial\dot{q}_l}\Big)^{\cdot}-\frac{\partial T}{\partial q_l}+\frac{\partial U}{\partial q_l}\ . \tag{6.38}$$

Da die potenzielle Energie U voraussetzungsgemäß nicht von den Zeitableitungen der verallgemeinerten Koordinaten abhängt, ist $\partial U/\partial \dot{q}_l = 0$. Unter Berücksichtigung von (6.36) und (6.27) wird dann (6.38) zu

$$\left(\frac{\partial L}{\partial \dot{q}_l}\right)^{\cdot} - \frac{\partial L}{\partial q_l} = 0 \;, \qquad l = 1, ..., f \;. \tag{6.39}$$

Es seien noch Systeme erwähnt, deren Lasten nur teilweise Potenzialcharakter besitzen. Die entsprechenden Potenzialanteile können zur Ableitung verallgemeinerter Lastanteile in den Ausgangsgleichungen (6.27) herangezogen werden.

Beispiel 6.1

Ein Doppelpendel besteht aus zwei homogenen schlanken Stäben der Massen m_1, m_2 und Längen l_1, l_2 (Bild 6.3). Gesucht sind die Bewegungsgleichungen für die Winkel φ_1, φ_2.

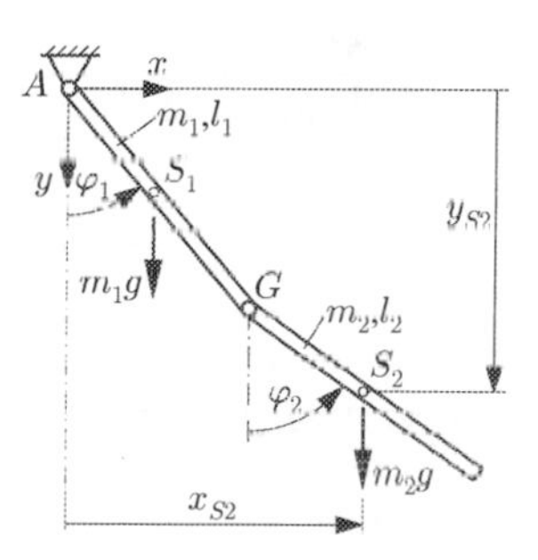

Bild 6.3. Doppelpendel

Lösung:

Wir berechnen die Translationsenergie des Stabes 2, die Rotationsenergie des Stabes 2 bei Drehung um S_2 und die Rotationsenergie des Stabes 1 bei Drehung um A.

Die Koordinaten und Geschwindigkeiten von S_2 sind:

$$x_{S2} = l_1 \sin\varphi_1 + \frac{l_2}{2}\sin\varphi_2 \;, \qquad y_{S2} = l_1 \cos\varphi_1 + \frac{l_2}{2}\cos\varphi_2 \;,$$

$$\dot{x}_{S2} = l_1\dot{\varphi}_1 \cos\varphi_1 + \frac{l_2}{2}\dot{\varphi}_2\cos\varphi_2 \;, \qquad \dot{y}_{S2} = -l_1\dot{\varphi}_1 \sin\varphi_1 - \frac{l_2}{2}\dot{\varphi}_2\sin\varphi_2 \;.$$

Als verallgemeinerte Koordinaten des Systems mit dem Freiheitsgrad $f = 2$ werden die Winkel φ_1, φ_2 benutzt. Die kinetische Energie des Doppelpendels beträgt

$$T = \frac{J_{A1}}{2}\dot{\varphi}_1^2 + \frac{J_{S2}}{2}\dot{\varphi}_2^2 + \frac{m_2}{2}\left(\dot{x}_{S2}^2 + \dot{y}_{S2}^2\right)$$

mit

$$\dot{x}_{S2}^2 + \dot{y}_{S2}^2 = l_1^2\dot{\varphi}_1^2 + \frac{l_2^2}{4}\dot{\varphi}_2^2 + l_1 l_2 \dot{\varphi}_1\dot{\varphi}_2(\cos\varphi_1\cos\varphi_2 + \sin\varphi_1\sin\varphi_2)$$
$$= l_1^2\dot{\varphi}_1^2 + \frac{l_2^2}{4}\dot{\varphi}_2^2 + l_1 l_2 \dot{\varphi}_1\dot{\varphi}_2\cos(\varphi_2 - \varphi_1)\ ,$$

d. h.

$$T = \frac{J_{A1}}{2}\dot{\varphi}_1^2 + \frac{J_{S2}}{2}\dot{\varphi}_2^2 + \frac{m_2}{2}\Big[l_1^2\dot{\varphi}_1^2 + \frac{l_2^2}{4}\dot{\varphi}_2^2 + l_1 l_2\dot{\varphi}_1\dot{\varphi}_2\cos(\varphi_2 - \varphi_1)\Big]\ .$$

Die potenzielle Energie ist

$$U = m_1 g\frac{l_1}{2}(1 - \cos\varphi_1) + m_2 g\Big[\frac{l_2}{2}(1 - \cos\varphi_2) + l_1(1 - \cos\varphi_1)\Big]\ .$$

Damit kann (6.39) ohne Kenntnis der verallgemeinerten Lasten ausgewertet werden. Man erhält

$$\Big(\frac{\partial L}{\partial\dot{\varphi}_1}\Big)^{\cdot} - \frac{\partial L}{\partial\varphi_1} = (J_{A1} + m_2 l_1^2)\ddot{\varphi}_1 + \frac{m_2}{2}l_1 l_2\big[\ddot{\varphi}_2\cos(\varphi_2 - \varphi_1)$$
$$- \dot{\varphi}_2^2\sin(\varphi_2 - \varphi_1)\big] + (m_1 g\frac{l_1}{2} + m_2 g l_1)\sin\varphi_1 = 0\ ,$$

$$\Big(\frac{\partial L}{\partial\dot{\varphi}_2}\Big)^{\cdot} - \frac{\partial L}{\partial\varphi_2} = (J_{S2} + m_2\frac{l_2^2}{4})\ddot{\varphi}_2 + \frac{m_2}{2}l_1 l_2\big[\ddot{\varphi}_1\cos(\varphi_2 - \varphi_1)$$
$$+ \dot{\varphi}_1^2\sin(\varphi_2 - \varphi_1)\big] + \frac{m_2}{2}g l_2\sin\varphi_2 = 0\ .$$

Das Ergebnis besteht aus zwei gekoppelten gewöhnlichen nichtlinearen Differenzialgleichungen. Ihr für $|\varphi_{1,2}| \ll 1$ linearisierter Sonderfall kann in die freien Schwingungen des Abschnittes 4.1 eingeordnet werden. □

Abschließend ist noch zu bemerken, dass der in den LAGRANGEschen Gleichungen zweiter Art (6.27) bzw. (6.39) enthaltene Formalismus prinzipiell auch auf Körper- und Systembewegungen im dreidimensionalen Raum anwendbar ist. Dabei ist allerdings zu beachten, dass das Massenträgheitsmoment des bewegten Körpers im raumfesten Bezugssystem sich zeitlich ändert. Außerdem bleibt die Frage zu beantworten, wie die potentielle Energie äußerer Momente angesichts der Nichtvertauschbarkeit endlicher Drehungsanteile bei der Erzeugung der endlichen Gesamtdrehung allgemein dargestellt werden soll.

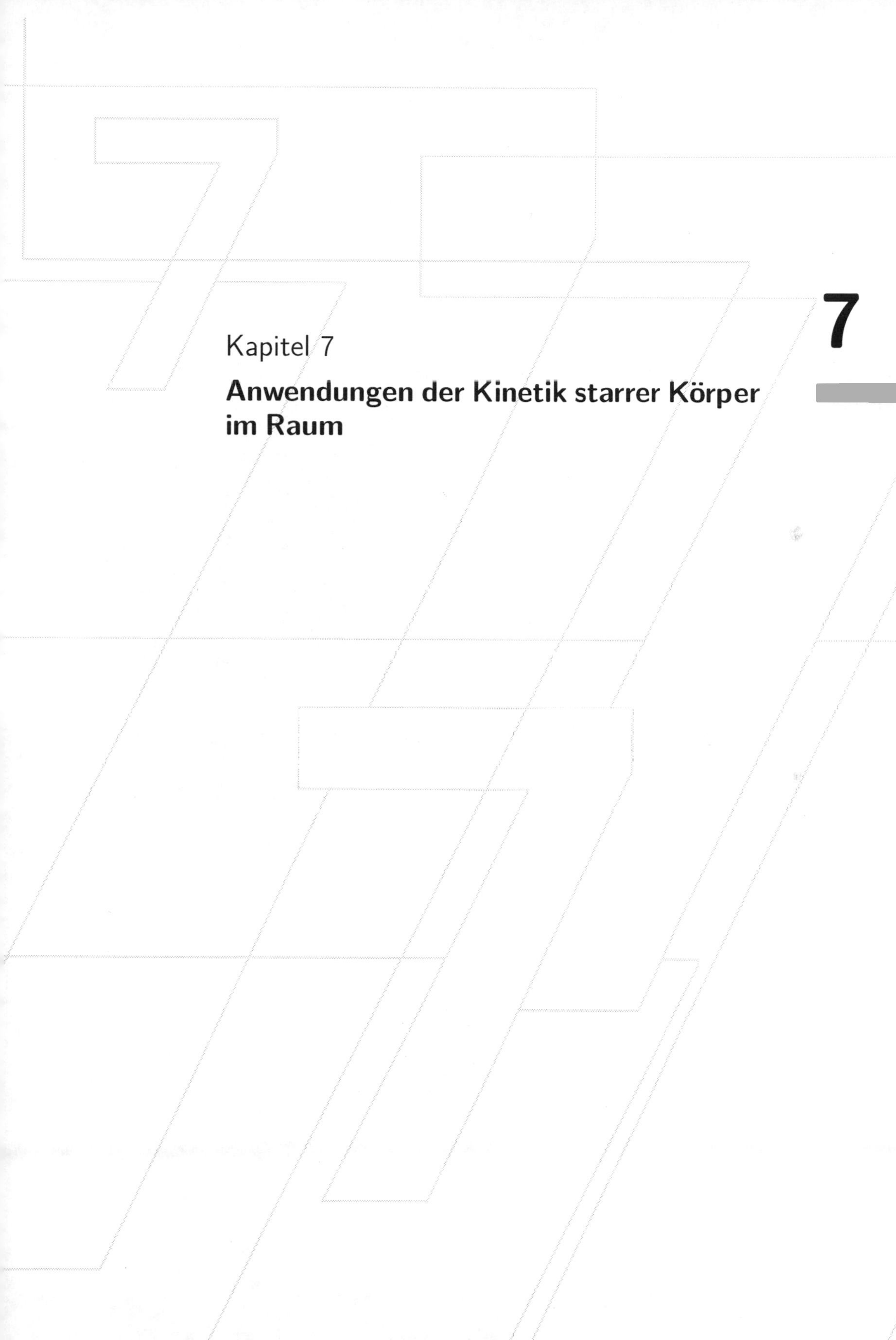

Kapitel 7

Anwendungen der Kinetik starrer Körper im Raum

7

7

7 Anwendungen der Kinetik starrer Körper im Raum

Die in Kapitel 2 formulierte Grundlage der Kinetik, die in der Gültigkeit der beiden Impulsbilanzen (2.62) und (2.63) für beliebige Körper und Körperteile besteht, unterlag keinerlei Einschränkungen hinsichtlich der geometrischen Dimensionen. Allerdings erforderte die Anwendung der Bilanzen auf konkrete Modellierungsprobleme gewisse Aufbereitungsmaßnahmen, die bisher ebene Bewegungen betrafen. Im Folgenden werden die in die Impulsbilanzen eingehenden Bestandteile so umgeformt, dass sie bei Anwendungen auf räumliche Bewegungen der Körper möglichst einfach zu handhaben sind.

7.1 Kinetische Kenngrößen des starren Körpers

Das kinetische Verhalten von Körpern wird bekanntlich stark von der Verteilung der Masse in den Körpern beeinflusst. Zur Erfassung dieses Einflusses ist es im Hinblick auf die Struktur der Bilanzgleichungen (2.62) und (2.63) zweckmäßig, die translatorische und die rotatorische Bewegung getrennt zu betrachten.

7.1.1 Kenngrößen für die Translation

Für die translatorische Bewegung der Körper wichtige Kenngrößen sind die Masse und die Schwerpunktkoordinaten. Erstere wurde bereits als Volumenintegral der Dichte (2.2) eingeführt.

Die Definition des Schwerpunktes und die daraus folgende Berechnungsvorschrift für die Koordinaten des Schwerpunktes sind aus der Statik, Kapitel 9, bekannt und bereits in (2.58) zitiert. Es sei nochmals darauf hingewiesen, dass (2.58) den in den kinetischen Gleichungen benötigten Ortsvektor des Massenmittelpunktes korrekt definiert, während der anschauliche Begriff des Schwerpunktes nur bei konstanter Erdbeschleunigung als Synonym für den Massenmittelpunkt benutzt werden darf.

Die Anwendung der Definitionen für Masse und Schwerpunkt wurde bereits in der Kinetik des starren Körpers bei Translation (Abschnitt 2.2) und bei Umformungsrechnungen in Abschnitt 2.3 praktiziert.

7.1.2 Kenngrößen für die Rotation

Schon in den Fällen der ebenen Bewegung und der Drehung um eine feste Achse traten die Massenträgheitsmomente bezüglich einer Achse im Schwerpunkt (2.73) sowie bezüglich einer raum- und körperfesten Achse außerhalb des Schwerpunktes (2.89) auf. Ähnliche Größen allgemeinerer Art sind bei der

H. Balke, *Einführung in die Technische Mechanik*,
https://doi.org/10.1007/978-3-662-59096-6_8

Untersuchung beliebiger Bewegungen zu erwarten, wenn der Drehimpuls (2.61) Bedeutung erlangt.
Zur Gewinnung dieser Größen betrachten wir den im raumfesten kartesischen Bezugssystem positionierten Körper (Bild 7.1).

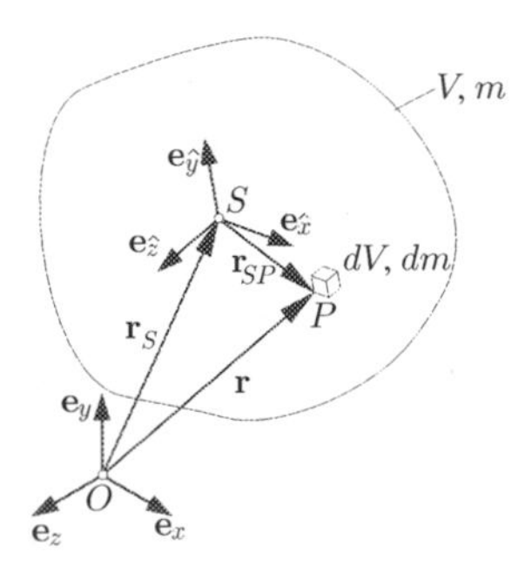

Bild 7.1. Körper mit raum- und körperfesten Bezugssystemen

Außer dem raumfesten Bezugssystem mit den Koordinaten x, y, z und dem Ursprung O sowie mit den Basisvektoren $\mathbf{e}_k$, $k = x, y, z$ wird noch im Schwerpunkt S des Körpers ein körperfestes kartesisches Bezugssystem mit den Koordinaten $\hat{x}, \hat{y}, \hat{z}$ und Basisvektoren $\mathbf{e}_{\hat{k}}$, $\hat{k} = \hat{x}, \hat{y}, \hat{z}$ eingeführt, das besonders in Verbindung mit (2.70c) eine übersichtlichere Darstellung der Drehimpulsbilanz liefert. In letzterem ist der körperfeste Abstands- und Ortsvektor $\mathbf{r}_{SP}$ vom Koordinatenursprung S zu einem beliebigen Körperpunkt P

$$\mathbf{r}_{SP} = \hat{x}\mathbf{e}_{\hat{x}} + \hat{y}\mathbf{e}_{\hat{y}} + \hat{z}\mathbf{e}_{\hat{z}} \tag{7.1}$$

und der Winkelgeschwindigkeitsvektor

$$\boldsymbol{\omega} = \omega_{\hat{x}}\mathbf{e}_{\hat{x}} + \omega_{\hat{y}}\mathbf{e}_{\hat{y}} + \omega_{\hat{z}}\mathbf{e}_{\hat{z}} \ . \tag{7.2}$$

Es sei auch an (2.1) erinnert, wonach das Volumenelement dV für eine stetige Massendichteverteilung ϱ die Masse $dm = \varrho dV$ besitzt.
Für die Berechnung der körperfesten Vektorkoordinaten des Drehimpulses bezüglich des Schwerpunktes werden die Ausdrücke (7.1), (7.2) in (2.71) eingesetzt.

$$\begin{aligned}\mathbf{L}^{(S)} = (\omega_{\hat{x}}\mathbf{e}_{\hat{x}} + \omega_{\hat{y}}\mathbf{e}_{\hat{y}} + \omega_{\hat{z}}\mathbf{e}_{\hat{z}}) \int\limits_m (\hat{x}^2 + \hat{y}^2 + \hat{z}^2)dm \\ - \int\limits_m (\hat{x}\omega_{\hat{x}} + \hat{y}\omega_{\hat{y}} + \hat{z}\omega_{\hat{z}})(\hat{x}\mathbf{e}_{\hat{x}} + \hat{y}\mathbf{e}_{\hat{y}} + \hat{z}\mathbf{e}_{\hat{z}})dm\end{aligned}$$

$$
\begin{aligned}
&= \Big[\ \omega_{\hat{x}} \int (\hat{y}^2 + \hat{z}^2) dm - \omega_{\hat{y}} \int \hat{x}\hat{y} dm - \omega_{\hat{z}} \int \hat{x}\hat{z} dm \Big] \mathbf{e}_{\hat{x}} \\
&+ \Big[- \omega_{\hat{x}} \int \hat{y}\hat{x} dm + \omega_{\hat{y}} \int (\hat{x}^2 + \hat{z}^2) dm - \omega_{\hat{z}} \int \hat{y}\hat{z} dm \Big] \mathbf{e}_{\hat{y}} \\
&+ \Big[- \omega_{\hat{x}} \int \hat{z}\hat{x} dm - \omega_{\hat{y}} \int \hat{z}\hat{y} dm + \omega_{\hat{z}} \int (\hat{x}^2 + \hat{y}^2) dm \Big] \mathbf{e}_{\hat{z}} \ .
\end{aligned}
\tag{7.3}
$$

Zur Vereinfachung der Schreibweise wurde das Symbol m unter den Integralzeichen weggelassen. Die Integrale einschließlich des Vorzeichens definieren die Koordinaten bzw. Maßzahlen des so genannten Trägheitstensors bezüglich des mit $\hat{()}$ gekennzeichneten körperfesten Bezugssystems im Schwerpunkt:

$$
\begin{aligned}
J_{\hat{x}\hat{x}} &= \int (\hat{y}^2 + \hat{z}^2) dm \ , & J_{\hat{x}\hat{y}} &= - \int \hat{x}\hat{y} dm \ , & J_{\hat{x}\hat{z}} &= - \int \hat{x}\hat{z} dm \ , \\
J_{\hat{y}\hat{x}} &= J_{\hat{x}\hat{y}} \ , & J_{\hat{y}\hat{y}} &= \int (\hat{x}^2 + \hat{z}^2) dm \ , & J_{\hat{y}\hat{z}} &= - \int \hat{y}\hat{z} dm \\
J_{\hat{z}\hat{x}} &= J_{\hat{x}\hat{z}} \ , & J_{\hat{z}\hat{y}} &= J_{\hat{y}\hat{z}} \ , & J_{\hat{z}\hat{z}} &= \int (\hat{x}^2 + \hat{y}^2) dm \ .
\end{aligned}
\tag{7.4}
$$

Diese Größen werden auch als Massenträgheitsmomente bezeichnet.
Mit (7.4) ergibt sich der Drehimpuls (7.3)

$$
\begin{aligned}
\mathbf{L}^{(S)} = L^{(S)}_{\hat{x}} \mathbf{e}_{\hat{x}} + L^{(S)}_{\hat{y}} \mathbf{e}_{\hat{y}} + L^{(S)}_{\hat{z}} \mathbf{e}_{\hat{z}} = & (J_{\hat{x}\hat{x}}\omega_{\hat{x}} + J_{\hat{x}\hat{y}}\omega_{\hat{y}} + J_{\hat{x}\hat{z}}\omega_{\hat{z}}) \mathbf{e}_{\hat{x}} \\
& + (J_{\hat{y}\hat{x}}\omega_{\hat{x}} + J_{\hat{y}\hat{y}}\omega_{\hat{y}} + J_{\hat{y}\hat{z}}\omega_{\hat{z}}) \mathbf{e}_{\hat{y}} \\
& + (J_{\hat{z}\hat{x}}\omega_{\hat{x}} + J_{\hat{z}\hat{y}}\omega_{\hat{y}} + J_{\hat{z}\hat{z}}\omega_{\hat{z}}) \mathbf{e}_{\hat{z}} \ .
\end{aligned}
\tag{7.5}
$$

Der Koeffizientenvergleich in (7.5) liefert

$$
L^{(S)}_{\hat{k}} = \sum_{\hat{l}} J_{\hat{k}\hat{l}} \omega_{\hat{l}} \ , \qquad \hat{k} = \hat{x}, \hat{y}, \hat{z} \ , \tag{7.6}
$$

wobei die Summe über $\hat{l}$ die Addition der mit $\hat{l} = \hat{x}, \hat{y}, \hat{z}$ indizierten Produkte $J_{\hat{k}\hat{l}}\omega_{\hat{l}}$ bedeutet.
Die Terme $J_{\hat{k}\hat{l}}$, für die $\hat{k} = \hat{l}$ ist, heißen axiale Massenträgheitsmomente. Im Fall $\hat{k} \neq \hat{l}$ sind die Bezeichnungen Deviations- oder Zentrifugalmoment üblich. In (7.4) wurde bereits die in den Koordinaten ausgedrückte Symmetrie

$$
J_{\hat{k}\hat{l}} = J_{\hat{l}\hat{k}} \tag{7.7}
$$

des Trägheitstensors verwertet. Wir führen noch die Schreibweise

$$
\hat{x} = x_{\hat{x}} \ , \qquad \hat{y} = x_{\hat{y}} \ , \qquad \hat{z} = x_{\hat{z}} \tag{7.8}
$$

zu der Definition

$$J_{\hat{k}\hat{l}} = -\int x_{\hat{k}} x_{\hat{l}} dm \,, \qquad \hat{k} \neq \hat{l} \tag{7.9}$$

ein. Die ausführliche Darstellung (7.4) lässt sich dann auf die komprimierte Form

$$J_{\hat{k}\hat{l}} = \int (\hat{r}^2 \delta_{\hat{k}\hat{l}} - x_{\hat{k}} x_{\hat{l}}) dm \tag{7.10}$$

bringen. Hier bedeuten

$$\hat{r} = |\mathbf{r}_{SP}| \tag{7.11}$$

und

$$\delta_{\hat{k}\hat{l}} = \begin{cases} 1 \;, & \hat{k} = \hat{l} \\ 0 \;, & \hat{k} \neq \hat{l} \end{cases} \tag{7.12}$$

das KRONECKER-Symbol (KRONECKER, 1823-1891). Letzteres wird künftig öfters verwendet werden. Beispielsweise liefert (7.10) mit (7.12)

$$J_{\hat{x}\hat{x}} = \int (\hat{r}^2 - \hat{x}^2) dm = \int \left[(\hat{x}^2 + \hat{y}^2 + \hat{z}^2) - \hat{x}^2 \right] dm = \int (\hat{y}^2 + \hat{z}^2) dm$$

und

$$J_{\hat{x}\hat{y}} = 0 - \int \hat{x}\hat{y} dm \,,$$

d. h. die Ausgangsdefinitionen in (7.4).

Die Formel zur Umrechnung axialer Massenträgheitsmomente für unterschiedliche parallele Bezugsachsen mit Hilfe des Satzes von STEINER wurde bereits in (2.89) angegeben. Wir leiten jetzt die allgemeingültige Beziehung her, die auch die Deviationsmomente mit erfasst.

Ausgangspunkt sind zwei gegeneinander parallel verschobene, mit demselben Körper festverbundene kartesischen Koordinatensysteme $\hat{x}, \hat{y}, \hat{z}$ und $\bar{x}, \bar{y}, \bar{z}$ (Bild 7.2). Der Ursprung des Systems $\hat{x}, \hat{y}, \hat{z}$ befindet sich im Schwerpunkt S des Kör-

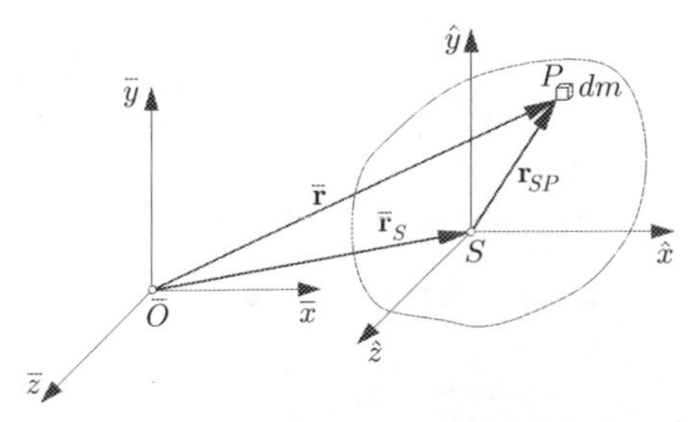

Bild 7.2. Zum Satz von STEINER

pers. Basisvektoren werden jetzt nicht benötigt. Die feste Verbindung zwischen dem Körper und dem Koordinatensystem $\bar{x}, \bar{y}, \bar{z}$ wird nicht dadurch beeinträchtigt, dass der Ursprung der Koordinaten $\bar{x}, \bar{y}, \bar{z}$ außerhalb des Körpers liegt. Mit Bild 7.2 und der zu (7.8) analogen Schreibweise $\bar{x} = x_{\bar{x}}, \bar{y} = x_{\bar{y}}, \bar{z} = x_{\bar{z}}$ ergeben sich

$$\bar{\mathbf{r}} = \bar{\mathbf{r}}_S + \mathbf{r}_{SP} \ , \qquad x_{\bar{k}} = x_{S\bar{k}} + x_{\hat{k}} \tag{7.13}$$

und daraus mit der Abkürzung $\hat{\mathbf{r}} = \mathbf{r}_{SP}$

$$\bar{r}^2 = (\bar{\mathbf{r}}_S + \hat{\mathbf{r}})^2 = \bar{r}_S^2 + 2\bar{\mathbf{r}}_S \cdot \hat{\mathbf{r}} + \hat{r}^2 \ ,$$
$$x_{\bar{k}} x_{\bar{l}} = (x_{S\bar{k}} + x_{\hat{k}})(x_{S\bar{l}} + x_{\hat{l}}) = x_{S\bar{k}} x_{S\bar{l}} + x_{S\bar{k}} x_{\hat{l}} + x_{\hat{k}} x_{S\bar{l}} + x_{\hat{k}} x_{\hat{l}} \ .$$

Einsetzen in die auch für das Koordinatensystem $\bar{x}, \bar{y}, \bar{z}$ gültige Beziehung (7.10) liefert

$$\begin{aligned} J_{\bar{k}\bar{l}} &= \int \left(\bar{r}^2 \delta_{\bar{k}\bar{l}} - x_{\bar{k}} x_{\bar{l}}\right) dm \\ &= (\bar{r}_S^2 \int dm + 2\bar{\mathbf{r}}_S \cdot \int \hat{\mathbf{r}} dm + \underset{\cdots\cdots}{\int \hat{r}^2 dm}) \delta_{\bar{k}\bar{l}} \\ &\quad - \underline{x_{S\bar{k}} x_{S\bar{l}} \int dm} - x_{S\bar{k}} \int x_{\hat{l}} dm - x_{S\bar{l}} \int x_{\hat{k}} dm - \underset{\cdots\cdots}{\int x_{\hat{k}} x_{\hat{l}} dm} \ . \end{aligned}$$

Aus der Definition des Schwerpunktes folgen

$$\int \hat{\mathbf{r}} dm = 0 \ , \qquad \int x_{\hat{l}} dm = 0 \ , \qquad \int x_{\hat{k}} dm = 0 \ .$$

Die verbleibenden Terme werden entsprechend den gleichen Unterstreichungen zusammengefasst,

$$J_{\bar{k}\bar{l}} = \underset{\cdots\cdots\cdots\cdots}{\int (\hat{r}^2 \delta_{\hat{k}\hat{l}} - x_{\hat{k}} x_{\hat{l}}) dm} + \underline{\bar{r}_S^2 m \delta_{\hat{k}\hat{l}}} - \underline{x_{S\bar{k}} x_{S\bar{l}} m} \ ,$$

wobei die Unabhängigkeit der Eigenschaft (7.12) des KRONECKER-Symbols vom Bezugssystem benutzt wurde. Das Integral stimmt mit der Definition (7.10) überein, so dass sich

$$J_{\bar{k}\bar{l}} = J_{\hat{k}\hat{l}} + \bar{r}_S^2 m \delta_{\hat{k}\hat{l}} - x_{S\bar{k}} x_{S\bar{l}} m \tag{7.14}$$

ergibt. Die ausführliche Darstellung von (7.14) lautet

$$\begin{aligned} J_{\bar{x}\bar{x}} &= J_{\hat{x}\hat{x}} + (\bar{y}_S^2 + \bar{z}_S^2) m \ , & J_{\bar{x}\bar{y}} &= J_{\hat{x}\hat{y}} - \bar{x}_S \bar{y}_S m \ , \\ J_{\bar{y}\bar{y}} &= J_{\hat{y}\hat{y}} + (\bar{x}_S^2 + \bar{z}_S^2) m \ , & J_{\bar{x}\bar{z}} &= J_{\hat{x}\hat{z}} - \bar{x}_S \bar{z}_S m \ , \\ J_{\bar{z}\bar{z}} &= J_{\hat{z}\hat{z}} + (\bar{x}_S^2 + \bar{y}_S^2) m \ , & J_{\bar{y}\bar{z}} &= J_{\hat{y}\hat{z}} - \bar{y}_S \bar{z}_S m \ . \end{aligned} \tag{7.15}$$

Wie bei den Flächenträgheitsmomenten in der Statik, Kapitel 10, vergrößern sich die axialen Massenträgheitsmomente bei Transformation von einer Schwerpunktachse auf eine parallele Achse außerhalb des Schwerpunktes.
Es sei noch der so genannte Trägheitsradius für ein axiales Massenträgheitsmoment $J_{\hat{k}\hat{k}}$ eines Körpers der Masse m

$$i_{\hat{k}} = \sqrt{\frac{J_{\hat{k}\hat{k}}}{m}} \tag{7.16}$$

erwähnt, der häufig als Abkürzung benutzt wird. Die Definition (7.16) ist nicht an eine Schwerpunktachse gebunden. Der Trägheitsradius $i_{\hat{k}}$ misst den Abstand zwischen einer Bezugsachse und einem Punkt, in dem man sich die Körpermasse m konzentriert denken muss, so dass gemäß (7.16) das Massenträgheitsmoment $J_{\hat{k}\hat{k}}$ entsteht.
Häufig ist es zweckmäßig, ausgehend von gegebenen Koordinaten eines Trägheitstensors für ein vorliegendes Bezugssystem die Koordinaten desselben Trägheitstensors bezüglich eines gedrehten Bezugssystems zu benutzen. Die Transformationseigenschaften bei solch einem Wechsel des Bezugssystems definieren genau die Tensoreigenschaften des Trägheitstensors. Zur Ermittlung der gesuchten Transformationsvorschrift benutzen wir zwei gegeneinander verdrehte körperfeste kartesische Bezugssysteme $\mathbf{e}_{\hat{k}}, x_{\hat{k}}$ und $\mathbf{e}_{\tilde{k}}, x_{\tilde{k}}$ mit ihrem Ursprung im Schwerpunkt (Bild 7.3) und die Schreibweise (7.8).

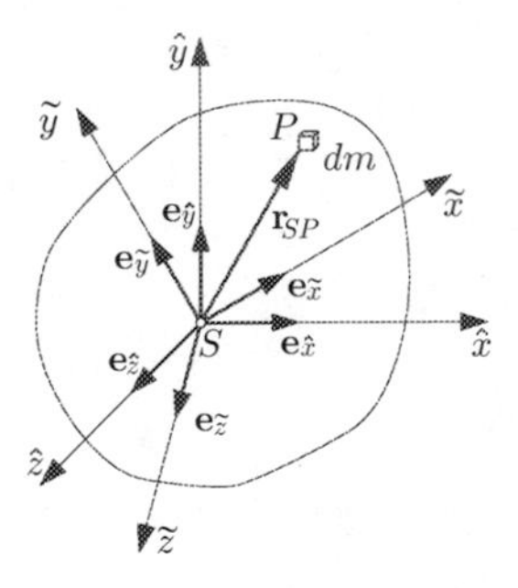

Bild 7.3. Zur Transformation der Trägheitstensorkoordinaten

Derselbe körperfeste Vektor, der vom Schwerpunkt S des Körpers zu einem beliebigen Körperpunkt P im Massenelement dm zeigt, kann nach den Basisvektoren der verschiedenen Bezugssysteme $\mathbf{e}_{\hat{k}}$ oder $\mathbf{e}_{\tilde{k}}$ zerlegt werden:

$$\mathbf{r}_{SP} = \hat{x}\mathbf{e}_{\hat{x}} + \hat{y}\mathbf{e}_{\hat{y}} + \hat{z}\mathbf{e}_{\hat{z}} = \sum_{\hat{l}} x_{\hat{l}}\,\mathbf{e}_{\hat{l}} = \tilde{x}\mathbf{e}_{\tilde{x}} + \tilde{y}\mathbf{e}_{\tilde{y}} + \tilde{z}\mathbf{e}_{\tilde{z}} = \sum_{\tilde{l}} x_{\tilde{l}}\,\mathbf{e}_{\tilde{l}}\,. \tag{7.17}$$

Die skalare Multiplikation von (7.17) mit $\mathbf{e}_{\tilde{k}}$ ergibt

$$\sum_{\hat{l}} \mathbf{e}_{\tilde{k}} \cdot \mathbf{e}_{\hat{l}} x_{\hat{l}} = \sum_{\tilde{l}} \mathbf{e}_{\tilde{k}} \cdot \mathbf{e}_{\tilde{l}} x_{\tilde{l}} = x_{\tilde{k}} \,, \tag{7.18}$$

da wegen der Orthogonalität der Basisvektoren $\mathbf{e}_{\tilde{k}} \cdot \mathbf{e}_{\tilde{l}} = \delta_{\tilde{k}\tilde{l}}$ gilt. Auf der linken Seite von (7.18) stellen die Skalarprodukte der zu den verschiedenen Bezugssystemen gehörenden Einheitsvektoren

$$\mathbf{e}_{\tilde{k}} \cdot \mathbf{e}_{\hat{l}} = \cos(\mathbf{e}_{\tilde{k}}, \mathbf{e}_{\hat{l}}) = \cos(x_{\tilde{k}}, x_{\hat{l}}) = c_{\tilde{k}\hat{l}} \tag{7.19}$$

die mit $c_{\tilde{k}\hat{l}}$ bezeichneten Richtungskosinus dar, so dass (7.18) als

$$x_{\tilde{k}} = \sum_{\hat{l}} c_{\tilde{k}\hat{l}} x_{\hat{l}} \tag{7.20}$$

geschrieben werden kann. Dabei stehen in (7.20) die freien Indizes (hier $\tilde{k}$) für $\tilde{x}, \tilde{y}, \tilde{z}$ und die Summationsindizes (hier $\hat{l}$) für $\hat{x}, \hat{y}, \hat{z}$.
Der ebene Sonderfall von (7.20), dargestellt in der ursprünglichen Schreibweise,

$$\begin{aligned}
\tilde{x} &= \hat{x}\cos(\tilde{x},\hat{x}) + \hat{y}\cos(\tilde{x},\hat{y}) = \hat{x}\cos\varphi + \hat{y}\sin\varphi \\
\tilde{y} &= \hat{x}\cos(\tilde{y},\hat{x}) + \hat{y}\cos(\tilde{y},\hat{y}) = -\hat{x}\sin\varphi + \hat{y}\cos\varphi
\end{aligned}$$

ist auch aus Bild 7.4 ablesbar.

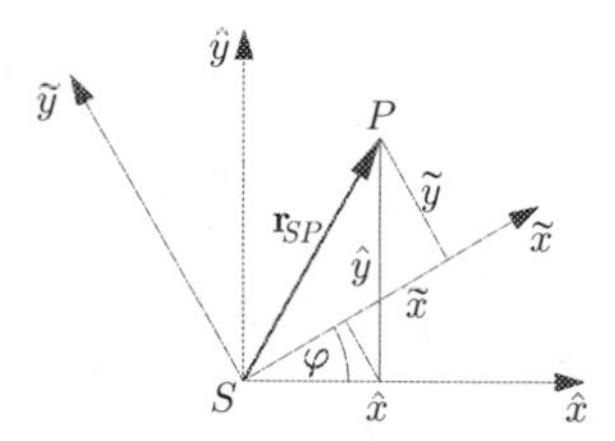

Bild 7.4. Zur ebenen Transformation von Vektorkoordinaten

Er wurde bereits für die Herleitung der Transformationsbeziehungen der Flächenträgheitsmomente in der Statik, Kapitel 10, verwendet.
Für die Basisvektoren gilt eine zu (7.20) analoge Gleichung

$$\mathbf{e}_{\tilde{k}} = \sum_{\hat{l}} c_{\tilde{k}\hat{l}} \mathbf{e}_{\hat{l}} \,, \tag{7.21}$$

da die skalare Multiplikation von (7.21) mit $\mathbf{e}_{\hat{m}}$

$$\mathbf{e}_{\tilde{k}} \cdot \mathbf{e}_{\hat{m}} = \sum_{\hat{l}} c_{\tilde{k}\hat{l}} \mathbf{e}_{\hat{l}} \cdot \mathbf{e}_{\hat{m}} = \sum_{\hat{l}} c_{\tilde{k}\hat{l}} \delta_{\hat{l}\hat{m}} = c_{\tilde{k}\hat{m}} \,,$$

d. h. die Definition (7.19) liefert. Die Umkehrung von (7.21)

$$\mathbf{e}_{\hat{k}} = \sum_{\tilde{l}} c_{\tilde{l}\hat{k}} \mathbf{e}_{\tilde{l}} \tag{7.22}$$

wird ähnlich wie (7.21) durch skalare Multiplikation mit $\mathbf{e}_{\tilde{m}}$ bewiesen. Dies führt auf

$$\mathbf{e}_{\hat{k}} \cdot \mathbf{e}_{\tilde{m}} = \mathbf{e}_{\tilde{m}} \cdot \mathbf{e}_{\hat{k}} = \sum_{\tilde{l}} c_{\tilde{l}\hat{k}} \mathbf{e}_{\tilde{l}} \cdot \mathbf{e}_{\tilde{m}} = \sum_{\tilde{l}} c_{\tilde{l}\hat{k}} \delta_{\tilde{l}\tilde{m}} = c_{\tilde{m}\hat{k}} \, ,$$

ergibt also ebenfalls (7.19).
In die auch für das Bezugssystem $\mathbf{e}_{\tilde{k}}, x_{\tilde{k}}$ gültige Definition (7.10)

$$J_{\tilde{k}\tilde{l}} = \int (\tilde{r}^2 \delta_{\tilde{k}\tilde{l}} - x_{\tilde{k}} x_{\tilde{l}}) dm$$

werden jetzt $\tilde{r}^2 = r_{SP}^2 = \hat{r}^2$ und die Beziehungen (7.21), (7.20) in der Form

$$\mathbf{e}_{\tilde{k}} = \sum_{\hat{m}} c_{\tilde{k}\hat{m}} \mathbf{e}_{\hat{m}} \, , \qquad \mathbf{e}_{\tilde{l}} = \sum_{\hat{n}} c_{\tilde{l}\hat{n}} \mathbf{e}_{\hat{n}} \, ,$$

$$\delta_{\tilde{k}\tilde{l}} = \mathbf{e}_{\tilde{k}} \cdot \mathbf{e}_{\tilde{l}} = \sum_{\hat{m}} \sum_{\hat{n}} c_{\tilde{k}\hat{m}} c_{\tilde{l}\hat{n}} \mathbf{e}_{\hat{m}} \cdot \mathbf{e}_{\hat{n}} = \sum_{\hat{m}} \sum_{\hat{n}} c_{\tilde{k}\hat{m}} c_{\tilde{l}\hat{n}} \delta_{\hat{m}\hat{n}} \, ,$$

$$x_{\tilde{k}} = \sum_{\hat{m}} c_{\tilde{k}\hat{m}} x_{\hat{m}} \, , \qquad x_{\tilde{l}} = \sum_{\hat{n}} c_{\tilde{l}\hat{n}} x_{\hat{n}} \, , \qquad x_{\tilde{k}} x_{\tilde{l}} = \sum_{\hat{m}} \sum_{\hat{n}} c_{\tilde{k}\hat{m}} c_{\tilde{l}\hat{n}} x_{\hat{m}} x_{\hat{n}}$$

eingesetzt. Es folgt

$$\begin{aligned} J_{\tilde{k}\tilde{l}} &= \int \Big(\tilde{r}^2 \sum_{\hat{m}} \sum_{\hat{n}} c_{\tilde{k}\hat{m}} c_{\tilde{l}\hat{n}} \delta_{\hat{m}\hat{n}} - \sum_{\hat{m}} \sum_{\hat{n}} c_{\tilde{k}\hat{m}} c_{\tilde{l}\hat{n}} x_{\hat{m}} x_{\hat{n}} \Big) dm \\ &= \sum_{\hat{m}} \sum_{\hat{n}} c_{\tilde{k}\hat{m}} c_{\tilde{l}\hat{n}} \int_m \big(\hat{r}^2 \delta_{\hat{m}\hat{n}} - x_{\hat{m}} x_{\hat{n}} \big) dm \end{aligned}$$

und mit (7.10) die gesuchte Transformationsgleichung

$$J_{\tilde{k}\tilde{l}} = \sum_{\hat{m}} \sum_{\hat{n}} c_{\tilde{k}\hat{m}} c_{\tilde{l}\hat{n}} J_{\hat{m}\hat{n}} \, . \tag{7.23}$$

Sie drückt die fundamentale, der Definition eines Tensors entsprechende, Eigenschaft aus:
Bei Wechsel des Bezugssystems von $\hat{()}$ nach $\tilde{()}$ ändern sich die Koordinaten ein- und desselben Trägheitstensors nach der Vorschrift (7.23).
Die Situation ähnelt der bei einem Vektor. Die Zerlegung eines Vektors bezüglich unterschiedlicher Basisvektorsysteme erzeugt unterschiedliche Koordinatendarstellungen, wie am Beispiel des Abstandsvektors $\mathbf{r}_{SP}$ in Bild 7.3 und (7.17),

(7.20) zu sehen ist. Die Vektorkoordinaten $x_{\tilde{k}}$ in (7.20) besitzen einen auf die Basis $\mathbf{e}_{\tilde{k}}$ hinweisenden Index, die Tensorkoordinaten $J_{\tilde{k}\tilde{l}}$ in (7.23) zwei entsprechende Indizes. In diesem Zusammenhang heißen die Vektoren auch Tensoren erster Stufe. Tensoren wie z. B. der Trägheitstensor werden Tensoren zweiter Stufe genannt. Die Anwendbarkeit des Tensorbegriffes für beide Größen ist dadurch gegeben, dass in (7.23) für jeden einzelnen Index der Tensorkoordinate die Transformationsvorschrift für den Index der Vektorkoordinate (7.20) analog gilt. Dieser Formalismus lässt sich auch auf Tensoren höherer Stufe mit mehr als zwei Indizes ausdehnen.
Die Beziehung (7.23) soll nun für eine übersichtlichere Darstellung der Tensorkoordinaten ausgenutzt werden. Ähnlich wie bei den Flächenträgheitsmomenten in der Statik, Kapitel 10, wird durch Drehung des Bezugssystems ein so genanntes Hauptachsensystem erreicht, bezüglich dessen die Deviationsmomente, d. h. die Trägheitstensorkoordinaten mit gemischten Indizes, verschwinden. Da jetzt eine i. Allg. räumliche Drehung des Bezugssystems realisiert werden muss, ist der Aufwand etwas größer als bei der ebenen Drehung in der Statik.
Zunächst wird noch eine Hilfsformel bereitgestellt. Die aus (7.22) folgenden Basisvektoren

$$\mathbf{e}_{\hat{p}} = \sum_{\tilde{k}} c_{\tilde{k}\hat{p}} \mathbf{e}_{\tilde{k}} \,, \qquad \mathbf{e}_{\hat{m}} = \sum_{\tilde{l}} c_{\tilde{l}\hat{m}} \mathbf{e}_{\tilde{l}}$$

werden skalar miteinander multipliziert.

$$\mathbf{e}_{\hat{p}} \cdot \mathbf{e}_{\hat{m}} = \sum_{\tilde{k}} \sum_{\tilde{l}} c_{\tilde{k}\hat{p}} c_{\tilde{l}\hat{m}} \mathbf{e}_{\tilde{k}} \cdot \mathbf{e}_{\tilde{l}} = \sum_{\tilde{k}} \sum_{\tilde{l}} c_{\tilde{k}\hat{p}} c_{\tilde{l}\hat{m}} \delta_{\tilde{k}\tilde{l}} = \sum_{\tilde{k}} c_{\tilde{k}\hat{p}} c_{\tilde{k}\hat{m}} = \delta_{\hat{p}\hat{m}} \,. \quad (7.24)$$

Die rechte Seite von (7.24) ergibt sich aus der Orthogonalität der Basisvektoren auf der linken Seite von (7.24).
Aus Multiplikation von (7.23) mit den Richtungskosinus $c_{\tilde{k}\hat{p}}$ und Summation über $\tilde{k} = \tilde{x}, \tilde{y}, \tilde{z}$ folgt mit (7.24)

$$\sum_{\tilde{k}} c_{\tilde{k}\hat{p}} J_{\tilde{k}\tilde{l}} = \sum_{\tilde{k}} \sum_{\hat{m}} \sum_{\hat{n}} c_{\tilde{k}\hat{p}} c_{\tilde{k}\hat{m}} c_{\tilde{l}\hat{n}} J_{\hat{m}\hat{n}} = \sum_{\hat{m}} \sum_{\hat{n}} \delta_{\hat{p}\hat{m}} c_{\tilde{l}\hat{n}} J_{\hat{m}\hat{n}} = \sum_{\hat{n}} c_{\tilde{l}\hat{n}} J_{\hat{p}\hat{n}} \,. \quad (7.25)$$

Die Richtungskosinus $c_{\tilde{k}\hat{p}}$ sollen nun so gewählt werden, dass die Forderung

$$J_{\tilde{k}\tilde{l}} = 0 \,, \qquad \tilde{k} \neq \tilde{l} \quad (7.26)$$

erfüllt wird. Die verbleibenden Größen

$$J_{\tilde{l}\tilde{l}} = J_{\tilde{l}} \quad (7.27)$$

heißen Hauptträgheitsmomente. Die Anwendung von (7.26), (7.27) auf die linke Seite von (7.25) liefert unter Benutzung des KRONECKER-Symbols

$$\sum_{\tilde{k}} c_{\tilde{k}\hat{p}} J_{\tilde{k}\tilde{l}} = c_{\tilde{l}\hat{p}} J_{\tilde{l}} = \sum_{\hat{n}} \delta_{\hat{p}\hat{n}} c_{\tilde{l}\hat{n}} J_{\tilde{l}} \; . \tag{7.28}$$

Durch Vergleich der rechten Seiten von (7.25) und (7.28) gewinnen wir das lineare homogene Gleichungssystem

$$\sum_{\hat{n}} (J_{\hat{p}\hat{n}} - J_{\tilde{l}} \delta_{\hat{p}\hat{n}}) c_{\tilde{l}\hat{n}} = 0 \; , \tag{7.29}$$

welches dem Eigenwertproblem der symmetrischen Matrix $J_{\hat{p}\hat{n}}$ entspricht. Die notwendige Bedingung für nichttriviale Lösungen von (7.29) besteht im Verschwinden der Koeffizientendeterminante

$$|J_{\hat{p}\hat{n}} - J_{\tilde{l}} \delta_{\hat{p}\hat{n}}| = 0 \; . \tag{7.30}$$

Wegen der Symmetrie der $J_{\hat{p}\hat{n}}$ besitzt die in (7.30) ausgedrückte Polynomgleichung dritten Grades drei reelle Lösungen (Eigenwerte) für die Hauptträgheitsmomente $J_{\tilde{l}}$, die wir jetzt im Einzelnen mit J_1, J_2, J_3 bezeichnen.
Die Eigenwerte seien verschieden. Dann erzeugt jeder dieser drei Eigenwerte ein homogenes Gleichungssystem für die drei Koordinaten des dazugehörigen Eigenvektors. Für $\tilde{l} = 1$ lautet das Gleichungssystem

$$\begin{aligned} (J_{\hat{x}\hat{x}} - J_1) c_{1\hat{x}} + \quad & J_{\hat{x}\hat{y}} c_{1\hat{y}} + \quad & J_{\hat{x}\hat{z}} c_{1\hat{z}} &= 0 \; , \\ J_{\hat{y}\hat{x}} c_{1\hat{x}} + \quad & (J_{\hat{y}\hat{y}} - J_1) c_{1\hat{y}} + \quad & J_{\hat{y}\hat{z}} c_{1\hat{z}} &= 0 \; , \\ J_{\hat{z}\hat{x}} c_{1\hat{x}} + \quad & J_{\hat{z}\hat{y}} c_{1\hat{y}} + \quad & (J_{\hat{z}\hat{z}} - J_1) c_{1\hat{z}} &= 0 \; . \end{aligned} \tag{7.31}$$

In (7.31) sind genau zwei Gleichungen linear unabhängig. Mit diesen lassen sich zwei Eigenvektorkoordinaten durch die dritte ausdrücken. Der aus (7.31) folgende Eigenvektor

$$\mathbf{e}_1 = c_{1\hat{x}} \mathbf{e}_{\hat{x}} + c_{1\hat{y}} \mathbf{e}_{\hat{y}} + c_{1\hat{z}} \mathbf{e}_{\hat{z}} \; , \tag{7.32}$$

der die Richtung einer der sogenannten Hauptachsen hat, besitzt zunächst eine unbestimmte Länge, die durch die Normierungsbedingung

$$|\mathbf{e}_1|^2 = c_{1\hat{x}}^2 + c_{1\hat{y}}^2 + c_{1\hat{z}}^2 = 1 \tag{7.33}$$

ermittelt werden kann.
Die Wiederholung der Prozedur (7.31), (7.33) für $\tilde{l} = 2, 3$ führt auf die verbleibenden Eigenvektoren. Die Richtungskosinus aller drei Eigenvektoren bilden mit $|c_{\tilde{k}\hat{l}}| = +1$ die eigentlich orthogonale Matrix der gesuchten räumlichen Drehung.

Bei einer Drehung des Bezugssystems $(\tilde{\ })$ um eine der Koordinatenachsen aus $(\hat{\ })$ vereinfacht sich die Transformationsvorschrift (7.23). Sie wird dann identisch mit den Formeln für die Transformation der Flächenträgheitsmomente in der Statik, Kapitel 10.
Die hier ermittelten Hauptachsen heißen auch zentral, da sie durch den Schwerpunkt gehen.

Beispiel 7.1
Man leite aus (7.23) für die Drehung des Bezugssystems $(\tilde{\ })$ um die $\hat{z}$-Achse, die eine Hauptachse sei, vereinfachte Transformationsgleichungen der Koordinaten des Trägheitstensors her.
Lösung:
Das alte und das neue Bezugssystem besitzen die Basisvektoren $\mathbf{e}_{\hat{z}} = \mathbf{e}_{\tilde{z}}$ (Bild 7.5), die eine Hauptrichtung angeben. Folglich gilt $J_{\hat{x}\hat{z}} = J_{\hat{y}\hat{z}} = J_{\tilde{x}\tilde{z}} = J_{\tilde{y}\tilde{z}} = 0$.

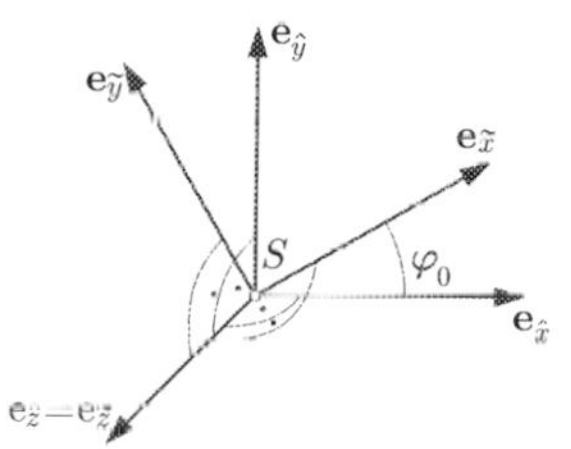

Bild 7.5. Drehung des Bezugssystems $(\tilde{\ })$ um die $\hat{z}$-Achse

Es ergeben sich auch zusätzliche Rechtwinkligkeiten zwischen alten und neuen Basisvektoren, die zum Verschwinden der entsprechenden Richtungskosinus führen, beispielsweise $\mathbf{e}_{\tilde{z}} \cdot \mathbf{e}_{\hat{x}} = c_{\tilde{z}\hat{x}} = 0$ und ähnlich $c_{\tilde{z}\hat{y}} = c_{\tilde{y}\hat{z}} = c_{\tilde{x}\hat{z}} = 0$. Außerdem ist $c_{\tilde{z}\hat{z}} = 1$. Die Vorschrift (7.23) liefert deshalb

$$J_{\tilde{x}\tilde{x}} = c_{\tilde{x}\hat{x}}^2 J_{\hat{x}\hat{x}} + c_{\tilde{x}\hat{y}}^2 J_{\hat{y}\hat{y}} + 2c_{\tilde{x}\hat{x}} c_{\tilde{x}\hat{y}} J_{\hat{x}\hat{y}}$$

oder

$$J_{\tilde{x}\tilde{x}} = J_{\hat{x}\hat{x}} \cos^2\varphi_0 + J_{\hat{y}\hat{y}} \sin^2\varphi_0 + J_{\hat{x}\hat{y}} \sin 2\varphi_0$$

und analog

$$\begin{aligned}
J_{\tilde{y}\tilde{y}} &= J_{\hat{x}\hat{x}} \sin^2\varphi_0 + J_{\hat{y}\hat{y}} \cos^2\varphi_0 - J_{\hat{x}\hat{y}} \sin 2\varphi_0 \\
J_{\tilde{z}\tilde{z}} &= J_{\hat{z}\hat{z}} \\
J_{\tilde{x}\tilde{y}} &= -J_{\hat{x}\hat{x}} \cos\varphi_0 \sin\varphi_0 + J_{\hat{x}\hat{y}} \cos^2\varphi_0 - J_{\hat{x}\hat{y}} \sin^2\varphi_0 + J_{\hat{y}\hat{y}} \cos\varphi_0 \sin\varphi_0 \\
&= (J_{\hat{y}\hat{y}} - J_{\hat{x}\hat{x}})\frac{1}{2} \sin 2\varphi_0 + J_{\hat{x}\hat{y}} \cos 2\varphi_o\ .
\end{aligned}$$

Die Forderung $J_{\tilde{x}\tilde{y}} = 0$ führt auf

$$\tan 2\varphi_0 = \frac{2J_{\hat{x}\hat{y}}}{J_{\hat{x}\hat{x}} - J_{\hat{y}\hat{y}}}$$

bzw. nach Einsetzen in obige Gleichungen auf die Hauptträgheitsmomente $J_1 \geq J_2$ bezüglich der Achsen $\tilde{x}, \tilde{y}$

$$J_{1,2} = \frac{J_{\hat{x}\hat{x}} + J_{\hat{y}\hat{y}}}{2} \pm \sqrt{\left(\frac{J_{\hat{x}\hat{x}} - J_{\hat{y}\hat{y}}}{2}\right)^2 + J_{\hat{x}\hat{y}}^2} \, ,$$

wobei auch

$$\tan \varphi_{0\,1,2} = \frac{J_{\hat{x}\hat{y}}}{J_{\hat{x}\hat{x}} - J_{2,1}}$$

zur eindeutigen Bestimmung des jeweiligen zugeordneten Drehwinkels φ_0 benutzbar ist. □

Besitzt die Eigenwertgleichung (7.30) eine Doppelwurzel, so bilden die dazugehörigen Eigenvektoren eine Ebene senkrecht zur Eigenrichtung der Einfachwurzel. Aus ihnen können orthonormierte Eigenvektoren gewonnen werden. Im Fall einer Dreifachwurzel existieren orthonormierte Eigenvektorsysteme beliebiger Orientierung.
Die obigen Aussagen über die Transformationseigenschaften des Trägheitstensors gelten auch, wenn der Ursprung der Bezugssysteme außerhalb des Körperschwerpunktes liegt.
Es sei noch erwähnt, dass Hauptträgheitsmomente mit verschiedenen Werten Extremwerte darstellen, die mit dem hier nicht näher zu erörternden Trägheitsellipsoid zusammenhängen. Existieren in dem betrachteten Körper Symmetrieebenen der Massenverteilung, so gibt wegen der Zusammensetzung der Integranden in den Deviationsmomenten von (7.4) die Normale auf dieser Ebene eine Hauptrichtung an. Wenn z. B. die Ebene $\hat{z} = 0$ Symmetrieebene des Körpers und damit des Integrationsgebietes für

$$J_{\hat{x}\hat{z}} = -\int_m \hat{x}\hat{z}dm$$

ist, dann muss das Integral über die in $\hat{z}$ ungerade Funktion $\hat{x}\hat{z}$ in dem symmetrischen Integrationsgebiet verschwinden. Analoges gilt für $J_{\hat{y}\hat{z}}$.
Wir betrachten als erstes Beispiel einen homogenen Quader der Masse m (Bild 7.6).
Es sind die Definitionsgleichungen (7.4) auszuwerten. Die Dichte des homogenen Quaders beträgt

$$\varrho_Q = \frac{m}{abc} \, .$$

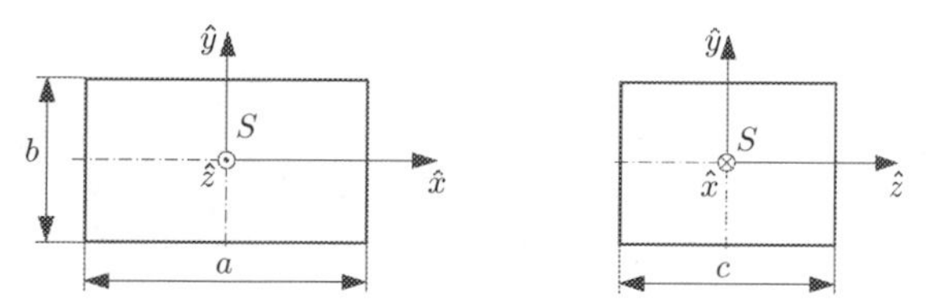

Bild 7.6. Zu den Hauptträgheitsmomenten des Quaders

Damit wird in (7.4)

$$J_{\hat{x}\hat{x}} = \int_m (\hat{y}^2 + \hat{z}^2)dm = \varrho_Q \int_V (\hat{y}^2 + \hat{z}^2)dV = \varrho_Q \int_{-\frac{c}{2}}^{\frac{c}{2}} \int_{-\frac{b}{2}}^{\frac{b}{2}} \int_{-\frac{a}{2}}^{\frac{a}{2}} (\hat{y}^2 + \hat{z}^2)d\hat{x}d\hat{y}d\hat{z}$$

$$= \varrho_Q \int_{-\frac{c}{2}}^{\frac{c}{2}} \int_{-\frac{b}{2}}^{\frac{b}{2}} (\hat{y}^2 + \hat{z}^2)ad\hat{y}d\hat{z} = \varrho_Q a \int_{-\frac{c}{2}}^{\frac{c}{2}} \left(\frac{b^3}{12} + \hat{z}^2 \cdot b\right)d\hat{z}$$

$$= \varrho_Q a \cdot b\left(\frac{b^2}{12}c + \frac{c^3}{12}\right) = \varrho_Q abc\frac{b^2 + c^2}{12}$$

$$J_{\hat{x}\hat{x}} = \frac{b^2 + c^2}{12}m \; . \tag{7.34}$$

Analog entstehen

$$J_{\hat{y}\hat{y}} = \frac{a^2 + c^2}{12}m \; , \qquad J_{\hat{z}\hat{z}} = \frac{a^2 + b^2}{12}m \; . \tag{7.35}$$

Die Deviationsmomente verschwinden wegen Symmetrie, d. h. $\hat{x}, \hat{y}, \hat{z}$ sind Hauptachsen und die Größen (7.34), (7.35) Hauptträgheitsmomente. Für $a = b = c$ im Falle eines Würfels bleiben wegen $J_{\hat{x}\hat{x}} = J_{\hat{y}\hat{y}} = J_{\hat{z}\hat{z}} = a^2m/6$ die Hauptrichtungen unbestimmt. Die Basisvektoren jeder orthogonalen Basis geben Hauptrichtungen an. Mit $a \gg b, c$ entsteht aus dem Quader ein schlanker Stab, und (7.35) liefert dann unabhängig von der Querschnittsform

$$J_{\hat{y}\hat{y}} = J_{\hat{z}\hat{z}} = \frac{a^2}{12}m \; . \tag{7.36}$$

Als zweites Beispiel liege ein homogener Kreiszylinder der Masse m vor (Bild 7.7). Gesucht sind die Hauptträgheitsmomente.

Das Beispiel kann wie jede andere Aufgabe dieser Art entsprechend der Definition (7.4) nach den Regeln zur Berechnung von Volumenintegralen behandelt werden. Wir gehen hier z. T. etwas anders vor, indem wir auch den Satz von STEINER in der Form (7.15) benutzen, dabei aber von der Symmetrie des Kreiszylinders Gebrauch machen.

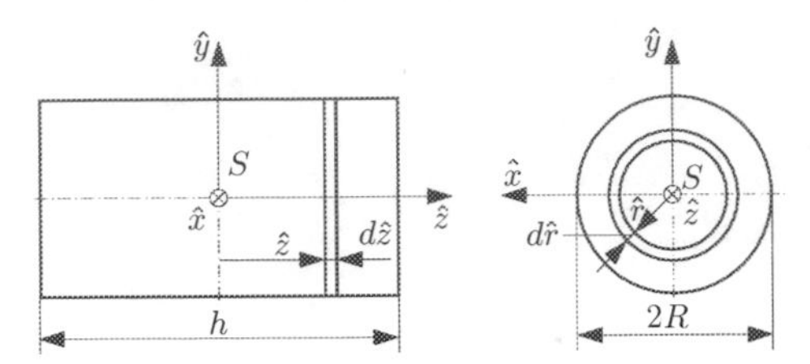

Bild 7.7. Zu den Hauptträgheitsmomenten des Kreiszylinders

Offensichtlich sind Ebenen, die die Achse und damit einen Durchmesser des Kreiszylinders enthalten, Symmetrieebenen. Folglich geben die $\hat{x}$- und die $\hat{y}$-Achse Hauptrichtungen an. Die Ebene $\hat{z} = 0$ stellt ebenfalls eine Symmetrieebene dar. Deshalb ist auch die $\hat{z}$-Achse eine Hauptachse. Zur Berechnung des axialen Massenträgheitsmomentes $J_{\hat{z}\hat{z}}$ betrachten wir zunächst ein Kreiszylinderrohr mit dem Innenradius $\hat{r}$ und der Wanddicke $d\hat{r}$. Nach (7.4) gilt dann

$$J_{\hat{z}\hat{z}} = \int_m (\hat{x}^2 + \hat{y}^2)dm = \varrho_K \int_V \hat{r}^2 dV = \varrho_K \int_0^R \hat{r}^2 2\pi\hat{r}h d\hat{r} \ ,$$

wobei die Dichte des Kreiszylinders

$$\varrho_K = \frac{m}{\pi R^2 h}$$

beträgt. Aus beiden Gleichungen folgt

$$J_{\hat{z}\hat{z}} = \frac{m}{2}R^2 \ . \tag{7.37}$$

Das axiale Massenträgheitsmoment einer Kreisscheibe der Dicke $d\hat{z}$ bezüglich der $\hat{x}$-Achse ist gleich dem axialen Flächenträgheitsmoment der Kreisfläche multipliziert mit der Massendichte je Flächeneinheit und mit $d\hat{z}$. Mit Hinzunahme des STEINER-Anteils ergibt sich

$$dJ_{\hat{x}\hat{x}} = \frac{\pi R^4}{4}\frac{m}{\pi R^2 h}d\hat{z} + \hat{z}^2 m\frac{d\hat{z}}{h} \ .$$

Beim Integrieren wird die Symmetrie bezüglich der $\hat{x}, \hat{y}$-Ebene berücksichtigt.

$$J_{\hat{x}\hat{x}} = 2\int_0^{\frac{h}{2}} (\frac{mR^2}{4h} + \frac{m}{h}\hat{z}^2)d\hat{z} = \frac{mR^2}{4} + \frac{mh^2}{12} \ . \tag{7.38}$$

Außerdem gilt $J_{\hat{x}\hat{x}} = J_{\hat{y}\hat{y}}$, und die Deviationsmomente verschwinden.
Schließlich seien noch die axialen Massenträgheitsmomente einer homogenen Kugel mit der Masse m und dem Radius R erwähnt, die wegen Symmetrie alle einem Massenträgheitsmoment bezüglich einer beliebigen körperfesten Achse $\hat{a}$

im Schwerpunkt gleichen. Mit (7.4) entsteht

$$J_{\hat{x}\hat{x}} = \int\limits_m (\hat{y}^2 + \hat{z}^2)dm = J_{\hat{y}\hat{y}} = \int\limits_m (\hat{x}^2 + \hat{z}^2)dm = J_{\hat{z}\hat{z}} = \int\limits_m (\hat{x}^2 + \hat{y}^2)dm = J_{\hat{a}\hat{a}} \ .$$

Es folgt durch Addition

$$3J_{\hat{a}\hat{a}} = \int\limits_m 2(\hat{x}^2 + \hat{y}^2 + \hat{z}^2)dm = 2\int\limits_m \hat{r}^2 dm \ .$$

Als Volumenelement wird eine Kugelschicht der Dicke $d\hat{r}$ gewählt. Mit der Dichte $3m/(4\pi R^3)$ ergibt sich (s. a. das Demonstrationsbeispiel im Abschnitt (2.3.3)

$$J_{\hat{a}\hat{a}} = \frac{2}{3}\int\limits_0^R \hat{r}^2 \cdot \frac{3m}{4\pi R^3} \cdot 4\pi\hat{r}^2 d\hat{r} = \frac{2}{5}mR^2 \ . \tag{7.39}$$

7.1.3 Kinetische Energie

Im Abschnitt 2.3.5 wurde die kinetische Energie eines Körpers bei ebener Bewegung angegeben und in (2.85) festgestellt, dass sie in einen translatorischen Anteil der Schwerpunktbewegung und einen Anteil, der der Rotation des Körpers um den Schwerpunkt entspricht, zerfällt. Dieser Sachverhalt tritt in allgemeiner Form auch bei räumlichen Bewegungen auf.
Die kinetische Energie des Massenelementes dm aus Bild 7.1 beträgt

$$dT = \frac{1}{2}\dot{\mathbf{r}}^2 dm$$

und die kinetische Energie des gesamten Körpers

$$T = \frac{1}{2}\int\limits_m \dot{\mathbf{r}}^2 dm = \frac{1}{2}\int\limits_m \mathbf{v}^2 dm \ . \tag{7.40}$$

Dabei wurde berücksichtigt, dass das Verhältnis von Rotationsenergie zu Translationsenergie des Massenelementes im Grenzübergang zu null geht.
Mit der EULERschen Formel (1.55), angewendet auf den Schwerpunkt,

$$\mathbf{v} = \mathbf{v}_S + \boldsymbol{\omega} \times \mathbf{r}_{SP} \tag{7.41}$$

folgt aus (7.40)

$$T = \frac{1}{2}\Big[\mathbf{v}_S^2 \int\limits_m dm + 2\mathbf{v}_S \cdot \boldsymbol{\omega} \times \int\limits_m \mathbf{r}_{SP} dm + \int\limits_m (\boldsymbol{\omega} \times \mathbf{r}_{SP})^2 dm\Big]$$

bzw. wegen $\int_m \mathbf{r}_{SP} dm = 0$

$$T = \frac{1}{2}\mathbf{v}_S^2 m + \frac{1}{2}\int\limits_m (\boldsymbol{\omega} \times \mathbf{r}_{SP})^2 dm \ . \tag{7.42}$$

Diese Formel, deren erster Summand die Translationsenergie beschreibt und deren zweiter Summand die Rotationsenergie wiedergibt, entspricht (2.85). Die Rotationsenergie lässt sich mit Hilfe des Trägheitstensors etwas übersichtlicher darstellen. Hierzu wird das Kreuzprodukt von (7.42) in Koordinaten bezüglich der körperfesten Basis $\mathbf{e}_{\hat{x}}, \mathbf{e}_{\hat{y}}, \mathbf{e}_{\hat{z}}$ ausgeführt.

$$\boldsymbol{\omega} \times \mathbf{r}_{SP} = \begin{vmatrix} \mathbf{e}_{\hat{x}} & \mathbf{e}_{\hat{y}} & \mathbf{e}_{\hat{z}} \\ \omega_{\hat{x}} & \omega_{\hat{y}} & \omega_{\hat{z}} \\ \hat{x} & \hat{y} & \hat{z} \end{vmatrix} = (\hat{z}\omega_{\hat{y}} - \hat{y}\omega_{\hat{z}})\mathbf{e}_{\hat{x}} + (\hat{x}\omega_{\hat{z}} - \hat{z}\omega_{\hat{x}})\mathbf{e}_{\hat{y}} + (\hat{y}\omega_{\hat{x}} - \hat{x}\omega_{\hat{y}})\mathbf{e}_{\hat{z}} \ .$$

Das Quadrat dieses Ausdrucks

$$\begin{aligned} (\boldsymbol{\omega} \times \mathbf{r}_{SP})^2 &= (\hat{z}\omega_{\hat{y}} - \hat{y}\omega_{\hat{z}})^2 + (\hat{x}\omega_{\hat{z}} - \hat{z}\omega_{\hat{x}})^2 + (\hat{y}\omega_{\hat{x}} - \hat{x}\omega_{\hat{y}})^2 \\ &= \omega_{\hat{x}}^2(\hat{y}^2 + \hat{z}^2) - 2\hat{y}\hat{z}\omega_{\hat{y}}\omega_{\hat{z}} + \ldots \end{aligned}$$

ergibt unter Berücksichtigung der Definition (7.4)

$$\begin{aligned} \frac{1}{2}\int\limits_m (\boldsymbol{\omega} \times \mathbf{r}_{SP})^2 dm = \frac{1}{2}\Big[& J_{\hat{x}\hat{x}}\omega_{\hat{x}}^2 + J_{\hat{y}\hat{y}}\omega_{\hat{y}}^2 + J_{\hat{z}\hat{z}}\omega_{\hat{z}}^2 \\ & + 2(J_{\hat{y}\hat{z}}\omega_{\hat{y}}\omega_{\hat{z}} + J_{\hat{x}\hat{z}}\omega_{\hat{x}}\omega_{\hat{z}} + J_{\hat{x}\hat{y}}\omega_{\hat{x}}\omega_{\hat{y}})\Big] \ . \end{aligned}$$

Hier gehen wir noch auf ein körperfestes Hauptachsensystem $\mathbf{e}_{\tilde{l}}, \tilde{l} = 1, 2, 3$, im Körperschwerpunkt über und erhalten nach Einsetzen des Ergebnisses in (7.42) die gesamte kinetische Energie

$$T = \frac{1}{2}(\dot{x}_S^2 + \dot{y}_S^2 + \dot{z}_S^2)m + \frac{1}{2}(J_1\omega_1^2 + J_2\omega_2^2 + J_3\omega_3^2) \ , \tag{7.43}$$

die sich im Sonderfall der ebenen Bewegung auf (2.85) reduziert. Sie bietet die eventuelle Möglichkeit, die LAGRANGEschen Gleichungen zweiter Art (6.27), (6.39) unter Beachtung der genannten Schwierigkeiten auf den räumlichen Fall zu erweitern.

7.2 Impulsbilanzen bei Benutzung kinetischer Kenngrößen

Mit der Kenntnis der Masse und der Schwerpunktkoordinaten eines Körpers kann die translatorische Impulsbilanz auf die schon bekannte Form (2.66) gebracht werden.

Hinsichtlich der Drehimpulsbilanz ist zunächst festzustellen, dass die Koordinaten des Trägheitstensors bezüglich der körperfesten Basisvektoren $\mathbf{e}_{\hat{x}}$, $\mathbf{e}_{\hat{y}}$, $\mathbf{e}_{\hat{z}}$ in der Beziehung für den Drehimpuls (7.5) zeitlich konstant und damit übersichtlich bleiben. Allerdings muss dafür die Änderung der körperfesten Basisvektoren bei Bildung der Zeitableitung des Drehimpulses in den Varianten der Drehimpulsbilanz (2.70) beachtet werden. Für Vektoren, die sich im körperfesten Bezugssystem zeitlich ändern, wird dies durch die Differenziationsvorschrift (1.81) berücksichtigt. Die im Hinblick auf (2.70) zu bildende Zeitableitung des Drehimpulses $\mathbf{L}^{(S)}$ im raumfesten Bezugssystem lässt sich deshalb zunächst als

$$\dot{\mathbf{L}}^{(S)} = \boldsymbol{\omega} \times \mathbf{L}^{(S)} + \frac{d'\mathbf{L}^{(S)}}{dt} \tag{7.44}$$

schreiben. Hierbei gilt mit (7.5) und (7.6) bezüglich des körperfesten Bezugssystems

$$\mathbf{L}^{(S)} = \sum_{\hat{k}} L_{\hat{k}}^{(S)} \mathbf{e}_{\hat{k}} = \sum_{\hat{k}} \sum_{\hat{l}} J_{\hat{k}\hat{l}} \omega_{\hat{l}} \mathbf{e}_{\hat{k}} \,, \tag{7.45}$$

und das Symbol $d'()/dt$ bezeichnet die Zeitableitung der Vektorkoordinaten $L_{\hat{k}}^{(S)}$ bezüglich der körperfesten Basisvektoren $\mathbf{e}_{\hat{k}}$. Die Koordinaten des Trägheitstensors $J_{\hat{k}\hat{l}}$ hinsichtlich der körperfesten Basis sind voraussetzungsgemäß zeitlich konstant. So folgt schließlich mit (7.6)

$$\frac{d'\mathbf{L}^{(S)}}{dt} = \frac{d'}{dt} \sum_{\hat{k}} L_{\hat{k}}^{(S)} \mathbf{e}_{\hat{k}} = \sum_{\hat{k}} \dot{L}_{\hat{k}}^{(S)} \mathbf{e}_{\hat{k}} = \sum_{\hat{k}} \sum_{\hat{l}} J_{\hat{k}\hat{l}} \dot{\omega}_{\hat{l}} \mathbf{e}_{\hat{k}} \,. \tag{7.46}$$

Das Kreuzprodukt in (7.44) bei körperfestem Bezug

$$\boldsymbol{\omega} \times \mathbf{L}^{(S)} = \begin{vmatrix} \mathbf{e}_{\hat{x}} & \mathbf{e}_{\hat{y}} & \mathbf{e}_{\hat{z}} \\ \omega_{\hat{x}} & \omega_{\hat{y}} & \omega_{\hat{z}} \\ L_{\hat{x}}^{(S)} & L_{\hat{y}}^{(S)} & L_{\hat{z}}^{(S)} \end{vmatrix}$$

$$= \big(L_{\hat{z}}^{(S)} \omega_{\hat{y}} - L_{\hat{y}}^{(S)} \omega_{\hat{z}}\big) \mathbf{e}_{\hat{x}} + \big(L_{\hat{x}}^{(S)} \omega_{\hat{z}} - L_{\hat{z}}^{(S)} \omega_{\hat{x}}\big) \mathbf{e}_{\hat{y}} + \big(L_{\hat{y}}^{(S)} \omega_{\hat{x}} - L_{\hat{x}}^{(S)} \omega_{\hat{y}}\big) \mathbf{e}_{\hat{z}} \tag{7.47}$$

erfordert die Auswertung von (7.6).

Für ein körperfestes Hauptachsensystem des Trägheitstensors verschwinden die Deviationsmomente. In den Hauptkoordinaten $\tilde{l} = 1, 2, 3$ ergibt sich dann für

(7.6)

$$L_{\tilde{l}}^{(S)} = J_{\tilde{l}} \omega_{\tilde{l}} \, , \qquad \tilde{l} = 1, 2, 3 \tag{7.48}$$

und damit aus (7.47)

$$\begin{aligned} \boldsymbol{\omega} \times \mathbf{L}^{(S)} =& (J_3\omega_3\omega_2 - J_2\omega_2\omega_3)\mathbf{e}_1 + (J_1\omega_1\omega_3 - J_3\omega_3\omega_1)\mathbf{e}_2 \\ &+ (J_2\omega_2\omega_1 - J_1\omega_1\omega_2)\mathbf{e}_3 \end{aligned} \tag{7.49}$$

sowie für (7.46)

$$\frac{d'\mathbf{L}^{(S)}}{dt} = J_1\dot{\omega}_1\mathbf{e}_1 + J_2\dot{\omega}_2\mathbf{e}_2 + J_3\dot{\omega}_3\mathbf{e}_3 \, . \tag{7.50}$$

Die hier vorgenommene Indizierung körperfester Koordinaten durch die Zahlen 1, 2, 3 unterscheidet sich vom Gebrauch der Zahlen 1, 2, 3 für die Indizierung der raumfesten Koordinaten in (1.63). Der Vergleich linke Seite von (7.44) mit der Summe aus (7.49), (7.50) liefert

$$\begin{aligned} \dot{\mathbf{L}}^{(S)} &= [J_1\dot{\omega}_1 - (J_2 - J_3)\omega_2\omega_3]\mathbf{e}_1 \\ &+ [J_2\dot{\omega}_2 - (J_3 - J_1)\omega_3\omega_1]\mathbf{e}_2 \\ &+ [J_3\dot{\omega}_3 - (J_1 - J_2)\omega_1\omega_2]\mathbf{e}_3 \, . \end{aligned} \tag{7.51}$$

Dieser von EULER angegebene Ausdruck für die Zeitableitung des auf den Körperschwerpunkt bezogenen Drehimpulses kann in eine der Varianten der Drehimpulsbilanz (2.70) oder deren statischen Interpretationen (2.80) eingesetzt werden. Die verbleibenden Terme in (2.70) bzw. (2.80) sind dann bei einem Vektorkoordinatenvergleich ebenfalls auf die körperfesten Hauptachsenbasisvektoren $\mathbf{e}_1$, $\mathbf{e}_2$ und $\mathbf{e}_3$ zu beziehen. Der Vergleich liefert drei gekoppelte nichtlineare Differenzialgleichungen (EULERsche Gleichungen), aus denen für bekannte Bewegungen die zu den Bewegungen gehörenden Lasten bestimmbar sind. Die Lösung des nichtlinearen Differenzialgleichungssystems für gegebene Lasten ist schwieriger.

Wir betrachten als Beispiel gegebener Lasten den so genannten momentenfreien Kreisel. Der Kreisel bestehe aus einem unbelasteten Körper, der um seinen Schwerpunkt rotieren kann. Dabei ist es bedeutungslos, ob der Schwerpunkt gemäß (2.66) eine von null verschiedene konstante Geschwindigkeit besitzt oder nicht.

Nach Einsetzen von (7.51) in (2.70c) folgt wegen $M_{G1}^{(S)} = M_{G2}^{(S)} = M_{G3}^{(S)} = 0$

$$J_1\dot{\omega}_1 - (J_2 - J_3)\omega_2\omega_3 = 0 \, , \tag{7.52a}$$

$$J_2\dot{\omega}_2 - (J_3 - J_1)\omega_3\omega_1 = 0 \, , \tag{7.52b}$$

$$J_3\dot{\omega}_3 - (J_1 - J_2)\omega_1\omega_2 = 0 \, . \tag{7.52c}$$

Wird in (7.52) eine konstante Winkelgeschwindigkeit vorausgesetzt, d. h., $\dot{\omega}_{\bar{l}} = 0$, so ergibt sich aus dem verbleibenden algebraischen Gleichungssystem in Abhängigkeit von den Werten der Hauptträgheitmomente eine Winkelgeschwindigkeit um eine bestimmte oder unbestimmte Hauptachse. Im Gedankenexperiment der Einführung müsste deshalb der Rugbyball zur Erzeugung einer gleichmäßigen Drehbewegung mit einem Effet um eine seiner Hauptachsen getreten werden.
Zu (7.52) sei jetzt eine Anfangsbedingung für den Winkelgeschwindigkeitsvektor gegeben. Dann lässt sich aus (7.52) die zeitliche Entwicklung des Winkelgeschwindigkeitsvektors berechnen. Die Anfangsbedingung habe die spezielle Form

$$t = 0 \;, \quad \omega_1 = 0 \;, \quad \omega_2 = 0 \;, \quad \omega_3 - \omega_0 \;. \tag{7.53}$$

Eine Lösung, die (7.52) und (7.53) erfüllt, ist offensichtlich

$$\omega_1 = 0 \;, \quad \omega_2 = 0 \;, \quad \omega_3 = \omega = \omega_0 \;, \tag{7.54}$$

d. h. der Körper rotiert mit konstanter Winkelgeschwindigkeit um seine dritte Hauptachse.
Hier erhebt sich die Frage nach der Stabilität der Drehbewegung gegenüber kleinen Anfangsstörungen des Winkelgeschwindigkeitsvektors. Diese Frage wurde bereits in Abschnitt 2.3.3 gestellt und betrifft auch das in der Einführung besprochene Gedankenexperiment. Zur Beantwortung der Frage wird die durch die Differenzialgleichungen (7.52) bestimmte zeitliche Entwicklung der Störung $\Delta\omega_i(t)$ des Winkelgeschwindigkeitsvektors (7.54) geprüft. Es gilt also

$$\omega_1 = \Delta\omega_1 \;, \quad \omega_2 = \Delta\omega_2 \;, \quad \omega_3 = \omega + \Delta\omega_3 \;. \tag{7.55}$$

Die gestörten Funktionen (7.55) werden in (7.52) eingesetzt, wobei das Ergebnis unter der Voraussetzung $|\Delta\omega_i| \ll |\omega|$, $|\Delta\omega_1\Delta\omega_2| \ll |\Delta\dot{\omega}_3|$ nur in der ersten Näherung

$$J_1\Delta\dot{\omega}_1 - (J_2 - J_3)\omega\Delta\omega_2 = 0 \;, \tag{7.56a}$$

$$J_2\Delta\dot{\omega}_2 - (J_3 - J_1)\omega\Delta\omega_1 = 0 \;, \tag{7.56b}$$

$$J_3\Delta\dot{\omega}_3 = 0 \tag{7.56c}$$

untersucht wird. Das lineare homogene Differenzialgleichungssystem (7.56) hat die Lösungen

$$\Delta\omega_3 = \text{konst.} \tag{7.57}$$

und

$$\Delta\omega_i = C_i e^{\lambda t} \;, \quad i = 1, 2 \;. \tag{7.58}$$

Aus (7.56a,b), (7.58) folgt

$$J_1\lambda C_1 - (J_2 - J_3)\omega C_2 = 0 \,, \tag{7.59a}$$

$$-(J_3 - J_1)\omega C_1 + J_2\lambda C_2 = 0 \,. \tag{7.59b}$$

Eine nichttriviale Lösung des homogenen Gleichungssystems (7.59) für die Unbekannten C_i erfordert das Verschwinden der Koeffizientendeterminante

$$J_1 J_2 \lambda^2 - (J_2 - J_3)(J_3 - J_1)\omega^2 = 0 \,. \tag{7.60}$$

Die charakteristische Gleichung (7.60) hat die Wurzeln

$$\lambda_{1,2} = \pm\omega\sqrt{\frac{(J_2 - J_3)(J_3 - J_1)}{J_1 J_2}} \,. \tag{7.61}$$

Für $(J_2 - J_3)(J_3 - J_1) > 0$ wird $\lambda_1 > 0$, und in (7.58) wächst $\Delta\omega_1$ mit der Zeit unbeschränkt an. Damit entfernt sich die gestörte Lösung (7.55) von der Ausgangslösung (7.54). Letztere wird deshalb als instabil bezeichnet. Dieser Fall tritt für $J_2 > J_3$ und $J_3 > J_1$ oder für $J_2 < J_3$ und $J_3 < J_1$ ein, d. h. wenn sich der Körper um die Achse seines mittleren Hauptträgheitsmomentes dreht. Bei Rotation um die Achse des kleinsten oder größten Hauptträgheitsmomentes ist $(J_2 - J_3)(J_3 - J_1) < 0$, und (7.61) liefert zwei imaginäre Wurzeln. Dann entstehen in (7.58) periodische Funktionen. Diese sind zwar beschränkt. Das reicht aber wegen der vorangegangenen Linearisierung für die Stabilität der ungestörten Lösung nicht aus. Die hier nicht ausgeführte Analyse des unlinearisierten Differenzialgleichungssystems (7.52) in Verbindung mit (7.55) zeigt jedoch, dass die Drehungen um die Achsen der kleinsten oder größten Hauptträgheitsmomente stabil sind.

Wir geben noch die Drehimpulsbilanz (2.67) in Bezug auf einen raumfesten Punkt O für den Fall der Drehung eines Körpers um diesen Punkt an und zerlegen dabei den Drehimpuls nach körperfesten Hauptrichtungen durch den Punkt O. Der Drehimpuls aus (2.61)

$$\mathbf{L} = \int_m \mathbf{r} \times \dot{\mathbf{r}} dm$$

geht mit (1.39) zunächst in

$$\mathbf{L} = \int_m \mathbf{r} \times (\boldsymbol{\omega} \times \mathbf{r}) dm = \boldsymbol{\omega} \int_m \mathbf{r}^2 dm - \int_m (\mathbf{r} \cdot \boldsymbol{\omega})\mathbf{r} dm \tag{7.62}$$

über. Hier sind der Ortsvektor bezüglich des raum- und körperfesten Punktes O als

$$\mathbf{r} = \bar{x}\mathbf{e}_{\bar{x}} + \bar{y}\mathbf{e}_{\bar{y}} + \bar{z}\mathbf{e}_{\bar{z}} \tag{7.63}$$

und der Winkelgeschwindigkeitsvektor als

$$\boldsymbol{\omega} = \omega_{\bar{x}}\mathbf{e}_{\bar{x}} + \omega_{\bar{y}}\mathbf{e}_{\bar{y}} + \omega_{\bar{z}}\mathbf{e}_{\bar{z}} \tag{7.64}$$

gegeben, wobei $\mathbf{e}_{\bar{x}}$, $\mathbf{e}_{\bar{y}}$ und $\mathbf{e}_{\bar{z}}$ körperfeste Basisvektoren bezeichnen.
Analog zu (7.5), (7.45) entsteht aus (7.62), (7.63), (7.64)

$$\mathbf{L} = \sum_{\bar{k}} L_{\bar{k}}\mathbf{e}_{\bar{k}} = \sum_{k}\sum_{\bar{l}} J_{\bar{k}\bar{l}}\omega_{\bar{l}}\mathbf{e}_{\bar{k}} \; . \tag{7.65}$$

Weiter gilt wie in (7.44), (7.46)

$$\dot{\mathbf{L}} = \boldsymbol{\omega} \times \mathbf{L} + \sum_{\bar{k}}\sum_{\bar{l}} J_{\bar{k}\bar{l}}\dot{\omega}_{\bar{l}}\mathbf{e}_{\bar{k}} \; . \tag{7.66}$$

Beim Übergang von Schwerpunkthauptachsen auf parallele Hauptachsen außerhalb des Schwerpunktes durch den Punkt O sind im Unterschied zu (7.51) die in (7.66) eingehenden Hauptträgheitsmomente um die jeweiligen STEINER-Anteile gegenüber den $J_{\bar{l}}, \bar{l} = 1,2,3$, aus (7.51) zu vergrößern. Wir bezeichnen sie mit $\bar{J}_1, \bar{J}_2, \bar{J}_3$ anstelle von $J_{\bar{l}}, \bar{l} = 1,2,3$. Die Drehimpulsbilanz bezüglich des raum- und körperfesten Punktes O für die Drehung des Körpers um diesen Punkt lautet dann in der körperfesten Hauptachsenbasis $\mathbf{e}_1, \mathbf{e}_2, \mathbf{e}_3$

$$M_{G1} = \bar{J}_1\dot{\omega}_1 - (\bar{J}_2 - \bar{J}_3)\omega_2\omega_3 \; , \tag{7.67a}$$

$$M_{G2} = \bar{J}_2\dot{\omega}_2 - (\bar{J}_3 - \bar{J}_1)\omega_3\omega_1 \; , \tag{7.67b}$$

$$M_{G3} = \bar{J}_3\dot{\omega}_3 - (\bar{J}_1 - \bar{J}_2)\omega_1\omega_2 \; . \tag{7.67c}$$

7.2.1 Rotordrehung um eine raumfeste Achse

Als einen Anwendungsfall der Bestimmung von Lasten aus gegebenen Körperbewegungen betrachten wir in Bild 7.8 einen kreiszylindrischen Rotor, der sich in exzentrischer, windschiefer Anordnung um eine raum- und körperfeste Achse AB mit der bekannten Winkelgeschwindigkeit $\omega(t)$ dreht. Gesucht sind das Antriebsmoment M_t und die Kräfte in den Lagern A und B.
Für die Lösung dieser Aufgabe wird es erforderlich sein, die Bilanzen von Impuls und Drehimpuls zu benutzen. Es ist zweckmäßig, neben der raumfesten Basis $\mathbf{e}_x, \mathbf{e}_y, \mathbf{e}_z$ eine sich mit dem Rotor drehende körperfeste Basis $\mathbf{e}_{\bar{x}}, \mathbf{e}_{\bar{y}}, \mathbf{e}_{\bar{z}}$ einzuführen, wobei die Orientierung der raum- und körperfesten Drehachse durch $\mathbf{e}_z = \mathbf{e}_{\bar{z}}$ beschrieben wird (Bild 7.8).
Wir betrachten zuerst die spezielle Kinematik des Problems. Der Winkelgeschwindigkeitsvektor hat die Form

$$\boldsymbol{\omega} = \omega_z\mathbf{e}_z = \omega_{\bar{z}}\mathbf{e}_{\bar{z}} = \omega\mathbf{e}_{\bar{z}} \; . \tag{7.68}$$

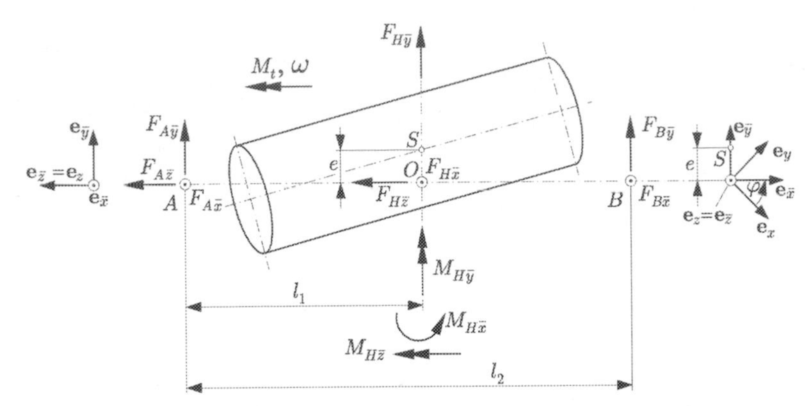

Bild 7.8. Exzentrischer, windschiefer Rotor mit raumfester Drehachse

Die Winkelbeschleunigung ist

$$\dot{\boldsymbol{\omega}} = \dot{\omega}\mathbf{e}_z = \dot{\omega}\mathbf{e}_{\bar{z}} \ . \tag{7.69}$$

Für den durch die Exzentrizität e gegebenen körperfesten Abstandsvektor des Rotorschwerpunktes vom raum- und körperfesten Punkt O ergibt sich im körperfesten Bezugssystem

$$\mathbf{r}_S = e\mathbf{e}_{\bar{y}} \ . \tag{7.70}$$

Unter Berücksichtigung der Zeitableitung eines körperfesten Vektors konstanten Betrages (1.42) folgen aus (7.64) die absolute Schwerpunktgeschwindigkeit

$$\dot{\mathbf{r}}_S = e\dot{\mathbf{e}}_{\bar{y}} = e\boldsymbol{\omega} \times \mathbf{e}_{\bar{y}} = e\omega\mathbf{e}_{\bar{z}} \times \mathbf{e}_{\bar{y}} = -e\omega\mathbf{e}_{\bar{x}} \tag{7.71}$$

und die absolute Schwerpunktbeschleunigung

$$\ddot{\mathbf{r}}_S = -e\dot{\omega}\mathbf{e}_{\bar{x}} - e\omega\dot{\mathbf{e}}_{\bar{x}} = -e\dot{\omega}\mathbf{e}_{\bar{x}} - e\omega^2\mathbf{e}_{\bar{y}} \ , \tag{7.72}$$

beide zerlegt nach der körperfesten Basis $\mathbf{e}_{\bar{x}}$, $\mathbf{e}_{\bar{y}}$. Die Impulsbilanz (2.66) in der Form (2.79), die erforderlichenfalls Eigengewicht und andere eingeprägte Kräfte enthalten kann, liefert mit der Hilfskraft $\mathbf{F}_H = F_{H\bar{x}}\mathbf{e}_{\bar{x}} + F_{H\bar{y}}\mathbf{e}_{\bar{y}} + F_{H\bar{z}}\mathbf{e}_{\bar{z}}$ nach Bild 7.8 sowie mit (7.72) in Koordinaten des körperfesten Bezugssystems

$$\begin{aligned} \odot: &\quad F_{A\bar{x}} + F_{B\bar{x}} + F_{H\bar{x}} = 0 \ , \\ \uparrow: &\quad F_{A\bar{y}} + F_{B\bar{y}} + F_{H\bar{y}} = 0 \ , \\ \leftarrow: &\quad F_{A\bar{z}} + F_{H\bar{z}} = 0 \ . \end{aligned}$$

Die Hilfskraft $\mathbf{F}_H = -m\ddot{\mathbf{r}}_s$ ist mit (7.72)

$$\mathbf{F}_H = m(e\dot{\omega}\mathbf{e}_{\bar{x}} + e\omega^2\mathbf{e}_{\bar{y}}) \ , \tag{7.73}$$

so dass sich schließlich

$$F_{A\bar{x}} + F_{B\bar{x}} + me\dot{\omega} = 0 \ , \tag{7.74a}$$

$$F_{A\bar{y}} + F_{B\bar{y}} + me\omega^2 = 0 \ , \tag{7.74b}$$

$$F_{A\bar{z}} = 0 \ . \tag{7.74c}$$

ergibt.

Wegen der speziellen Bewegung des Rotors, nämlich der Drehung um eine raumfeste Achse, wird eine vereinfachte Drehimpulsbilanz erwartet. Wir gehen deshalb von der Drehimpulsbilanz bezüglich des raum- und körperfesten Punktes O auf dieser Achse aus und schreiben den Drehimpuls bezüglich des körperfesten Bezugssystems mit der Basis $\mathbf{e}_{\bar{x}}, \mathbf{e}_{\bar{y}}, \mathbf{e}_{\bar{z}}$ und dem Koordinatenursprung von $\bar{x}$, $\bar{y}$ und $\bar{z}$ im Punkt O an. Wir erhalten wie in (7.65)

$$L_{\bar{k}} = \sum_{\bar{l}} J_{\bar{k}\bar{l}}\omega_{\bar{l}} \ , \qquad \bar{l} = \bar{x}, \bar{y}, \bar{z} \tag{7.75}$$

und daraus wegen (7.68)

$$L_{\bar{k}} = J_{\bar{k}\bar{z}}\omega_{\bar{z}} \ , \tag{7.76}$$

d. h. wegen $\omega_{\bar{z}} = \omega$

$$\mathbf{L} = \omega(J_{\bar{x}\bar{z}}\mathbf{e}_{\bar{x}} + J_{\bar{y}\bar{z}}\mathbf{e}_{\bar{y}} + J_{\bar{z}\bar{z}}\mathbf{e}_{\bar{z}}) \ . \tag{7.77}$$

Die Zeitableitung von (7.77) wird wieder unter Berücksichtigung von $\dot{\mathbf{e}}_{\bar{x}} = \omega\mathbf{e}_{\bar{y}}$ und $\dot{\mathbf{e}}_{\bar{y}} = -\omega\mathbf{e}_{\bar{x}}$ gebildet.

$$\begin{aligned}\dot{\mathbf{L}} &= \dot{\omega}(J_{\bar{x}\bar{z}}\mathbf{e}_{\bar{x}} + J_{\bar{y}\bar{z}}\mathbf{e}_{\bar{y}} + J_{\bar{z}\bar{z}}\mathbf{e}_{\bar{z}}) + \omega^2(J_{\bar{x}\bar{z}}\mathbf{e}_{\bar{y}} - J_{\bar{y}\bar{z}}\mathbf{e}_{\bar{x}}) \\ &= (J_{\bar{x}\bar{z}}\dot{\omega} - J_{\bar{y}\bar{z}}\omega^2)\mathbf{e}_{\bar{x}} + (J_{\bar{y}\bar{z}}\dot{\omega} + J_{\bar{x}\bar{z}}\omega^2)\mathbf{e}_{\bar{y}} + J_{\bar{z}\bar{z}}\dot{\omega}\mathbf{e}_{\bar{z}} \ .\end{aligned} \tag{7.78}$$

Die Drehimpulsbilanz (2.67) bezüglich des Punktes O in der Form (2.80a) lautet in der körperfesten Basis $\mathbf{e}_{\bar{x}}, \mathbf{e}_{\bar{y}}, \mathbf{e}_{\bar{z}}$ unter Benutzung des Hilfsmomentes $\mathbf{M}_H = M_{H\bar{x}}\mathbf{e}_{\bar{x}} + M_{H\bar{y}}\mathbf{e}_{\bar{y}} + M_{H\bar{z}}\mathbf{e}_{\bar{z}}$ nach Bild 7.8

$$\begin{aligned}\overset{\frown}{O} &: \quad F_{B\bar{y}}(l_2 - l_1) - F_{A\bar{y}}l_1 + M_{H\bar{x}} = 0 \ , \\ \uparrow O &: \quad F_{A\bar{x}}l_1 - F_{B\bar{x}}(l_2 - l_1) + M_{H\bar{y}} = 0 \ , \\ \overset{\twoheadleftarrow}{O} &: \quad M_t + M_{H\bar{z}} = 0 \ .\end{aligned}$$

Das Hilfsmoment $\mathbf{M}_H = -\dot{\mathbf{L}}$ ist mit (7.78)

$$\mathbf{M}_H = -(J_{\bar{x}\bar{z}}\dot{\omega} - J_{\bar{y}\bar{z}}\omega^2)\mathbf{e}_{\bar{x}} - (J_{\bar{y}\bar{z}}\dot{\omega} + J_{\bar{x}\bar{z}}\omega^2)\mathbf{e}_{\bar{y}} - J_{\bar{z}\bar{z}}\dot{\omega}\mathbf{e}_{\bar{z}} \ , \tag{7.79}$$

so dass schließlich

$$F_{B\bar{y}}(l_2 - l_1) - F_{A\bar{y}}l_1 - J_{\bar{x}\bar{z}}\dot{\omega} + J_{\bar{y}\bar{z}}\omega^2 = 0 \,, \tag{7.80a}$$

$$F_{A\bar{x}}l_1 - F_{B\bar{x}}(l_2 - l_1) - J_{\bar{y}\bar{z}}\dot{\omega} - J_{\bar{x}\bar{z}}\omega^2 = 0 \,, \tag{7.80b}$$

$$M_t - J_{\bar{z}\bar{z}}\dot{\omega} = 0 \tag{7.80c}$$

folgt.
Es sei nochmals angemerkt, dass die Hilfslasten $M_{H\bar{x}}$ und $M_{H\bar{y}}$ nicht einfach in einer Beschleunigungskoordinate ausdrückbar waren. Darüber hinaus enthalten sie auch noch die Deviationsmomente des Trägheitstensors.
Die 6 Gleichungen (7.74) und (7.80) reichen für die statisch bestimmte Anordnung zur Ermittlung der fünf Lagerkräfte $F_{A\bar{x}}, F_{A\bar{y}}, F_{A\bar{z}}, F_{B\bar{x}}, F_{B\bar{y}}$ und des Momentes M_t aus.
Die Gleichungen (7.74) und (7.80) lassen sich wie folgt diskutieren. Für verschwindende Winkelbeschleunigung $\dot{\omega} = 0$, d. h. $M_t = 0$ in (7.80c), treten Lagerkräfte auf, die gemäß (7.74b) von dem Produkt $me\omega^2$ und nach (7.80a,b) nur von ω^2 und dem jeweiligen Deviationsmoment abhängen. Wird im technischen Fall $e = 0$ realisiert, dann verschwindet in (7.74b) die so genannte Unwucht me, und der Rotor wird als statisch ausgewuchtet bezeichnet. Werden die Trägheitshauptachsen des Rotors parallel und senkrecht zur Drehachse ausgerichtet, dann entfallen die Deviationsmomente in (7.80a,b), und der Rotor heißt dynamisch ausgewuchtet.

Beispiel 7.2
Gegeben sei der Rotor aus Bild 7.8, dessen Achse, jetzt in der $\bar{y}, \bar{z}$-Ebene liegend, mit der Drehachse AB den Winkel α bildet, während sein Schwerpunkt mit dem raumfesten Punkt O zusammenfällt (Bild 7.9). Er rotiere mit der konstanten Winkelgeschwindigkeit ω. Das Massenträgheitsmoment des Rotors bezüglich der Zylinderachse sei J_3. Die verbleibenden Hauptträgheitsmomente haben den Wert $J_1 = J_2$. Die Lagerabstände nach Bild 7.8 sind $l_2 = 2l_1 = 2l$. Gesucht werden die resultierenden Lagerkräfte bezüglich der körperfesten Basis $\mathbf{e}_{\bar{k}}$.
Lösung:
Die $\bar{y}, \bar{z}$-Ebene stellt eine körperfeste Symmetrieebene dar. Deshalb muss $J_{\bar{x}\bar{z}}$ verschwinden. Von (7.74), (7.80) verbleiben dann wegen $\dot{\omega} = 0$ und $e = 0$

$$F_{A\bar{x}} + F_{B\bar{x}} = 0 \,, \qquad F_{A\bar{y}} + F_{B\bar{y}} = 0 \,, \qquad F_{A\bar{z}} = 0 \,,$$
$$F_{B\bar{y}}l - F_{A\bar{y}}l = -J_{\bar{y}\bar{z}}\omega^2 \,, \qquad F_{A\bar{x}}l - F_{B\bar{x}}l = 0$$

mit dem Ergebnis

$$F_{A\bar{x}} = F_{B\bar{x}} = 0 \,, \qquad F_{A\bar{y}} = -F_{B\bar{y}} = \frac{\omega^2}{2l} J_{\bar{y}\bar{z}} \,.$$

Das Deviationsmoment $J_{\bar{y}\bar{z}}$ berechnet sich nach Bild 7.9 und der Auswertung von (7.23) gemäß Beispiel 7.1 mit $\tilde{x} \hat{=} \bar{y}$, $\tilde{y} \hat{=} \bar{z}$, $\hat{x} \hat{=} 2$, $\hat{y} \hat{=} 3$ und $\varphi_0 = -\alpha$ zu

$$J_{\bar{y}\bar{z}} = (J_3 - J_2) \cdot \frac{1}{2} \sin(-2\alpha) ,$$

so dass sich die Lagerkräfte zu

$$F_{A\bar{y}} = -F_{B\bar{y}} = \frac{\omega^2}{4l}(J_2 - J_3) \sin 2\alpha$$

ergeben.

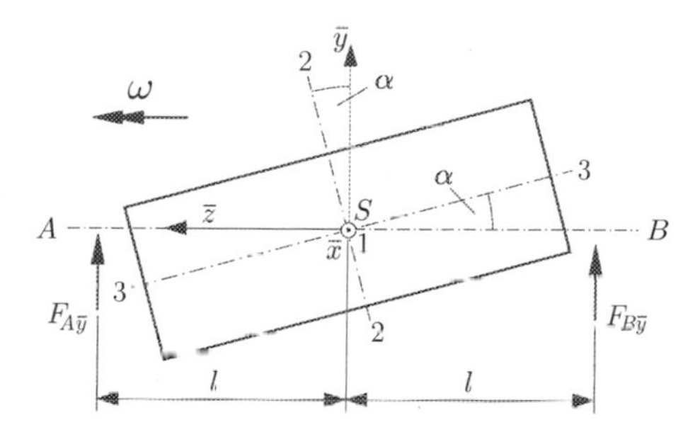

Bild 7.9. Zum Deviationsmoment des Rotors

Für einen schlanken Rotor ist $J_2 > J_3$, d. h. es gelten $F_{B\bar{y}} < 0$ und $F_{Ay} > 0$. Dies entspricht der Anschauung von Bild 7.9, da rechts von der Ebene $\bar{z} = 0$ sich oberhalb der Achse AB eine größere Masse als unterhalb der Achse AB befindet.

Das Ergebnis kann mittels (7.51), (2.80c) überprüft werden. Wegen der Abwesenheit von Einzelmomenten verbleibt von (2.80c)

$$\sum_i \mathbf{r}_{Si} \times \mathbf{F}_i - \dot{\mathbf{L}}^{(S)} = 0 .$$

Für $\omega_1 = 0$ und $\dot{\omega}_1 = \dot{\omega}_2 = \dot{\omega}_3 = 0$ in (7.51) folgt daraus

$$F_{B\bar{y}}l - F_{A\bar{y}}l - \big[-(J_2 - J_3)\omega_2\omega_3\big] = 0$$

bzw. mit $F_{B\bar{y}} = -F_{A\bar{y}}$

$$2F_{A\bar{y}}l = (J_2 - J_3)\omega_2\omega_3 .$$

Dies ergibt wegen $\omega_3 = \omega \cos\alpha$ und $\omega_2 = \omega \sin\alpha$

$$F_{A\bar{y}} = \frac{J_2 - J_3}{4l}\omega^2 \sin 2\alpha ,$$

d. h. das obige Resultat. □

7.2.2 Rotordrehung bei bewegter Drehachse

Wir betrachten noch einen kreisscheibenförmigen Rotor R, dessen Achse RA in einem Stator ST gelagert ist (Bild 7.10). Der Rotor dreht sich mit der konstanten Winkelgeschwindigkeit ω um RA, der Stator mit der zeitabhängigen Winkelgeschwindigkeit $\Omega = f(t)$ um die durch den Rotorschwerpunkt S verlaufende raum- und statorfeste x-Achse. Gesucht sind die auf den Rotor und den Stator wirkenden, zu den gegebenen Bewegungen gehörenden Momente. Wir streben eine Darstellung der Momente auf der Basis der Beziehungen (7.51) und (2.70c) oder (2.80c) an. Hierfür werden mehrere Bezugssysteme benötigt.

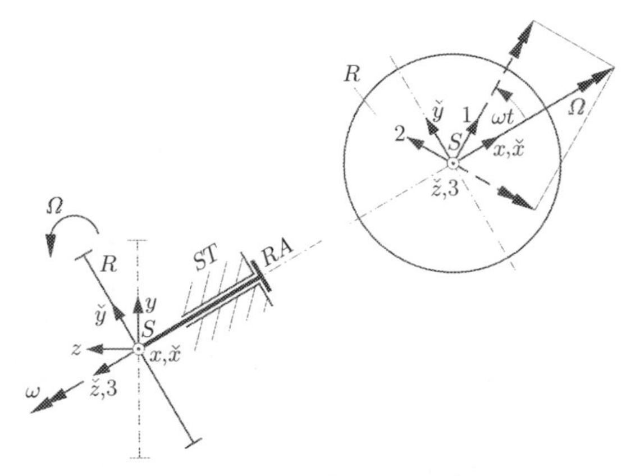

Bild 7.10. Rotor in bewegtem Stator

Das raumfeste Basissystem sei $\mathbf{e}_x, \mathbf{e}_y, \mathbf{e}_z$. Wir führen zusätzlich die mit dem Stator verbundenen Basisvektoren $\mathbf{e}_{\check{x}}, \mathbf{e}_{\check{y}}, \mathbf{e}_{\check{z}}$ ein. Die rotorfesten Hauptachsen werden mit $\mathbf{e}_1, \mathbf{e}_2, \mathbf{e}_3$ bezeichnet. Zur Vermeidung von Symbolanhäufungen enthält Bild 7.10 statt der Basisvektoren nur die zu den Basisvektoren gehörenden Koordinatenachsen, also x statt $\mathbf{e}_x$, $\check{x}$ statt $\mathbf{e}_{\check{x}}$, 1 statt $\mathbf{e}_1$ usw. Gemäß Bild 7.10 gelten $\mathbf{e}_{\check{z}} = \mathbf{e}_3$ und $\mathbf{e}_x = \mathbf{e}_{\check{x}}$. Der rechte Bildteil vermittelt eine Sicht auf den Rotor in Richtung von $-\mathbf{e}_3$. Der Winkelgeschwindigkeitsvektor $\Omega\mathbf{e}_x$ wird im Hinblick auf die anschließende Auswertung von (7.51) in Richtung der mit dem Rotor rotierenden Basisvektoren $\mathbf{e}_1$ und $\mathbf{e}_2$ zerlegt, so dass die Beziehungen

$$\omega_1 = \Omega \cos \omega t \;, \qquad \omega_2 = -\Omega \sin \omega t \;, \qquad \omega_3 = \omega \tag{7.81}$$

folgen. Die Zeitableitungen von (7.81) sind

$$\dot{\omega}_1 = \dot{\Omega} \cos \omega t - \Omega\omega \sin \omega t \;, \quad \dot{\omega}_2 = -\dot{\Omega} \sin \omega t - \Omega\omega \cos \omega t \;, \quad \dot{\omega}_3 = 0 \;. \tag{7.82}$$

Die Auswertung von (7.51) liefert dann mit $J_1 = J_2 = J$

$$\begin{aligned}\dot{\mathbf{L}}^{(S)} &= \big[J(\dot{\Omega}\cos\omega t - \Omega\omega\sin\omega t) + (J - J_3)\Omega\omega\sin\omega t\big]\mathbf{e}_1 \\ &\quad + \big[-J(\dot{\Omega}\sin\omega t + \Omega\omega\cos\omega t) - (J_3 - J)\Omega\omega\cos\omega t\big]\mathbf{e}_2\end{aligned}$$

bzw. nach Zusammenfassung und Einsetzen in (2.70c) das vom Stator auf den Rotor ausgeübte Moment

$$\begin{aligned}\mathbf{M}_G^{(\mathcal{S})} = M_1\mathbf{e}_1 + M_2\mathbf{e}_2 = \dot{\mathbf{L}}^{(S)} &= \big[J\dot{\Omega}\cos\omega t - J_3\Omega\omega\sin\omega t\big]\mathbf{e}_1\ , \\ &+ \big[-J\dot{\Omega}\sin\omega t - J_3\Omega\omega\cos\omega t\big]\mathbf{e}_2\ . \qquad (7.83)\end{aligned}$$

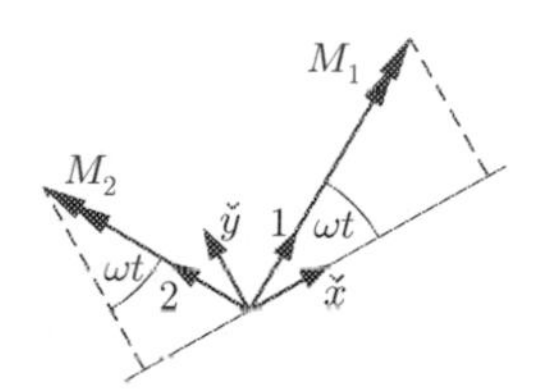

Bild 7.11. Umlaufende Momente

Die mit den Rotorhauptachsen umlaufenden Komponenten $M_1\mathbf{e}_1$ und $M_2\mathbf{e}_2$ zerlegen wir entsprechend Bild 7.11 nach der statorfesten Basis $\mathbf{e}_{\breve{x}}$, $\mathbf{e}_{\breve{y}}$ und erhalten zunächst

$$\begin{aligned}M_{\breve{x}} &= M_1\cos\omega t - M_2\sin\omega t\ , \\ M_{\breve{y}} &= M_1\sin\omega t + M_2\cos\omega t\end{aligned}$$

bzw. nach Einsetzen von (7.83)

$$M_{\breve{x}} = J\dot{\Omega}\ , \qquad M_{\breve{y}} = -J_3\Omega\omega\ . \qquad (7.84)$$

Der erste Term beruht auf der schon bekannten Drehträgheit. Der zweite beinhaltet einen so genannten Kreiseleffekt, der bei Rotoren mit hoher Drehzahl große Werte annehmen kann.
Die vom Rotor auf den Stator rückwirkenden Momente entsprechen denen aus (7.84) mit umgedrehten Vorzeichen.

Beispiel 7.3
Bei der Kollermühle nach Bild (7.12) rotiert die Achse A des kreisscheibenförmigen Mahlsteins MA der Masse m mit der konstanten Winkelgeschwindigkeit Ω um den raum- und körperfesten Punkt O. Gesucht ist die Mahlkraft zwischen Mahlstein und Unterlage.
Lösung:
Der Mahlstein mit seiner Achse wird freigeschnitten. Die Normalkraft, welche

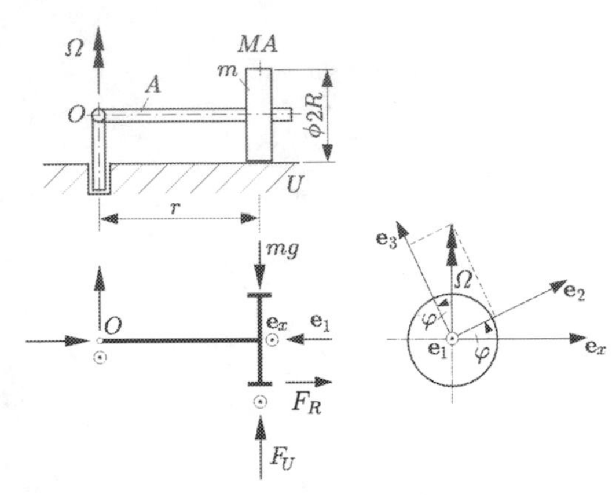

Bild 7.12. Kollermühle

die Unterlage auf den Mahlstein ausübt, sei F_U. Die Reibkraft F_R ist statisch unbestimmt. Sie wird vernachlässigt. Die restlichen Lagerkräfte bleiben unbezeichnet. Wir führen eine mit dem Mahlstein fest verbundene Hauptachsenbasis $\mathbf{e}_1, \mathbf{e}_2, \mathbf{e}_3$ im Schwerpunkt und einen raumfesten Basisvektor $\mathbf{e}_x$ ein. Die Trägheitsmomente des Mahlsteins bezüglich der Hauptachsen 1, 2, 3 im Schwerpunkt sind J_1 und $J_2 = J_3 = J$ und bezüglich paralleler Hauptachsen im raum- und körperfesten Punkt O entsprechend $\bar{J}_1 = J_1$ und $\bar{J}_2 = \bar{J}_3 = \bar{J}$.
Der Winkelgeschwindigkeitsvektor des Mahlsteins hat in seiner Hauptachsenbasis die Koordinaten

$$\omega_1 = \Omega \frac{r}{R} = \dot{\varphi} , \qquad \omega_2 = \Omega \sin\varphi , \qquad \omega_3 = \Omega \cos\varphi$$

mit den Zeitableitungen

$$\dot{\omega}_1 = 0 , \qquad \dot{\omega}_2 = \Omega\dot{\varphi}\cos\varphi = \omega_1\omega_3 , \qquad \dot{\omega}_3 = -\Omega\dot{\varphi}\sin\varphi = -\omega_1\omega_2 .$$

Die Auswertung der Gleichungen (7.67) ergibt damit

$$\begin{aligned} M_{G1} &= 0 , \\ M_{G2} &= \bar{J}\omega_1\omega_3 - (\bar{J} - \bar{J}_1)\omega_3\omega_1 = \bar{J}_1\omega_1\omega_3 = \bar{J}_1\omega_1\Omega\cos\varphi , \\ M_{G3} &= -\bar{J}\omega_1\omega_2 - (\bar{J}_1 - \bar{J})\omega_1\omega_2 = -\bar{J}_1\omega_1\omega_2 = -\bar{J}_1\omega_1\Omega\sin\varphi . \end{aligned}$$

Das resultierende Moment aus M_{G2}, M_{G3} in der raumfesten Richtung $\mathbf{e}_x$ ist gemäß Bild 7.12

$$M_{Gx} = M_{G2}\cos\varphi - M_{G3}\sin\varphi = \bar{J}_1\omega_1\Omega = \bar{J}_1\frac{r}{R}\Omega^2 .$$

Für die Kreisscheibe gilt gemäß (7.37)

$$J_1 = \frac{1}{2}mR^2 = \bar{J}_1 \ ,$$

so dass sich

$$M_{Gx} = \frac{mR^2 r}{2R}\Omega^2 = \frac{mRr}{2}\Omega^2$$

ergibt. Das zu M_{Gx} äquivalente Moment der Kräfte F_U und mg bezüglich O folgt aus

$$M_{Gx} = (F_U - mg)r \ .$$

Damit wird die gesuchte Mahlkraft

$$F_U = m\big(\Omega^2 R/2 + g\big) \ .$$

Die Kreiselwirkung vergrößert also die durch das Gewicht erzeugte Anpresskraft um den Term $m\Omega^2 R/2$. □

Kapitel 8

Kommentare zu den Grundannahmen von Statik und Kinetik

8

8 Kommentare zu den Grundannahmen von Statik und Kinetik

Wie bereits in der Einführung angedeutet, existieren in der Mechanik-Literatur unterschiedliche Vorstellungen über die Möglichkeiten, zur makroskopischen Beschreibung der Bewegung realer Körper zu gelangen. Der diesbezüglich im zweiten Kapitel ausgewählte Ansatz, welcher in einer physikalisch begründeten kinetischen Erweiterung der Statik von Körpern endlicher Abmessungen besteht, ergibt für die Technische Mechanik hinreichend genaue Modelle. Dies wurde in den Kapiteln drei bis sieben durch Formulieren und Lösen kinetischer Aufgaben demonstriert. Die dabei zur Anwendung kommenden Impulsbilanzen, insbesondere die Drehimpulsbilanz, gehen erfahrungsgemäß mit Verständnisschwierigkeiten einher. Dies liegt möglicherweise an dem relativ hohen Abstraktionsgrad der Bilanzen. Im Folgenden soll deshalb an die zahlreichen anschaulichen Fakten erinnert werden, die sowohl den statischen als auch den kinetischen Bilanzen zugrunde liegen. Diese Fakten werden in ihrem historischen Zusammenhang aufgeführt und zur Kommentierung der Grundannahmen herangezogen.

In einer einheitlichen Lehre der Technischen Mechanik, welche die Statik und die Kinetik als gemeinsame Grundlage für die Festigkeitslehre umfasst, enthält die Kinetik im Sonderfall verschwindender Beschleunigungen die Statik. In beiden Teildisziplinen werden die betrachteten technischen Objekte als Körper (z. B. Quader, Zylinder, Kugel usw.) wie in der elementaren Geometrie angesehen. Sie besitzen Abmessungen, Volumen und Oberfläche, aber keine lokal aufgelöste Struktur. Flächen und Linien, die ebenfalls Abmessungen haben, werden als Sonderfälle dieser Körper angesehen, nicht aber Punkte.

Die Masse massebehafteter Körper, die wie bei NEWTON [1], Definition I, S. 23 als kontinuierlich verteilt angenommen wird, kann statischen Wirkungen infolge Gravitation (Schwere) und bei Beschleunigung kinetischen Wirkungen infolge Trägheit unterliegen. Zur Bewertung des Ruhe- oder Bewegungszustandes werden die Körper im Inertialsystem unter Anwendung des EULER zugeschriebenen Schnittprinzips [2] von der Umgebung befreit und die Wechselwirkungen mit den Nachbarkörpern oder Lagern festgestellt. Hinzu kommen die mit der Beschleunigung der Körper verbundenen Trägheitslasten, s. Abschnitt 2.3 und Abschnitt 8.2.

Die realen festen Körper werden im Modell zunächst als starr angenommen, d. h., ihre belastungsbedingten Abmessungsänderungen treten in den statischen und kinetischen Bilanzen nicht auf. Der Ruhezustand der Körper wird durch die Erfüllung der beiden Gleichgewichtsbedingungen (Grundgesetze oder Bilanzen der Statik, s. [3] Abschnitt 6.3) für die Kräfte und die Momente bestimmt, ihr

H. Balke, *Einführung in die Technische Mechanik*,
https://doi.org/10.1007/978-3-662-59096-6_9

Bewegungszustand durch die Impulsbilanz und die Drehimpulsbilanz (kinetische Bilanzen, s. Unterabschnitt 2.3.2).
Das vorliegende Konzept der Technischen Mechanik ist hinsichtlich der Körpergeometrie, Masse- und Lastenverteilung kontinuumsmechanischer Natur, wobei diskrete Sonderfälle wie einzelne konzentrierte Massen und Lasten zugelassen werden. Die beteiligten Einflussgrößen sind der Anschauung und makroskopischen Experimenten weitestgehend zugänglich. Die mathematischen Beschreibungen der experimentellen Messergebnisse in Form von Gleichungen stellen Aussagen der Bilanzen in speziellen Situationen dar und lassen Rückschlüsse auf die Bilanzen selbst zu.
Hinsichtlich der Dokumentation der Experimente und der dazugehörenden Grundannahmen existieren verschiedene ältere und neuere authentische Quellen. Einige diesbezügliche Zitate wurden bereits in [4], Kapitel 13 zusammengestellt. Diese werden hier z. T. noch einmal genannt und durch gewisse Zusätze ergänzt, wobei keine Vollständigkeit angestrebt wird (s. a. [2, 5, 6]). Anschließend ergibt sich die Möglichkeit, das vorliegende gemeinsame Konzept von Statik und Kinetik, das auch als Grundlage der Festigkeitslehre dient, mit den Herangehensweisen anderer Autoren zu vergleichen.

8.1

8.1 Zu den statischen Bilanzen

Der Kraftbegriff der Statik ist seit dem Altertum in praktischem Gebrauch. Beispiele hierfür sind die Gewichtskraft schwerer Körper, der hydrostatische Druck von Flüssigkeiten auf Wandflächen, die Strömungskraft zäher Flüssigkeiten auf ruhende starre Körper, die Reibung zwischen Oberflächen von Festkörpern und die Federkräfte von Bogenwaffen. Zum Beispiel konnte der Zug in Seilen von Kranen und Takelagen als Einzelkraft verstanden werden. Er führte auch schon zur technischen Kraftzerlegung und -zusammensetzung. Durch genauere geometrische Untersuchung dieser Sachverhalte kam STEVIN 1608 [7] zur Behauptung des Kräfteparallelogrammes für Einzelkräfte mit gemeinsamem Kraftangriffspunkt (zu solchen Experimenten s. a. z. B. [8]). Unter den genannten Bedingungen ermöglicht das Kräfteparallelogramm, die vektorielle Summe zweier Kräfte zu bilden. Dies gestattet, eine Gegenkraft mit gleicher Wirkungslinie wie die Wirkungslinie der vektoriellen Summe anzugeben und damit das Gleichgewicht, d. h. die Beibehaltung der Ruhe des belasteten Körpers, zu begründen. Diese Vorgehensweise versagt offensichtlich bei einem Körper, der einem Kräftepaar, d. h. zwei entgegengesetzt gleich großen Kräften mit unterschiedlichen parallelen Wirkungslinien, unterliegt. Die Kräftesumme verschwindet, aber der Körper verlässt seinen anfänglichen Ruhezustand und vollführt eine beschleunigte Drehbewegung. Zur Gewährleistung des Gleichgewichtes wird hier die

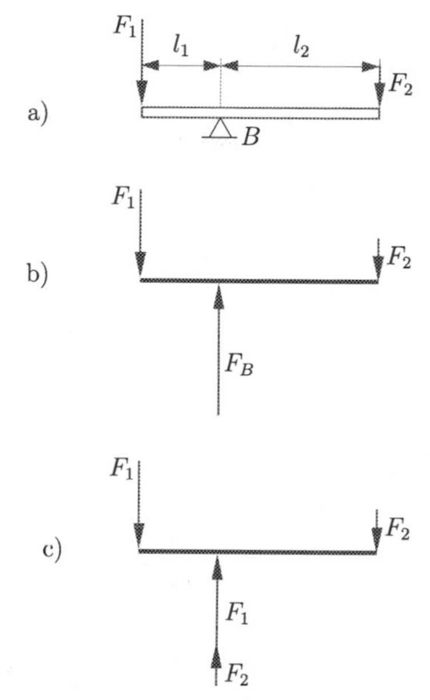

Bild 8.1. Zweiseitiger Hebel gelagert a), freigemacht b) und mit zerlegter Lagerkraft c)

Erfüllung einer weiteren Bedingung, in die nicht nur Kräfte, sondern auch Längen eingehen, gefordert. Dies erkannte ARCHIMEDES (ca. 287-212 v. Chr.) am Beispiel des geraden zweiseitigen Hebels [9]. In dem Modell von ARCHIMEDES ist der als gewichtslos gedachte Hebel (s. Bild 8.1a) bei B reibungsfrei drehbar gelagert und durch eingeprägte Einzelkräfte F_1 und F_2, die nicht notwendig Gewichtskräfte sind, belastet. Die Vektorpfeile in Bild 8.1 geben, wie in der Technischen Mechanik üblich, die Orientierung der individuellen Basisvektoren an, auf die sich jeweils die Kraftangaben F_1 und F_2 als Vektorkoordinaten beziehen. In dieser Symbolik drückt das Wort Kraft die Gemeinsamkeit der Vektorkoordinatenangabe und des Bildes des Basisvektorpfeiles aus. Im fortlaufenden Text ist es dann auch als Synonym für den Kraftvektor zu verstehen. Die Summe der eingeprägten Einzelkräfte $F_1 + F_2$ wird durch die Lagerreaktion F_B bei B ausgeglichen (Bild 8.1b). Damit verschwindet die Summe aller angreifenden Kräfte, d. h.,

$$F_1 + F_2 - F_B = 0 \ . \tag{8.1}$$

Der entsprechende Versuch zeigt aber, s. z. B. [8], dass zur Beibehaltung der Ruhe, d. h. des Gleichgewichtes des belasteten Hebels, eine zusätzliche Bedingung der Form

$$F_1 l_1 = F_2 l_2 \tag{8.2a}$$

bzw.

$$F_1 l_1 - F_2 l_2 = 0 \tag{8.2b}$$

zu erfüllen ist. Diese Bedingung kommt nicht ohne die geometrischen Längen l_1 und l_2 aus, die für gegebene Kräfte F_1 und F_2 aus der Gesamtlänge $l_1 + l_2$ und (8.2) zwingend folgen. Die Längen l_1 und l_2 sind die senkrechten Abstände (oder Entfernungen) der Wirkungslinien der eingeprägten Kräfte F_1 und F_2 vom Lagerpunkt B. Die Produkte in (8.2) heißen jeweils Moment der Kraft F_1 bezüglich B und Moment der Kraft F_2 bezüglich B. Mit der erlaubten Zerlegung von F_B in die Summanden F_1 und F_2 nach Bild 8.1c stellen sie auch die von einem Bezugspunkt unabhängigen Momente von Kräftepaaren der Kräfte F_1, F_1 mit dem Abstand l_1 und der Kräfte F_2, F_2 mit dem Abstand l_2 dar. Insofern drückt (8.2a) die gegensätzliche Gleichheit nicht nur der zwei Momente der Kräfte F_1 und F_2 bezüglich B sondern auch zweier Momente von Kräftepaaren aus und (8.2b) das Verschwinden der Summe der Momente zweier Kräftepaare. Das Gleichungssystem (8.1), (8.2) wird beispielsweise verletzt, wenn die eingeprägten Kräfte F_1 und F_2 entgegengesetzt gleich groß sind. Dann verschwindet die Lagerreaktion F_B wegen (8.1), aber die gegebene Abstandssumme $l_1 + l_2 > 0$ widerspricht dem Hebelgesetz (8.2). Das entsprechende Experiment zeigt eine beschleunigte Drehbewegung des Hebels.

Das Moment einer Kraft bedeutet gegenüber der Kraft eine physikalisch und dimensionsmäßig neue Größe, die nicht mit einer Kraft verglichen werden kann. Es hat einen Bezugspunkt, von dem der Abstand der Kraftwirkungslinie gemessen wird. Das Moment eines Kräftepaares hat dagegen keinen Bezugspunkt. Seine Größe ist durch das Produkt aus der Größe einer der beiden Kräfte und dem Wirkungslinienabstand gegeben. Dabei müssen die beiden Faktoren nicht einzeln bekannt sein.

Zwei Kräftepaare, die an einem Winkelhebel auftreten (Bild 8.2a), erfüllen bereits die horizontale und die vertikale Kräftebilanz. Sie müssen im Gleichgewicht das Hebelgesetz (8.2) wie beim geraden Hebel befriedigen. Die identische Belastungssituation liegt für das Rechteck in Bild 8.2b vor. Die Einzelkräfte können auch durch konstante tangentiale Streckenlasten F_1/l_2 bzw. F_2/l_1, die an den jeweiligen Rechteckseiten wirken, ersetzt werden (Bild 8.2c). Die Momentenbilanz bezüglich des Punktes P entspricht wieder dem Hebelgesetz (8.2). Sie bleibt gültig im Falle einer Rechteckscheibe der Dicke h, wo aus den Streckenlasten Flächenkräfte (äußere Schubspannungen) entstehen. Dann ergibt sich die Gleichheit der sogenannten zugeordneten Schubspannungen

$$\frac{F_1}{h l_2} = \frac{F_2}{h l_1} \ . \tag{8.2c}$$

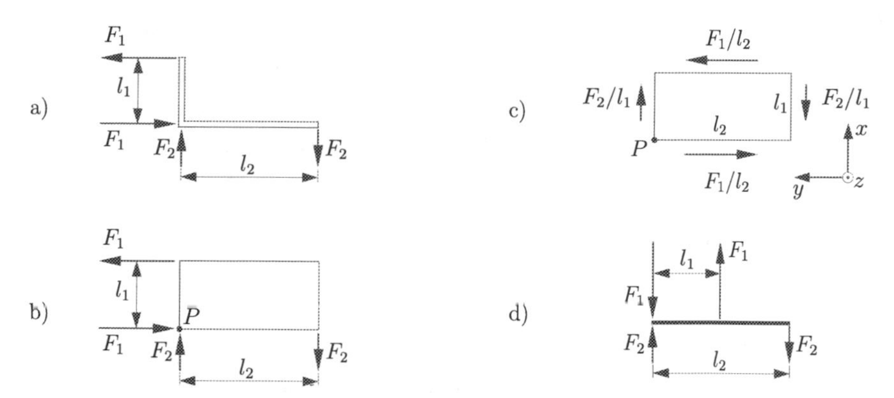

Bild 8.2. Winkelhebel mit zwei Kräftepaaren belastet als Balken a), als Rechteckscheibe unter Einzelkräften b), als Rechteckscheibe unter Streckenlast c) und ersetzt durch einen einarmigen Hebel d)

Die mit l_1 multiplizierte Beziehung (8.2c) hängt nur vom Verhältnis l_1/l_2 der Längen l_1 und l_2 ab. Dieses Verhältnis bleibt bestehen, wenn die Längen l_1 und l_2 mit gleichem Faktor gegen null gehen, d. h. mit dieser Beschränkung differenziell werden.
Aus der Anordnung von Bild 8.2a kann noch der einarmige Hebel gewonnen werden, wenn der vertikale Hebelarm samt den Kräften F_1 um 90° im Uhrzeigersinn gedreht angeordnet wird (Bild 8.2d). Für das Gleichgewicht des einarmigen Hebels gelten wieder die vertikale Kräftebilanz (8.1) und das Hebelgesetz (8.2). Die statische Funktion des Winkelhebels nach Bild 8.2a und des Rechtecks nach Bild 8.2b lässt sich auch durch die Fachwerke gemäß Bild 8.3 erfüllen. Diese bestehen aus reibungsfrei gelenkig miteinander verbundenen masselosen Stäben, die zwischen den Gelenken, auch als Knoten bezeichnet, keine äußeren Lasten aufnehmen, s. [3]. Die experimentell gewonnenen Gleichgewichtsbedingungen der äußeren Kräfte und der Momente der äußeren Kräfte folgen hier auch aus den Kräftegleichgewichtsbedingungen für die freigemachten Knoten K_1 bis K_3 des statisch bestimmten Fachwerkes (Bild 8.3a) bzw. K_1 bis K_4 des statisch unbestimmten Fachwerkes (Bild 8.3b) nach Elimination der Stabkräfte (s. a. Unterabschnitt 8.4.1).

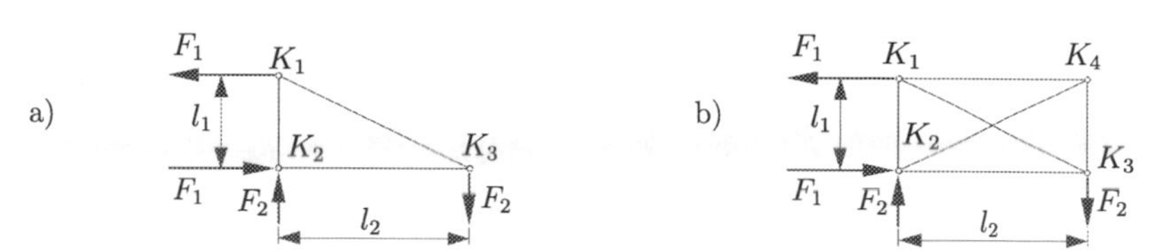

Bild 8.3. Winkelhebel als statisch bestimmtes Fachwerk a) und als statisch unbestimmtes Fachwerk b)

Bei beliebigen Verteilungen von Kraftdichten an Körpern endlicher Abmessungen sind in (8.1) und (8.2) Integrale der Kraftdichten je Volumen-, Flächen- bzw. Längeneinheit und Integrale der Momente der Kraftdichten zu bilanzieren. Aus letzteren kann im Falle eines Kräftepaares durch Grenzübergang auch das Einzelmoment gewonnen werden, das in [3] gleichberechtigt zur Einzelkraft eingeführt wurde und hier in (2.18) benutzt wird.
Die beiden experimentell begründeten, unabhängig voneinander zu erfüllenden Gleichgewichtsbedingungen der Kräfte (8.1) und der Momente der Kräfte (8.2) sind für dreidimensionale Anordnungen jeweils für die drei Richtungen des Verschiebungsfreiheitsgrades und des Drehfreiheitsgrades zu erfüllen. Der sich i. Allg. ergebende vollständige Satz von zwei Vektorgleichungen bzw. sechs Vektorkoordinatengleichungen zur Bestimmung des statischen Gleichgewichtes starrer Körper liegt spätestens seit 1775 bei EULER [10] vor. Die statischen Vektorgleichungen sind dort jeweils Bestandteil der Impulsbilanz und der Drehimpulsbilanz in einem Inertialsystem, s. [10] (lateinische Originalarbeit S. 221-225) bzw. [11] (deutsche Übersetzung S. 581-584).
Die allgemeinen statischen Bilanzen bilden auch die Grundlage der mathematischen Definitionen des Massenmittelpunktes oder Schwerpunktes massebehafteter Körper [3]. Diese ausgezeichneten Körperpunkte erweisen sich besonders bei starren Körpern als nützliche Modellbestandteile. Sie waren schon ARCHIMEDES [9] für spezielle Körperformen, darunter auch Flächen, bekannt.
Die allgemeinen Gleichgewichtsbedingungen können auch auf deformierbare Körper angewendet werden, wenn die aktuelle Konfiguration der Körper und Lastanordnung berücksichtigt wird. Dies ist in Bild 8.4 am Beispiel eines elastischen Balkens angedeutet. Die Einzelkräfte sind als resultierende konzentriert wirkende Kräfte von Kraftdichten zu verstehen, die nicht zur Überschreitung der Materialfestigkeit führen. Diese Kräfte werden hier als richtungstreu wie z. B. Gewichtskräfte angenommen. Sie verbiegen den Balken, so dass die aktuellen Hebellängen (Bild 8.4b) gegenüber dem Ausgangszustand (Bild 8.4a) verkürzt sind und damit die Momentenbilanz beeinflusst wird.

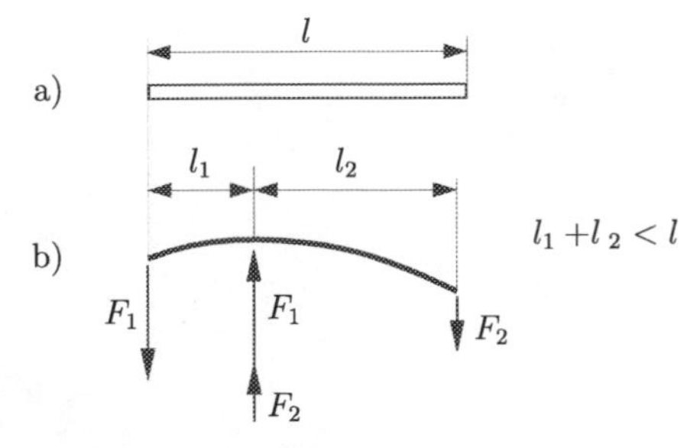

Bild 8.4. Elastischer Balken unbelastet a) und im statischen Gleichgewicht b)

Ergänzend zu der im Unterabschnitt 2.1.2 angesprochenen Fernwirkung der Gravitationskraft zwischen massebehafteten Körpern, deren Abmessungen sehr viel kleiner als ihre gegenseitigen Abstände sind, seien noch sogenannte Gravitationsdrehmomente erwähnt [12]. Diese können infolge Gravitationswechselwirkung zwischen ausgedehnten Körpern entstehen, die gewisse unsymmetrische Masseverteilungen besitzen. Ihr Einfluss auf die relative Orientierung von Körpern hat in der Astronomie und Raumfahrt Bedeutung. Er diente schon in der Vergangenheit zur statischen Bestimmung der Gravitationskonstante mittels der Drehwaage nach CAVENDISH, s. z. B. [8].
Die Zusammenfassung der oben erörterten Fakten belegt die fundamentale Aussage der Statik, dass für das Gleichgewicht eines Körpers endlicher Abmessungen i. Allg. zwei voneinander unabhängigen Bilanzen, die Kräftebilanz und die Momentenbilanz, zu erfüllen sind. Da die Statik bei verschwindenden Beschleunigungen als Sonderfall in der Kinetik enthalten ist, wird auch in letzterer die Existenz zweier unabhängiger Bilanzen erwartet werden.

8.2 Zu den kinetischen Bilanzen

8.2

Das Verständnis der kinetischen Bilanzen wurde in der historischen Entwicklung der Mechanik während eines länger andauernden Wechsels zwischen mechanischen Experimenten und theoretischen Überlegungen gewonnen. Dies wird im Folgenden an einigen wichtigen Beispielen erläutert.
Die Erfahrung zeigt, dass zwei aus derselben Ruhelage gleichzeitig losgelassene Körper unterschiedlicher Gestalt, Masse und Stoffart wie z. B. ein Radiergummi und ein metallenes Geldstück bei vernachlässigbarer Luftreibung zum gleichen Zeitpunkt auf einer ebenen horizontalen Unterlage auftreffen. Die Körperabmessungen seien dabei sehr viel kleiner als die Fallhöhe. Die fehlerbedingten Differenzen der Auftreffzeiten sind geringer als die vernachlässigbare Auflösung des Gehöres, welches nur ein gemeinsames akustisches Signal der beiden Auftreffereignisse vernimmt. Das leicht durchführbare Experiment ist seit Langem bekannt und z. B. bei STEVIN 1586, s. [13], und GALILEI 1638 [14] dokumentiert. Die kurze Fallzeit konnte damals nicht gemessen werden, da es noch keine genügend genauen Uhren gab. Aus den nahezu gleichen Fallzeiten unabhängig von der Fallhöhe konnte aber auf nahezu gleiche Bewegungsabläufe geschlossen werden. Ein Handversuch mit zwei gleichzeitig losgelassenen Kreisscheiben, von denen eine um ihre Drehachse durch den Schwerpunkt rotiert, zeigt das gleiche Ergebnis wie im vorher betrachteten Experiment. Dabei ist auch zu sehen, dass die Rotationsbewegung die vertikale Fallbewegung nicht stört.
Die Bewegungszeit verlängert sich bei Gleitversuchen auf schiefen Ebenen infolge des Neigungswinkels gegenüber der Schwerkraftrichtung, s. Beispiel 2.3.

Allerdings stört hier der unsichere Gleitreibungseinfluss. Dieser kann bei Rollversuchen mit Kugeln auf schiefen Ebenen weitgehend vermieden werden. Die Bewegungszeit für den betrachteten Kugelschwerpunkt vergrößert sich dann weiter, weil jetzt die angreifende Kraft auch zur Rotation der Kugel beiträgt. Rotationsbewegungen von Körpern waren um 1600 noch nicht modellierbar und die translatorischen Beschleunigungen des Kugelschwerpunktes während des Rollens nicht berechenbar.
In [14] beschreibt GALILEI auf S. 162 und 163 Experimente für das geradlinige Rollen von Kugeln auf schiefen Ebenen. Er kommt zu dem Messergebnis, dass „die Strecken sich verhielten wie die Quadrate der Zeiten: und dieses zwar für jedwede Neigung der Ebene, d. h. des Kanals, in dem die Kugel lief“. Dies extrapoliert er im Gedankenexperiment auf die Situation mit einer vertikalen Ebene. Weiter unterscheidet GALILEI die gleichförmige Bewegung mit konstanter Geschwindigkeit und die gleichförmig beschleunigte Bewegung mit konstanter Beschleunigung. Erstere ergibt sich aus der vom Körper zurückgelegten Weglänge pro verstrichener Zeit, letztere aus der Geschwindigkeitsänderung während einer Zeitdauer. Das geradlinige Rollen ändert die Schwerpunktbeschleunigung gegenüber der translatorischen Beschleunigung bei allen Neigungen der schiefen Ebenen um denselben Faktor. Es ändert nicht den gemessenen charakteristischen quadratischen Zusammenhang zwischen Laufweg und -zeit.
Die Rollzeit einer Kugel auf gerader horizontaler Unterlage nimmt mit abnehmendem Bewegungswiderstand (Roll- und Luftreibung) zu. GALILEI extrapoliert: „Wenn ein Körper ohne allen Widerstand sich horizontal bewegt, so ist aus allem Vorhergesagten, ausführlich Erörterten bekannt, daß diese Bewegung eine gleichförmige sei und unaufhörlich fortbestehe auf einer unendlichen Ebene: ist letztere hingegen begrenzt und ist der Körper schwer, so wird derselbe, am Ende der Horizontalen angelangt, sich weiter bewegen, und zu seiner gleichförmigen unzerstörbaren Bewegung gesellt sich die durch Schwere erzeugte, so daß eine zusammengesetzte Bewegung entsteht, die ich Wurfbewegung (projectio) nenne und die aus der gleichförmig horizontalen und aus der gleichförmig beschleunigten zusammengesetzt ist.“ Beide Bewegungen beziehen sich auf den Kugelschwerpunkt. GALILEI stellt fest: „Ein gleichförmig horizontaler und zugleich gleichförmig beschleunigter Bewegung unterworfener Körper beschreibt eine Halbparabel“ (beschleunigte Bewegung vertikal). Das erste Zitat enthält die Aussage des Trägheitsgesetzes (später NEWTONs erstes „Axiom oder Bewegungsgesetz“ [1], S. 33), das zweite Zitat die Behauptung, dass der Körper infolge Schwerkraft eine gleichförmig beschleunigte Bewegung ausführt und dass die horizontale und die vertikale Bewegung überlagert werden dürfen. Der Wert der von GALILEI eingeführten gleichförmigen Beschleunigung [14] ist für den freien Fall entsprechend der Fallversuchsergebnisse von STEVIN (s. [13]) unabhängig von der Körpermasse. Die Parabelbahn mit einer Anfangsge-

schwindigkeit beliebigen Anstieges und mit ihrem tatsächlich vertikal beschleunigten Bewegungsanteil (schiefer Wurf, s. Beispiel 2.1) wird im Wurfversuch mit nicht zu großen Wurfweiten für Kugeln und andere Körper bei vernachlässigbarem Luftwiderstand experimentell bestätigt [14]. Sie ist unabhängig davon, ob der Körper während des Wurfes viele Umdrehungen infolge einer Anfangsdrehbewegung oder nur eine Teildrehung wie beim Flug des mit einem Bogen abgeschossenen Pfeils ausführt [14]. Die Unabhängigkeit der Fallbeschleunigung von einer überlagerten gleichförmigen Horizontalbewegung zeigt ein einfaches Experiment in [8]. Die Parabelform des schiefen Wurfes kann auch durch Wasserfontänen demonstriert werden.
Dass die Geschwindigkeitszunahme, d. h. die Beschleunigung eines Körpers mit der angreifenden Kraft zunimmt und mit der Körpermasse abnimmt, entspricht der Erfahrung GALILEIs, der die Begriffe „Geschwindigkeit“ und „Beschleunigung“ definiert hatte. Das genaue Ergebnis für die translatorische Beschleunigung $\mathbf{a}$ eines Körpers der Masse m_t infolge einer beliebigen Kraft $\mathbf{F}$ lautet

$$\mathbf{a} = \frac{\mathbf{F}}{m_t} \tag{8.3}$$

Es ist im Einklang mit NEWTONs zweitem „Axiom oder Bewegungsgesetz“ [1], S. 33: „Die Änderung einer Bewegung[sgröße] ist der eingeprägten Bewegungskraft proportional und erfolgt entlang der Geraden, entlang welcher diese Kraft eingeprägt wird“ (die eckige Klammer zeigt einen erläuternden Zusatz des Übersetzers und Herausgebers an). Dabei gilt nach Definition II auf Seite 23 in [1]: „Die Bewegungsgröße [einer Materieansammlung] ist das Maß für [deren] Bewegung, das sich aus [deren] Geschwindigkeit und Materiemenge miteinander verbunden ergibt“, d. h. das Produkt von Geschwindigkeit und Körpermasse. Letztere ist wie die Materiemenge (auch Stoffmenge) additiv und nach NEWTONs in Definition I erwähnten Pendelversuchen dem Körpergewicht proportional. In (8.3) besitzt sie auch die Eigenschaft der Trägheit und wurde zunächst mit m_t bezeichnet.
Hier soll noch eine Anmerkung zu dem Begriff der „eingeprägten Bewegungskraft“ gemäß der Übersetzung von V. Schüller [1] getroffen werden. Im allgemeinen Sprachgebrauch der Mechanik wird häufig zwischen eingeprägten (physikalisch gegebenen) Kräften und geometrisch bedingten Reaktionskräften oder Zwangskräften unterschieden, z. B. in [15]. Da beide Kraftarten die Bewegungsgröße ändern, scheint hier die hinsichtlich der Natur der Kraft neutrale Formulierung NEWTONs zweiten Axioms „Die Änderung der Bewegung ist der Einwirkung der bewegenden Kraft proportional und geschieht in der Richtung derjenigen geraden Linie, nach welcher jene Kraft wirkt“ aus der Übersetzung von J. Ph. Wolfers [16] geeigneter. Werden die Reaktions- oder Zwangskräfte

als Grenzwerte eingeprägter Kräfte verstanden [15], so erübrigt sich obige Begriffsdiskussion, die auf einen Hinweis von A. BERTRAM [17] zurückgeht.
NEWTONs in Worten angegebenes zweites Axiom lautet in der heutigen Schreibweise der Differenzialrechnung zunächst

$$\frac{d}{dt}(m_t \mathbf{v}) = \mathbf{F} \; . \tag{8.4}$$

Wegen der hier geltenden Konstanz der trägen Masse eines Körpers entspricht dies (8.3):

$$\mathbf{F} = m_t \frac{d\mathbf{v}}{dt} = m_t \frac{d^2\mathbf{r}}{dt^2} = m_t \mathbf{a} \; . \tag{8.5}$$

Beim freien Fall eines Körpers in Erdoberflächennähe unterliegt der Körper der näherungsweise ortsunabhängigen Gewichtskraft F_G aus (2.4), die statisch z. B. mittels einer Feder gemessen werden kann. Einsetzen dieser Kraft in die Bewegungsgleichung (8.5) für die translatorische Beschleunigung a in Fallrichtung ergibt (der Luftwiderstand wird vernachlässigt)

$$F_G = mg = m_t a \; , \tag{8.6}$$

wobei die Beschleunigung a näherungsweise ortsunabhängig ist.
Die beiden Größen m in (2.4) und m_t in (8.3) sind erfahrungsgemäß jeweils proportional zur Stoffmenge in einem Körper, ihr Verhältnis m/m_t folglich unabhängig von der Stoffmenge. Die Fallversuchsergebnisse nach STEVIN [13] zeigen, dass auch die Stoffart die Fallbewegung und damit das Verhältnis m/m_t nicht beeinflusst. Wegen der willkürlichen Wählbarkeit der Maßeinheiten kann deshalb, wie bisher schon geschehen,

$$m = m_t \tag{8.7}$$

gesetzt werden. Diese experimentell begründete Gleichheit von schwerer und träger Masse (auch als Äquivalenz bezeichnet, nicht zu verwechseln mit der „statischen Äquivalenz“ in der Statik [3]) ist in der mit dem Namen NEWTON verbundenen klassischen Mechanik zufälliger Natur [18]. Mit ihr verbunden ist in (8.6) auch die Äquivalenz der Schwerkraft mg und der für die translatorische Beschleunigung a eines Körpers der trägen Masse m_t benötigten Kraft $m_t a$, letztere vom beschleunigten Beobachter Trägheitskraft genannt.
Die aufgewendete oder angreifende Kraft auf der linken Seite von (8.6), hier die Schwerkraft, kann durch eine statisch gleichwertige, physikalisch andere Kraft, z. B. die Kraft einer masselosen Feder, ersetzt werden. Für eine lineare Feder gemäß (2.5) sind dann nur sehr kleine Zusatzauslenkungen gegenüber einer Anfangsauslenkung erlaubt, so dass die Federkraft wie die Schwerkraft

näherungsweise konstant ist. Bei inhomogenen Beschleunigungsfeldern, die z. B. in rotierenden Körpern auftreten, gelten die genannten Äquivalenzen lokal.
Die Gleichung (8.5) bestätigt auch GALILEIs gemessene Proportionalität zwischen dem Weg des Kugelschwerpunktes und dem Quadrat der Zeit für die gleichförmig beschleunigte Translation des Kugelschwerpunktes beim Rollen der Kugel infolge konstanter Schwerkraft. Diese Proportionalität, ausgedrückt durch eine konstante Schwerpunktbeschleunigung, wurde im Unterabschnitt 2.3.3 für rollende Kugeln und rollende Kreisscheiben in Abhängigkeit von einem Geometriefaktor rechnerisch nachgewiesen.
Gleichung (8.5) steht zusammen mit NEWTONs Gravitationsgesetz (2.3) im Einklang mit den von KEPLER 1609 und 1619 empirisch gewonnenen Gesetzen für die Bewegung der Planeten um die Sonne, deren Abmessungen viel kleiner als die Bahnabmessungen sind und deren Drehungen unberücksichtigt bleiben, s. [15].
Eine unmittelbar festzustellende Übereinstimmung zwischen (8.5) und einem experimentell direkt bestimmbaren Weg-Zeit-Zusammenhang erfordert statt der Rollbewegung eine geradlinig translatorische Bewegung. Letztere könnte beim freien Fall realisiert und mit moderner Kurzzeitmessung begleitet werden. Ein mit (8.5) quantitativ auswertbares Experiment für die Translationsbewegung ermöglichte ATWOOD bereits 1784 mit seiner Fallmaschine (s. z. B. [8]).
Newton [1] gibt im Zusammenhang mit seinen Axiomen oder Bewegungsgesetzen keine geometrischen Eigenschaften der betrachteten Körper an. So schreibt er im Begleittext zur Definition I, S. 23 „Ich meine ferner im folgenden mit den Ausdrücken „Körper“ bzw. „Masse“ ohne jeden Unterschied diese [Materie]menge“. Damit bleibt die Geometrie der Körper außerhalb der Betrachtungen und der Körperbegriff im Unklaren. Letzteres betrifft auch heutige Autoren, wie z. B. die Fußnote 4 auf Seite 40 in [19] anzeigt: „Die Verwendung des Wortes Masse anstelle von Körper ist anscheinend unausrottbar. Immer wieder findet man z. B. statt eines Körpers eine Masse an einem Bindfaden aufgehängt, also statt des Dinges eine seiner Eigenschaften!“
Das Modell der Punktmasse, im Hinblick auf Literaturzitate auch durch das Synonym „Massenpunkt“ ersetzt, ist ein mit einer Masse belegter geometrischer Punkt. Er erlaubt bei Voraussetzung einer angreifenden Einzelkraft die zeitliche Integration von NEWTONs Bewegungsgesetz (8.5). Dies hat EULER 1736 in [20] sehr ausgiebig auf analytischem Wege getan. In seiner Vorrede zu diesem Buch verweist er auch darauf, dass es zweckmäßig sei, wegen der Unterschiede der Wissenschaft „vom Gleichgewicht der Kräfte“ und der Wissenschaft über die „Natur, Erzeugung und Änderung der Bewegung“ zwei getrennte Namen zu benutzen, nämlich „Statik“ für die erstere und „Mechanik“ (nach heutigem Verständnis „Kinetik“) für die letztere. Die Statik, die sich „bereits vor ARCHIMEDES auszubilden begonnen hatte“ [20], betraf vom Beginn ihrer Entwick-

lung an das Gleichgewicht körperartiger Objekte. Ihr praktischer Erfolg kann noch heute an den Bauten des Altertums besichtigt werden. Er wurde lange vor und unabhängig von NEWTONs Erkenntnissen erzielt. Nach ARCHIMEDES [9] war das Hebelgesetz einschließlich des Momentenbegriffes bekannt. Die Fähigkeit, das Kräfteparallelogramm anwenden zu können, muss den Ingenieuren des Altertums aufgrund ihrer technischen Leistungen unterstellt werden unabhängig davon, dass der Nachweis des Kräfteparallelogramms erst bei STEVIN 1608 [7] gefunden wurde. EINSTEIN [21] merkt diesbezüglich über NEWTON nur an: „Den Begriff der Kraft entnimmt er aus der bereits hochentwickelten Statik“. Allerdings erfährt der Kraftbegriff bei NEWTON einen Zusatz durch das dritte Axiom oder Bewegungsgesetz, [1] S. 34: „Zu einer Einwirkung gehört immer eine gleich große entgegengesetzt gerichtete Rückwirkung, bzw. die gegenseitigen Einwirkungen zweier Körper aufeinander sind immer gleich groß und in entgegengesetzte Richtung gerichtet“ (in Kurzfassung: actio = reactio). Hier ist festzustellen, dass bei Anwendung von (8.5) unter Berücksichtigung einer „Einwirkung“ $\mathbf{F}$ z. B. infolge Gravitation auf einen ersten Körper die „gleich große entgegengesetzt gerichtete Rückwirkung“ $-\mathbf{F}$ auf den zweiten Körper in (8.5) nicht erscheint. Bei ihrem Auftreten in (8.5) unterscheidet sich deshalb die Gravitationskraft nicht von der zur Beschleunigung des Körpers der trägen Masse m_t benötigten Kraft gemäß $m_t\mathbf{a}$, für die keine Gegenkraft existiert.
Durch die Hervorhebung der eigenständigen Bedeutung der Statik bei EULER [20] konnten der Begriff des Körpers endlicher Abmessungen, z. B. in Form des Hebels, und der Begriff des Momentes in EULERs Betrachtungen gelangen. Hinsichtlich der Bewegung von Körpern „endlicher Größe“, d. h. endlicher Abmessungen, stellt er aber in § 98 auf Seite 31 von [20] fest: „Diese Bewegung können wir für jetzt, wegen des Mangels der genügenden Principien, noch nicht bestimmen und verschieben diese Untersuchung auf das Folgende“. Diese Untersuchung hat EULER schrittweise vollzogen und letztlich 1775 in [10] erfolgreich beendet, s. u.
Einen einfachen Sonderfall der Bewegung eines starren Körpers endlicher Abmessungen stellt zunächst die translatorische Bewegung dar (s. Abschnitt 2.2). Dieses Problem behandelt EULER theoretisch in seinem Buch [22] von 1765. Als spezielles Beispiel einer geradlinigen Translation dient der freie Fall eines schweren Körpers aus der Ruhelage im quasihomogenen Erdschwerefeld bei Vernachlässigung der Luftreibung. Während des Fallversuches, den man z. B. mittels eines homogenen oder inhomogenen Metall- oder Holzstabes leicht ausführen kann, setzt keine Drehung ein. Die Resultierende der am Körper verteilten Schwerkraft besitzt eine Wirkungslinie, die durch den Schwerpunkt verläuft. Die Resultierende der zur Überwindung der summarischen Massenträgheit benötigten Kraftverteilung besitzt eine Wirkungslinie, die durch den Massenmittelpunkt geht. Wegen der Quasihomogenität des Erdschwerefeldes sind hier

Schwerpunkt und Massenmittelpunkt identisch, und die beiden Wirkungslinien liegen aufeinander. Von dieser speziellen Situation ausgehend, schlussfolgert EULER für den allgemeineren Fall, bei dem anstelle der Schwerkraft eine beliebige Verteilung paralleler Kräfte mit einer nichtverschwindenden Resultierenden am Körper angreift: Der sich nicht drehende starre Körper bleibt drehbewegungsfrei, wenn die Wirkungslinie der Resultierenden der angreifenden Kräfte durch den Massenmittelpunkt verläuft.
Für die Bestimmung der Lage der resultierenden Kraft verweist EULER in [22] auf die Regeln der Statik starrer Körper. In diese gehen wie auch in die Definition des Schwerpunktes das Hebelgesetz und damit Körperabmessungen ein. Die Summe der Momente der angreifenden Kräfte bezüglich des Massenmittelpunktes, der für erdnahe Situationen wie bei uns gleich dem Schwerpunkt gesetzt werden darf, muss verschwinden. Dies entspricht der Bedingung (2.35) für nicht berücksichtigte Einzelmomente $\mathbf{M}_k$ und für Momente von Einzelkräften. Die Beschleunigung des Massenmittelpunktes bzw. Schwerpunktes ergibt sich mittels der resultierenden Kraft und der Körpermasse aus (8.5), wobei die Beschleunigung für eine richtungstreue resultierende Kraft zu einer geradlinigen Translation führt.

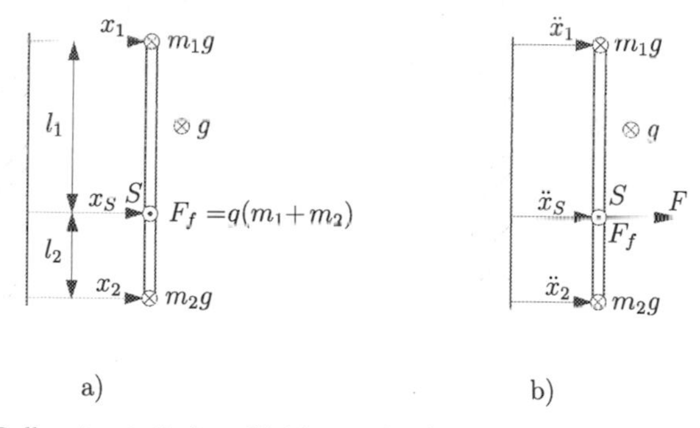

Bild 8.5. Balken im statischen Gleichgewicht a) und anfänglich beschleunigt b)

EULERs allgemeingültige Begründung für die Translation eines starren Körpers lässt sich noch mit einer anderen einfachen Anordnung experimentell bestätigen, s. Bild 8.5. In der Ebene senkrecht zur Vertikalen befinde sich ein gerader Balken der Länge $l_1 + l_2$, an dessen Endpunkten die Massen m_1 und m_2 konzentriert sind. Das übrige Balkengebiet ist masselos. Der Balken unterliegt dem vertikalen Schwerkraftfeld. Er sei so an einem vertikalen Faden der Länge L aufgehängt, dass sich sein Schwerpunkt S zur Gewährleistung der Stabilität des statischen Gleichgewichtes knapp unterhalb des Befestigungspunktes am Faden befindet. Zunächst herrscht für die Fadenkraft $F_f = g(m_1 + m_2)$ und bei der Erfüllung der statischen Momentenbilanz bezüglich des Schwerpunktes S (s. Bild 8.5a)

$$\twoheadleftarrow: \quad m_1 g l_1 - m_2 g l_2 = 0 \tag{8.8a}$$

bzw.

$$m_1 l_1 - m_2 l_2 = 0 \tag{8.8b}$$

statisches Gleichgewicht. In der kräftefreien horizontalen Ebene erfüllen die raumfesten Koordinaten x_1, x_2 und x_S die Bedingung $\ddot{x}_1 = \ddot{x}_2 = \ddot{x}_S = 0$. Wird jetzt im Schwerpunkt S über einen zweiten Faden die richtungstreue Horizontalkraft F angebracht (Bild 8.5b), so beschleunigt diese S zum Bewegungsbeginn $x_S/L \ll 1$ horizontal mit $\ddot{x}_S$. Nach den vorangegangenen Ausführungen wird für den Bewegungsbeginn eine geradlinige Translation des Balkens, der jetzt eine inhomogene Massenverteilung besitzt, erwartet, d. h. $\ddot{x}_1 = \ddot{x}_2 = \ddot{x}_S$. Zur Beschleunigung der mit den Massen m_1 und m_2 jeweils belegten Balkenenden werden Kräfte benötigt, die summarisch die angreifende Kraft F ergeben, d. h.

$$\rightarrow: \quad m_1 \ddot{x}_1 + m_2 \ddot{x}_2 = (m_1 + m_2)\ddot{x}_S = F\ . \tag{8.9}$$

Die angreifende Kraft F erzeugt bezüglich des Schwerpunktes S kein Moment. Es muss jetzt noch die Summe der Momente der zur Beschleunigung der Balkenenden mit den Massen m_1 bzw. m_2 benötigten Kräfte bezüglich des Schwerpunktes S verschwinden:

$$\overset{\frown}{S}: \quad m_1 \ddot{x}_1 l_1 - m_2 \ddot{x}_2 l_2 = \ddot{x}_S(m_1 l_1 - m_2 l_2) = 0\ . \tag{8.10}$$

Diese Bedingung wurde bereits mit (8.8b) erfüllt.

Es sei noch angemerkt, dass ein mit $\ddot{x}_S$ beschleunigter Beobachter bei Kenntnis der Äquivalenzbedingung (8.7) die Trägheitskräfte $-m_1\ddot{x}_S$ und $-m_2\ddot{x}_S$ als gravitationsbedingte Gewichtskräfte deuten kann, die bei Gleichgewicht im beschleunigten Bezugssystem zusammen mit F den statischen Gleichgewichtsbedingungen analog zu (8.1) und (8.2) genügen müssen. Die durch Gravitation bedingte Fadenkraft F_f und die Gesamtträgheitskraft $-F$ sind im gewählten Sonderfall bei gleicher Größe äquivalent. Sie führen dann in den als masselos vorausgesetzten Fäden erfahrungsgemäß zur gleichen Zugbeanspruchung, obwohl vom Inertialsystem aus betrachtet der eine Faden ruht, während der andere einer Beschleunigung unterliegt.

Die am Bewegungsbeginn auftretende reine Translation des starren Körpers wird in einem einfachen Versuch sichtbar. Dazu werden an einem leichten hölzernen Grillstäbchen von ca. 300 mm Länge, 3 mm Durchmesser und 1 g Masse drei gleiche kleine schwere Räder der Masse m von ca. 20 g aus einem Metallbaukasten gemäß Bild 8.5a und Gleichung (8.8b) befestigt. Es gelten die Verhältnisse $m_2/m_1 = 2$ und $l_1/l_2 = 2$ sowie $l_{1,2} \gg d$ mit d als charakteristische Abmessung der Räder. Am Schwerpunkt S des nach obiger Beschreibung und Bild 8.5 aufgehängten Balkens werde mittels eines horizontalen Fadens per Hand gezogen. Das Grillstäbchen vollführt zu Bewegungsbeginn wie vorhergesagt eine geradlinige Translation in Zugrichtung.

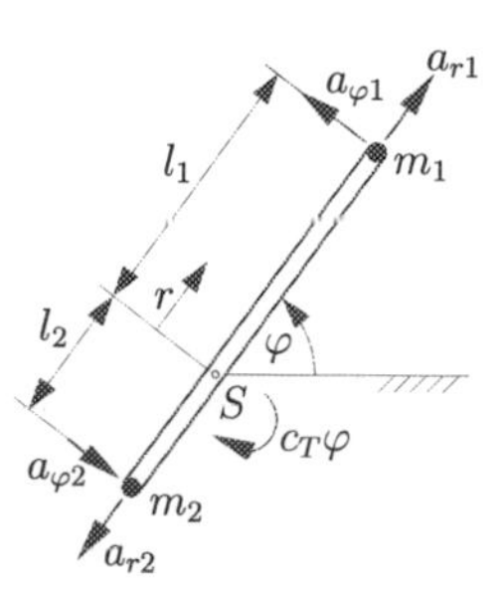

Bild 8.6. Balken unter Rückstellmoment infolge Winkelauslenkung

Zum Studium einer ebenen Drehbewegung des starren Balkens aus Bild 8.5a um den ruhenden Schwerpunkt S wird die Fadenaufhängung durch einen dünnen linear-elastischen Draht ersetzt, der die Torsionssteifigkeit c_T besitzt, s. Bild 8.6. Dieser Draht nimmt infolge seiner Befestigung im Schwerpunkt S die vertikale Gewichtskraft $m_1 g + m_2 g$ auf. Da keine resultierende horizontale Kraft angreift, findet keine horizontale Translationsbeschleunigung statt, und der in Ruhe befindliche Schwerpunkt bleibt in Ruhe. Bei einer kleinen Winkelauslenkung $|\varphi| < 1$ des Balkens in der horizontalen Ebene erzeugt der Draht ein Rückstellmoment $c_T\varphi$, welches als Einzelmoment konstruktiv bedingt im Schwerpunkt S angreift, wie an dem freigemachten Balken in Bild 8.6 zu sehen ist. Der Balken wird um die durch S gehende vertikale Achse drehbeschleunigt. Die mit den konzentrierten Massen m_1 und m_2 jeweils belegten Balkenenden erfahren die Radialbeschleunigung a_{r1} bzw. a_{r2} und die Tangentialbeschleunigung $a_{\varphi 1}$ bzw. $a_{\varphi 2}$, vgl. (1.34). Die Summe der Momente der für die Drehbeschleunigung des Balkens benötigten Kräfte (wegen $l_{1,2} \gg d$ werden die Momente für die Erzeugung der Eigendrehbeschleunigung der Teilkörper der Massen m_1 und m_2 wie beim mathematischen Pendel, s. [8], vernachlässigt) muss gleich dem angreifenden negativen Rückstellmoment $-c_T\varphi$ sein, d. h. bei Bezug auf den Schwerpunkt S

$$\overset{\frown}{S}: \quad m_1 a_{\varphi 1} l_1 + m_2 a_{\varphi 2} l_2 = -c_T\varphi \tag{8.11}$$

bzw. mit $a_\varphi = r\ddot{\varphi}$ gemäß (1.34)

$$(m_1 l_1^2 + m_2 l_2^2)\ddot{\varphi} + c_T\varphi = 0 \; .$$

Hieraus folgt mit den Abkürzungen

$$J_S = m_1 l_1^2 + m_2 l_2^2 \,, \qquad \frac{c_T}{J_S} = \omega^2 = \left(\frac{2\pi}{T}\right)^2 \tag{8.12a,b}$$

die lineare homogene Differenzialgleichung

$$\ddot{\varphi} + \frac{c_T}{J_S}\varphi = 0 \,, \tag{8.13}$$

welche eine freie ungedämpfte Drehschwingung beschreibt (s. Kapitel 3).
Wegen voraussetzbarer lokaler Gültigkeit der Äquivalenzbedingung (8.7) können die zur tangentialen Beschleunigung der Teilkörper mit den Massen m_1 bzw. m_2 benötigten Kräfte auch als Trägheitskräfte $-m_1 a_{\varphi 1}$ bzw. $-m_2 a_{\varphi 2}$ verstanden werden, die lokal auf die Enden des global agierenden Balkens wirken und gemeinsam mit dem Rückstellmoment $c_T \varphi$ die statische Momentenbilanz für den Balken

$$m_1 a_{\varphi 1} l_1 + m_2 a_{\varphi 2} l_2 + c_T \varphi = 0$$

erfüllen müssen.
Die Schwingungsgleichung (8.13) kann mittels einfacher Versuche quantitativ bestätigt werden. Als Torsionsfeder dient ein Metalldraht von ca. 0,3 mm Durchmesser und ca. 600 mm Länge. Es werden vier verschiedene Masseverteilungen betrachtet:
a) $m_1 = m_2 = m$ mit $l_1 = l_2 = l$, wobei $m \approx 20$ g und $l \approx 140$ mm,
b) $m_1 = m_2 = m$ mit $l_1 = l_2 = l/2$,
c) $m_1 = m_2 = 2m$ mit $l_1 = l_2 = l$,
d) $m_1 = m,\ m_2 = 2m$ mit $l_1 = 4l/3,\ l_2 = 2l/3$.

Diese ergeben für gleiche Torsionssteifigkeit c_T mit (8.12a,b) drei verschiedene Quadrate der Schwingungszeitverhältnisse

$$\left(\frac{T_b}{T_a}\right)^2 = \frac{(m_1 l_1^2 + m_2 l_2^2)_b}{(m_1 l_1^2 + m_2 l_2^2)_a} = \frac{1}{4} \tag{8.14}$$

und entsprechend

$$\left(\frac{T_c}{T_a}\right)^2 = 2 \,, \qquad \left(\frac{T_d}{T_a}\right)^2 = \frac{4}{3} \,.$$

Durch Auszählen von 20 Schwingungen in einer gemessenen Zeit wurden diese Verhältnisse und damit (8.13) bzw. (8.11) in guter Näherung bestätigt.
Es sei noch ergänzt, dass der Systemparameter c_T/J_S in (8.12b) ein Zeitnormal liefert. Praktisch realisiert, besteht es aus einem Metallring, dessen zentrale Achse gelenkig reibungsarm gelagert ist und von einer Spiralfeder gehalten wird.

Die so konstruierte Unruh wurde bereits von HOOKE 1656 und HUYGENS 1675 vorgeschlagen und in Uhren eingebaut [23].

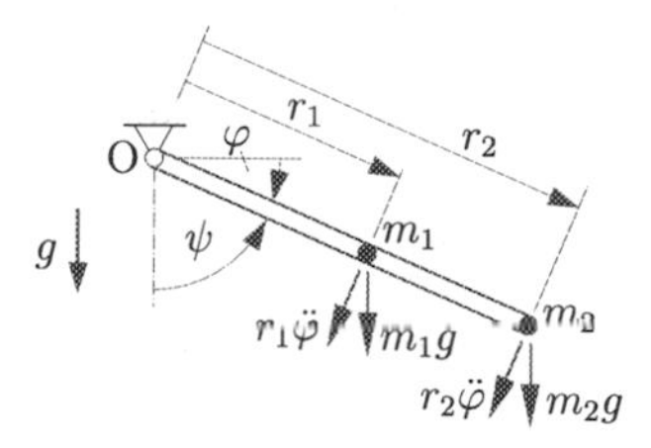

Bild 8.7. Mit „punktförmigen" Massen belegter Balken als Pendel (aus [6])

Die zusammengesetzte Bewegung eines starren Körpers, die aus einer Drehung des Körpers um seinen Schwerpunkt und einer Translation seines Schwerpunktes besteht, wurde beispielhaft schon vor EULER von JACOB BERNOULLI untersucht, s. [6]. Der Körper bestand aus einem masselosen starren Balken, der um eine horizontale raumfeste Achse im Punkt O reibungsfrei drehbar gelagert war, s. Bild 8.7. An ihm befanden sich in den Abständen r_1 bzw. r_2 vom Lagerpunkt O „die (≪punktförmigen≫) schweren Massen m_1 und m_2" [6]. Der Körper ähnelt dem einarmigen Hebel aus Bild 8.2d. Das von JACOB BERNOULLI 1703 veröffentlichte Ergebnis enthielt nach [6], S. 33 die Momentenbilanz der an den „Massen" angreifenden sogenannten „verlorenen Kräfte" bezüglich des Lagerpunktes O. Diese Kräfte bestehen jeweils aus der Differenz der tangentialen Komponente der eingeprägten Kraft $m_{1,2}g\cos\varphi$ und der für die tangentiale Beschleunigung $r_{1,2}\ddot{\varphi}$ der „Massen" $m_{1,2}$ erforderlichen Kraft. In der horizontalen Anordnung $\varphi = 0$ und mit der Bezeichnung $b_{1,2} = r_{1,2}\ddot{\varphi}$ gemäß [6] lautet die Momentenbilanz

$$m_1(g - b_1)r_1 + m_2(g - b_2)r_2 = 0 \ . \tag{8.15}$$

Für die allgemeine Lage $\varphi \neq 0$ entsteht (s. Bild 8.7)

$$(m_1 r_1 + m_2 r_2) g \cos\varphi - (m_1 r_1^2 + m_2 r_2^2)\ddot{\varphi} = 0 \tag{8.16a}$$

oder mit $\varphi = \pi/2 - \psi$ und $\ddot{\varphi} = -\ddot{\psi}$

$$(m_1 r_1^2 + m_2 r_2^2)\ddot{\psi} + (m_1 r_1 + m_2 r_2) g \sin\psi = 0 \ . \tag{8.16b}$$

Diese für $|\psi| \ll 1$ lineare Schwingungsgleichung lässt sich mit den oben genannten Hilfsmitteln experimentell leicht bestätigen.

In Vorarbeiten zu seiner Veröffentlichung von 1703 hebt BERNOULLI die Bedeutung des Hebels für seine Überlegungen hervor [6]. Der Hebel übt mittels Wechselwirkung die beschleunigenden Kräfte auf die „Massen" aus, bzw. die auf die „Massen" wirkenden Trägheitskräfte werden durch Wechselwirkung an den

Hebel weitergeleitet. Nach den Regeln der Statik muss die Summe der Momente der angreifenden Kräfte, jetzt einschließlich der Trägheitskräfte, verschwinden. Im Beispiel nach Bild 8.7 entfallen dabei in der Momentenbilanz um den Punkt O die Lagerreaktionen. Die skizzierte Vorgehensweise BERNOULLIs enthält nach [2] die Kernidee des „D'ALEMBERT-EULERschen Prinzips", wonach negative Beschleunigungen Kräften pro Masseneinheit gleichen. Diese sind, wie am Beispiel des mit drei konzentrierten Massen belegten einarmigen Hebels von D'ALEMBERT 1743 [24] nochmals gezeigt worden war (s. dazu [6]), mit den Gleichgewichtsbedingungen der Statik von Körpern endlicher Abmessungen zu verbinden. Die Vorgehensweise, in [6] als „D'ALEMBERTsches Prinzip in seiner ursprünglichen Fassung" bezeichnet, ist also auf eine schon vorliegende Statik von Körpern endlicher Abmessungen angewiesen. Sie steht im Einklang mit der Äquivalenz von Gravitations- und Trägheitskräften.
Es ist davon auszugehen, dass BERNOULLIs Ergebnis von 1703 und D'ALEMBERTs Ergebnis von 1743 EULER 1775 bekannt waren. Sie sind als Sonderfall in EULERs Beschreibung des physikalischen Pendels von 1765 [22] und in EULERs allgemeinen Bewegungsgleichungen kontinuierlicher starrer Körper endlicher Abmessungen von 1775 [10, 11] enthalten.
EULER berücksichtigt in [10, 11] die globale Wirkung der elementaren Kräfte auf kontinuierliche Körper endlicher Abmessungen. Er bildet in einem raumfesten kartesischen Bezugssystem das Produkt aus der Masse eines Massenelementes und der Beschleunigung des Massenelementes als elementare „beschleunigende" Kraft, d. h. die zur Beschleunigung des Massenelementes benötigte Kraft, die einer elementaren Trägheitskraft entspricht. Diese lokal gültige Trägheitskraft ist demnach gleich dem negativen Produkt des Beschleunigungsvektors und der Massendichte. Für den translatorischen Bewegungsanteil setzt er die jeweiligen kartesischen Vektorkoordinaten der Summen, d. h. der Integrale, der „beschleunigenden" Kräfte gleich den jeweiligen kartesischen Vektorkoordinaten der Resultierenden der „antreibenden" Kräfte (das sind bei uns die äußeren oder angreifenden Kräfte). In der EULERschen Notation ergibt sich

$$\int d\mathrm{M}\Big(\frac{\mathrm{dd}x}{\mathrm{d}t^2}\Big) = i\mathrm{P}\,, \quad \int d\mathrm{M}\Big(\frac{\mathrm{dd}y}{\mathrm{d}t^2}\Big) = i\mathrm{Q}\,, \quad \int d\mathrm{M}\Big(\frac{\mathrm{dd}z}{\mathrm{d}t^2}\Big) = i\mathrm{R}\,. \tag{8.17}$$

Hier bedeuten:
M – Körpermasse, t – Zeit,
x, y und z – aktuelle Koordinaten des Massenelementes dM,
P, Q und R – Vektorkoordinaten der resultierenden „antreibenden" Kraft in x-, y- und z-Richtung,

$\frac{\mathrm{dd}x}{\mathrm{d}t^2}$, $\frac{\mathrm{dd}y}{\mathrm{d}t^2}$ und $\frac{\mathrm{dd}z}{\mathrm{d}t^2}$ – Vektorkoordinaten der Beschleunigung des

Massenelementes dM in x-, y- und z-Richtung,
i – Konstante, die von der Wahl der Einheiten abhängt und für SI-Einheiten gleich eins ist.
Die Unterschiedlichkeit der Differenzialsymbole d und d in EULERs hier und anschließend zitierten Formeln ist nicht notwendig. Sie wird aber in den Zitaten belassen.
Das Integralzeichen in (8.17) bezieht sich hinsichtlich der Ersetzung des Massenelementes dM durch ein dichtebehaftetes Volumenelement gemäß (2.1) auf die kartesischen Ortskoordinaten, welche „nur die anfängliche Stellung des Körpers betreffen und auf keine Weise von der Zeit t abhängig sind" [10, 11]. Hier sei angemerkt, dass wegen der zeitlichen Massekonstanz in (2.1), d. h. $(d\mathrm{M})^{\cdot} = (dm)^{\cdot} = (\varrho dV)^{\cdot} = 0$ bei deformierbaren Körpern die Integrale von (8.17) auch mit den aktuellen Ortskoordinaten bei festgehaltener Zeit gebildet werden dürfen.
Für den rotatorischen Bewegungsanteil bilanziert EULER die Gesamtheit der Momente der elementaren „beschleunigenden" Kräfte mit der Gesamtheit der Momente der „antreibenden" Kräfte bezüglich der nach x, y und z benannten raumfesten kartesischen Achsen. Es müssen „alle Momente der beschleunigenden Kräfte in Bezug auf die drei festen Axen, zusammengenommenen den Momenten gleich sein, welche aus allen antreibenden Kräften in Bezug auf dieselben Axen abgeleitet werden". Eigendrehträgheiten massebehafteter Volumenelemente entfallen dabei wie beim mathematischen Pendel.
Für die x-Achse entstehen die zwei elementaren Momente der „beschleunigenden" Kräfte

$$z d\mathrm{M}\Big(\frac{\mathrm{dd}y}{\mathrm{d}t^2}\Big) \quad \text{und} \quad - y d\mathrm{M}\Big(\frac{\mathrm{dd}z}{\mathrm{d}t^2}\Big)\ .$$

Deren Summe, d. h. ihr Integral, ist der Summe S aller Momente der „antreibenden" Kräfte bezüglich der x-Achse gleichzusetzen. Die letztgenannte Summe kann auch Integrale enthalten. Es entsteht unter Berücksichtigung der oben erläuterten Konstante i nach [10], [11]

$$\int z d\mathrm{M}\Big(\frac{\mathrm{dd}y}{\mathrm{d}t^2}\Big) - \int y d\mathrm{M}\Big(\frac{\mathrm{dd}z}{\mathrm{d}t^2}\Big) = i\mathrm{S} \tag{8.18a}$$

und analog für die beiden anderen Achsen y und z

$$\int x d\mathrm{M}\Big(\frac{\mathrm{dd}z}{\mathrm{d}t^2}\Big) - \int z d\mathrm{M}\Big(\frac{\mathrm{dd}x}{\mathrm{d}t^2}\Big) = i\mathrm{T}\ , \tag{8.18b}$$

$$\int y d\mathrm{M}\Big(\frac{\mathrm{dd}x}{\mathrm{d}t^2}\Big) - \int x d\mathrm{M}\Big(\frac{\mathrm{dd}y}{\mathrm{d}t^2}\Big) = i\mathrm{U} \tag{8.18c}$$

mit den Bezeichnungen T und U für die entsprechenden Momentensummen der „antreibenden" Kräfte. (Im Subtrahend von (8.18c) wurde das in der For-

mel des Originals von [10] offensichtlich irrtümlich angegebene z durch das im wörtlichen Originaltext [10] korrekte x ausgetauscht.) Auch in (8.18) ist bei Gebrauch der SI-Einheiten die Konstante i gleich eins zu setzen. Des Weiteren wird in der heutigen Form von (8.18) auf einer der beiden Seiten eine entgegengesetzte Vorzeichendefinition für das Moment einer Kraft benutzt. Hinsichtlich der Auswertung der Integrale von (8.18) gilt das oben bezüglich (8.17) Gesagte. Nach [10, 11] betreffen die Gleichungen (8.17) und (8.18) zunächst starre Körper. Sie gelten aber wie die Gleichgewichtsbedingungen der Statik auch für deformierbare Körper (s. a. [5]). Wegen der zeitlichen Massekonstanz materieller Körper darf dann das Massenelement dM in (8.17) und (8.18) gemäß (2.1) durch die Dichte und das Volumenelement ausgedrückt werden, die beide von den Anfangskoordinaten oder den aktuellen Koordinaten bei festgehaltener Zeit abhängen.
Die Koordinatenform unserer vektoriellen Darstellung der Impulsbilanz (2.66) ist bei gleicher Interpretation der angreifenden Kräfte wie bei EULER [10, 11] mit EULERs Ergebnis (8.17) identisch.
Die Koordinatenform unserer vektoriellen Darstellung der Drehimpulsbilanz (2.67) stimmt mit EULERs Gleichungen (8.18) überein, wenn in (2.67) die gleichberechtigt zu den angreifenden Einzelkräften eingeführten Einzelmomente weggelassen und die Einzelkräfte wie bei EULER [10, 11] interpretiert werden. Die in den rechten Seiten von (8.17) und (8.18) enthaltenen „antreibenden" (bei uns angreifenden) Kräfte sind nicht näher spezifiziert worden, aber als angebbar vorauszusetzen. Im Erscheinungsjahr 1775 von [10] waren eingeprägte Volumenkräfte z. B. infolge Gravitation und Oberflächenkräfte z. B. infolge Reibung bekannt und in konkreten Einzelfällen durch Messungen belegbar. Aus ihnen konnten Linien- und Einzelkräfte sowie Einzelmomente gedanklich als Grenzfälle gewonnen werden. Des Weiteren dürfen die zu den linken Seiten von (8.17) und (8.18) führenden Massenverteilungen auch eine endliche Zahl konzentrierter Massen enthalten. Dies war in den vorangegangenen Beispielen der Fall.
Den in der Zeit nach EULER von CAUCHY im Jahre 1823 eingeführten Begriff des Spannungstensors zur allgemeinen Charakterisierung der körperinneren Flächenkräfte [5], s. a. [4], benötigte EULER in seinen Bewegungsgesetzen (8.17) und (8.18) nicht, da sich diese Gesetze auf den starren Körper als Ganzes beziehen. Den Begriff des starren Körpers hatte EULER 1765 [22] im Kapitel „Von der fortschreitenden Bewegung starrer Körper" erklärt. In diesem Rechenmodell bleiben Abmessungsänderungen unberücksichtigt, obwohl der Körper einer Beanspruchung und damit einem Spannungszustand unterliegt. Dies entspricht dem Grenzfall kleiner Lasten, so dass die dann entstehenden Abmessungsänderungen gegenüber den Körperabmessungen in den statischen und in den kinetischen Bilanzen wie bei uns vernachlässigbar sind.

Die Einbeziehung der Verformungen eines belasteten Körpers in die statischen und kinetischen Bilanzen ist logisch begründbar. Sie stellt nichts anderes dar als die Formulierung dieser Bilanzen für die aktuelle Konfiguration des Körpers, s. [5]. Deshalb gelten diese Bilanzen nicht nur für verformbare Festkörper, sondern auch für Strömungsvorgänge in kontinuierlichen Flüssigkeiten, s. z. B. [25]. Die Formulierung des Gesamtproblems im Rahmen der klassischen Kontinuumsmechanik erfordert dann noch die Einführung des Spannungstensors und die Charakterisierung der Materialeigenschaften.
Wie in der Statik gefordert, enthalten EULERs Bewegungsgesetze widerspruchsfrei als Sonderfall die statischen Bilanzen für dieselben betrachteten Objekte, nämlich i. Allg. kontinuierliche Körper endlicher Abmessungen.
EULERs Bewegungsgesetze gelten auch für Systeme kinematisch miteinander verbundener Körper. Denn sie sind gemäß Schnittprinzip auf die getrennten Körper anzuwenden. Nach Elimination der Schnittreaktionen ergeben sich die Bilanzen des jeweiligen Gesamtsystems. Als Beispiel hierfür kann das Doppelpendel aus Abschnitt 6.2 dienen.

8.3 Eine direkte Anwendung EULERs Bewegungsgesetze

8.3

Die Impulsbilanz (2.66) und die Drehimpulsbilanz (2.67) geben mit ihren unterstrichenen Termen die Urfassung von EULERs Bewegungsgesetzen (8.17) und (8.18) [10, 11] für Körper endlicher Abmessungen wieder. Bei ihrer Anwendung in der Technischen Mechanik wurde die vereinfachte Kinematik der Bewegung starrer Körper ausgenutzt und in diesem Zusammenhang die kontinuierliche Masseverteilung durch die diskreten Kenngrößen Masse, Massenmittelpunkt (hier gleich Schwerpunkt) und Trägheitstensor ausgedrückt. Dabei rückt EULERs ursprüngliche, für (8.17) und (8.18) wesentliche Idee etwas in den Hintergrund. Diese Idee besteht in der Ergänzung der statischen Bilanzen für die „antreibenden“ Kräfte und die Momente der „antreibenden“ Kräfte durch die lokal wirkenden „beschleunigenden“ Kräfte und die Momente der lokal wirkenden „beschleunigenden“ Kräfte. Zur Erläuterung folgt noch ein Beispiel einer Starrkörperbewegung, an dem EULERs Vorgehensweise direkt zur Anwendung kommt.
Bild 8.8 zeigt einen bei A reibungsfrei gelenkig aufgehängten starren homogenen Balken der Masse m, dessen Länge l sehr viel größer als die charakteristische Abmessung d seines konstanten Querschnitts ist, d. h. $d \ll l$. Der Balken kann deshalb als eine massebelegte biegesteife Gerade der Länge l modelliert werden. Diese Gerade dreht sich um A mit dem zeitabhängigen Winkel $\varphi(t)$ wie ein physikalisches Pendel. Im Ausgangszustand sei $\varphi(0) = 0$. Dann nimmt die Gerade das Gebiet $0 \leq X \leq l$, $Y = 0$ ein. Im aktuellen Zustand $\varphi(t)$, $t > 0$,

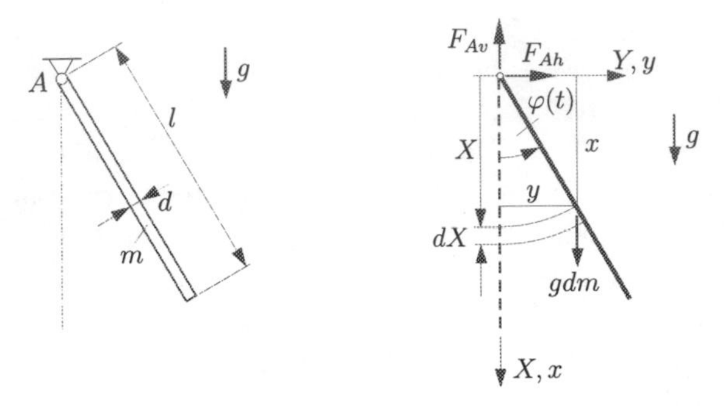

Bild 8.8. Massebehafteter Balken als physikalisches Pendel

okkupiert die Gerade das Gebiet $0 \leq x \leq l\cos\varphi$, $0 \leq y \leq l\sin\varphi$, wobei

$$x = X\cos\varphi\ , \quad y = X\sin\varphi \tag{8.19a,b}$$

gilt. Die „antreibenden“ Kräfte im aktuellen Zustand bestehen aus den Lagerkräften F_{Ah} und F_{Av} sowie aus den elementaren Schwerkräften der Massenelemente gdm. Die elementaren „beschleunigenden“ Kräfte im aktuellen Zustand sind für die x-Richtung $\ddot{x}dm$ und für die y-Richtung $\ddot{y}dm$. Sie wurden nicht in das Bild 8.8 eingetragen. Das Massenelement dm hat die Größe

$$dm = \frac{m}{l}dX\ . \tag{8.20}$$

Die Auswertung der Impulsbilanz (8.17) in EULERs Notation ergibt

$$\mathrm{M} = m\ , \quad \left(\frac{\mathrm{d}\mathrm{d}x}{\mathrm{d}t^2}\right) = \ddot{x}\ , \quad \left(\frac{\mathrm{d}\mathrm{d}y}{\mathrm{d}t^2}\right) = \ddot{y}\ , \quad i = 1$$

$$\int \ddot{x}dm = -F_{Av} + \int gdm\ , \tag{8.21a}$$

$$\int \ddot{y}dm = F_{Ah}\ . \tag{8.21b}$$

Aus der Drehimpulsbilanz (8.18c) für den raumfesten Punkt A folgt mit der Vorzeichenkorrektur im Moment U der „antreibenden“ Kräfte

$$\int y\ddot{x}dm - \int x\ddot{y}dm = \int ygdm\ . \tag{8.22}$$

Die Integration in (8.21) und (8.22) geschieht über der zeitunabhängigen Koordinate X, die wegen (8.20) in dm sowie wegen (8.19) in x, y, $\ddot{x}$ und $\ddot{y}$ vorkommt. Die zweimalige Zeitableitung von (8.19a,b) liefert

$$\ddot{x} = -(\ddot{\varphi}\sin\varphi + \dot{\varphi}^2\cos\varphi)X\ , \quad \ddot{y} = (\ddot{\varphi}\cos\varphi - \dot{\varphi}^2\sin\varphi)X\ . \tag{8.23a,b}$$

Mit (8.23a) und (8.20) ergibt (8.21a)

$$\int \ddot{x} dm = -(\ddot{\varphi} \sin\varphi + \dot{\varphi}^2 \cos\varphi)\frac{m}{l}\int_0^l X dX$$

$$= -(\ddot{\varphi} \sin\varphi + \dot{\varphi}^2 \cos\varphi)\frac{m}{2} l = -F_{Av} + gm \ . \tag{8.24a}$$

Entsprechend führen (8.23b), (8.20) und (8.21b) auf

$$\int \ddot{y} dm = (\ddot{\varphi} \cos\varphi - \dot{\varphi}^2 \sin\varphi)\frac{m}{2} l = F_{Ah} \ . \tag{8.24b}$$

Die Drehimpulsbilanz (8.22) geht mit (8.19), (8.20) und (8.23) in

$$\int y\ddot{x} dm - \int x\ddot{y} dm = -\int_0^l X \sin\varphi(\ddot{\varphi} \sin\varphi + \dot{\varphi}^2 \cos\varphi) X \frac{m}{l} dX$$

$$- \int_0^l X \cos\varphi(\ddot{\varphi} \cos\varphi - \dot{\varphi}^2 \sin\varphi) X \frac{m}{l} dX = \int_0^l gX \sin\varphi \frac{m}{l} dX$$

$$= -\frac{ml^2}{3}\ddot{\varphi} = gm\frac{l}{2}\sin\varphi$$

bzw. in

$$\ddot{\varphi} + \frac{3}{2}\frac{g}{l}\sin\varphi = 0 \tag{8.25}$$

über. Die Bewegungsgleichung (8.25) ist auch als Gleichung (c) in Beispiel 2.13 (s. S. 98-101) enthalten, wo $\psi = \pi/2 - \varphi$ gesetzt werden muss. Für $|\varphi| \ll 1$ stellt (8.25) die lineare Schwingungsgleichung

$$\ddot{\varphi} + \left(\frac{2\pi}{T}\right)^2 \varphi = 0 \tag{8.26}$$

mit der Schwingungsdauer

$$T = 2\pi\sqrt{\frac{2l}{3g}} \tag{8.27}$$

dar. Letztere lässt sich in einem einfachen Versuch leicht überprüfen. Man nehme hierzu einen ca. 30 cm langen Holz- oder Metallstab, an dessen einem Ende sich eine Bohrung befindet. Mit dieser Bohrung lagere man den Stab auf einer gehärteten Nähnadel, die horizontal über eine Tischplattenkante hinausragt. Durch Auszählen von ca. 100 Pendelschwingungen in einer gestoppten Zeit bestätigt man die gemessene Schwingungsdauer T nach (8.27) mit einer Genauigkeit in der Ordnung von 1 %. Die Übereinstimmung von Messung und Rechnung

ändert sich im Rahmen der Messgenauigkeit nicht, wenn die Stablänge l variiert, beispielsweise um den Faktor zwei verkleinert wird.
Der Bewegungsablauf $\varphi(t)$ liegt mit (8.25) für gegebene Anfangsbedingungen fest. Aus ihm und (8.24a,b) können dann die Lagerkräfte F_{Av} und F_{Ah} bestimmt werden, was hier nicht erfolgen soll.

8.4

8.4 Anmerkungen zu verschiedenen Konzepten der Technischen Mechanik

Die folgenden Ausführungen betreffen die allgemeine Mechanik und die Technische Mechanik, werden aber vor allem für letztere detaillierter vollzogen.
Die in der Mechanik betrachteten Objekte geben die Realität in idealisierter Form wieder. Dabei muss auf Annahmen aus der Geometrie zurückgegriffen und eventuell über Masseverteilungen verfügt werden. Dies führt zu unterschiedlichen Grundbegriffen wie Massenpunkt oder massebehafteter Körper. Von hier ergeben sich verschiedenen Theorien der Mechanik und der Technischen Mechanik, wie seit Längerem bekannt ist, z. B. [26, 27, 28, 6] und auch neuerdings wieder bemerkt wurde [29]. Diese Theorien werden meist, obwohl nicht notwendig, durch die Kinetik motiviert. Sie betreffen aber die gesamte Technische Mechanik und damit auch die Statik und die Festigkeitslehre.
Der Begriff des Massenpunktes führt zu einer Mechanik der Massenpunktsysteme, kurz Punktmechanik genannt. Der massebehaftete Körper dient als Basis für die Kontinuumsmechanik. Beide Konzepte, die nicht gleichberechtigt sind, haben eine weite Verbreitung gefunden. Sie sollen vom Standpunkt der Technischen Mechanik aus erörtert werden.

8.4.1 Zur Punktmechanik in der Technischen Mechanik

Am Erklärungsbeginn steht zunächst der einzelne Punkt. Ist er mit einer Masse belegt und durch eine Einzelkraft (auch Punktkraft) belastet, kann zur Beschreibung seiner Bewegung NEWTONs zweites Axiom oder Bewegungsgesetz [1], S. 33 benutzt werden, wie EULER in [20] ausführlich auf analytische Weise gezeigt hat und heute noch in unzähligen elementaren Übungsaufgaben der Kinetik trainiert wird. Dieses als Massenpunkt bezeichnete Modell, der Massenpunktbegriff ist bei NEWTON [1] nicht explizit zu finden, besitzt mangels Abmessungen weder ein Volumen noch eine Oberfläche. Es kann in seiner ursprünglichen Fassung Drehungen und Kräftepaare nicht erfassen. Die in Statik und Festigkeitslehre für Körper notwendigerweise eingeführten, als Mittelwerte messbaren Volumen- und Flächenkräfte sowie auch die zweckdienlichen Linienkräfte sind von Punkten nicht aufnehmbar. Folglich bleiben z. B. Modelle, die Reibung zwischen Punkten und Festkörperoberflächen oder Bewegungswi-

derstände von Punkten in zähen Flüssigkeiten postulieren, ohne experimentelle Grundlage. Flächenkontakte zwischen Punkten werden von vornherein ausgeschlossen. Technische Materialeigenschaften wie Starrheit, Elastizität oder Plastizität sind Punkten allein, d. h. ohne materielle Volumenelemente, nicht zuordenbar. Die genannten Mängel werden bedeutsam, wenn die Punkte, ohne oder mit Masse belegt, körperhafte Objekte, deren Belastungen und deren Bewegungen beschreiben sollen. Häufig wird versucht, den entstehenden Problemen durch verschiedene Definitionen des Massenpunktes oder Benutzung einer endlichen Zahl von Massenpunkten anstelle eines Körpers zu begegnen. Die Diskussion solcher Sachverhalte erfordert den Bezug auf konkrete Fälle aus der Literatur. Hierfür wurden beispielhaft einige Zitate von zwei weit verbreiteten Werken ausgewählt.
Zunächst geht es um den Begriff des Massenpunktes. In dem Lehrbuch zur Kinetik von GROSS et al. [30] wird im Kapitel 1 „Bewegung eines Massenpunktes" unter dem Massenpunkt ein Körper verstanden, „dessen Abmessungen auf den Ablauf der Bewegung keinen Einfluss haben". Dazu heißt es: „Wir können den Körper als einen Punkt betrachten, der mit einer konstanten Masse m behaftet ist. Im weiteren werden wir ihn meist kurz als „Masse m" bezeichnen". Dieses Zitat sei kurz kommentiert.
Die Bewegung eines hier starren Körpers endlicher Abmessungen ist i. Allg. zunächst undefiniert. Damit eine definierte Bewegung entsteht, muss sie auf einen Körperpunkt bezogen werden. Die Bewegung dieses Punktes kann nur eine translatorische Bewegung des Körpers beschreiben (s. 1.2.1). Dabei sind die Abmessungen des Körpers definitionsgemäß ohne Einfluss, und der „Massenpunkt" erscheint als Synonym für die Translationsbewegung des Körpers. Die hierfür an die Körperbelastung zu stellende notwendige Bedingung, nämlich die Erfüllung der statischen Momentenbilanz bezüglich des Schwerpunktes (2.35), wird in der zitierten Definition nicht erwähnt. Der restliche Teil der Definition enthält nur eine Kannbestimmung, welche dem Körper die Punktform unterstellt. Auf diese geometrische Einschränkung beziehen sich die oben genannten Mängel des Massenpunktbegriffes aus [30].
Während der Massenpunkt in der Statik von [31] und Elastostatik von [32] des dreibändigen Werkes [31, 32, 30] keine Rolle spielt, wird unter den grundlegenden Begriffen in HIBBELERs Technischer Mechanik bereits im Band 1/Statik [33], S. 18-19 definiert: „Ein Massenpunkt hat eine Masse, aber eine vernachlässigbare Ausdehnung. Die Größe der Erde z. B. ist im Vergleich zu ihrer Umlaufbahn gering, daher kann die Erde im Modell als Massenpunkt betrachtet werden, wenn man ihre Umlaufbahn betrachtet. Wird ein Körper als idealer Massenpunkt betrachtet, werden die Gesetze der Mechanik stark vereinfacht, denn die Geometrie des Körpers geht nicht in die Untersuchung des Problems ein." Diese Definition erfährt in der Dynamik von [34], S. 18 des dreibändi-

gen Werkes [33, 35, 34] noch eine Ergänzung: „In den meisten Aufgaben geht es um Körper endlicher Größe, wie Raketen, Projektile oder Fahrzeuge. Diese Gegenstände können als Teilchen oder Massenpunkte betrachtet werden, wenn die Bewegung des Körpers durch die Bewegung seines Massenmittelpunktes beschrieben und die Drehung des Körpers vernachlässigt wird“. Damit ergibt sich zwar eine etwas deutlichere Modellierungsvorschrift als in der vorher genannten Definition aus [30]. Es fehlt aber auch hier die statische Bedingung für ihre Anwendbarkeit.

Einen Körper im Sinne des Massenpunktmodells „als einen Punkt“ zu betrachten wie in [30] oder ihm eine „vernachlässigbare Ausdehnung“ zu unterstellen wie in [33], vereinfacht das Modell derart, dass u. a. seine Oberfläche verloren geht. In der Folge kommt es z. B. bei der Behandlung des schiefen zentrischen bzw. zentralen Stoßes von Massenpunkten zu solchen schwer verständlichen Voraussetzungen, dass „die Oberflächen der Massen glatt sind“ [30], S. 99 oder der schiefe Stoß „zweier glatter Massenpunkte“ studiert wird [34], S. 270.

Die oben und auch in anderen Literaturstellen hervorgetretene Schwierigkeit der Massenpunktdefinition kommentieren MAGNUS und MÜLLER-SLANY [36] in zwei Auflagen im Abstand von 15 Jahren so, dass „der Begriff „Massenpunkt“ nicht unabhängig von der speziellen Problemstellung in eindeutiger Weise verwendet werden kann“. Demnach scheint der Begriff „Massenpunkt“ als allgemeingültiger Grundbegriff der Technischen Mechanik nicht besonders geeignet zu sein. Seine Unzulänglichkeiten wurden schon in den Grundlagenwerken früherer Autoren (z. B. [26, 27, 15, 37, 6]), aber auch in anwendungsbezogenen Büchern wie z. B. [38], benannt. Trotz seiner Mehrdeutigkeit und Widersprüchlichkeit dient er gegenwärtigen Autoren, wie anschließend am Beispiel der Zitate aus [30, 33, 34] gezeigt werden soll, zur Konstruktion der weitergehenden Begriffe der Massenpunktsysteme (in [33] als Systeme von Massenpunkten bezeichnet).

Den Massenpunktsystemen gemeinsam ist, dass sie eine endliche Zahl n von Massenpunkten der Masse m_i $(i = 1, ..., n)$ enthalten, deren Lage im Inertialsystem durch die Ortsvektoren $\mathbf{r}_i$ bezüglich eines raumfesten Ursprunges bestimmt wird [30], S. 79, 81 und [34], S. 285. Zwischen verschiedenen Massenpunkten mit den Ortsvektoren $\mathbf{r}_i$ und $\mathbf{r}_j$, $i \neq j$, herrschen Wechselwirkungskräfte $\mathbf{F}_{ij} = -\mathbf{F}_{ji}$, die NEWTONs drittem Axiom [1], S. 34 genügen und darüber hinaus nach [30], S. 81, 82 sowie [33], S. 19 auf den Verbindungsgeraden jeweils zweier Massenpunkte liegen (Kollinearität). An den Massenpunkten i greifen noch die äußeren Kräfte $\mathbf{F}_i$ an. Damit lautet zunächst NEWTONs Bewegungsgesetz für den i-ten Massenpunkt nach [30], S. 82

$$\mathbf{F}_i + \sum_j \mathbf{F}_{ij} = m_i \ddot{\mathbf{r}}_i \; . \tag{8.28}$$

Die Summe über alle Massenpunkte i ergibt

$$\sum_i \mathbf{F}_i + \sum_i \sum_j \mathbf{F}_{ij} = \sum_i m_i \ddot{\mathbf{r}}_i \tag{8.29}$$

und wegen $\mathbf{F}_{ij} = -\mathbf{F}_{ji}$

$$\sum_i \mathbf{F}_i = \sum_i m_i \ddot{\mathbf{r}}_i \ , \tag{8.30}$$

s. a. [34], S. 256. Mit der resultierenden äußeren Kraft $\mathbf{F} = \sum_i \mathbf{F}_i$, der Gesamtmasse $m = \sum_i m_i$, dem Gesamtimpuls $\mathbf{p} = \sum_i m_i \dot{\mathbf{r}}_i$, dem Ortsvektor des Massenmittelpunktes oder Schwerpunktes S

$$\mathbf{r}_S = \frac{1}{m} \sum_i m_i \mathbf{r}_i$$

sowie der Beschleunigung des Schwerpunktes

$$\ddot{\mathbf{r}}_S = \frac{1}{m} \sum_i m_i \ddot{\mathbf{r}}_i$$

folgt aus (8.30) die Impulsbilanz (oder der Schwerpunktsatz [30], S. 84, 85) für das Massenpunktsystem in der zusammengefassten und damit anonymisierten Form

$$\mathbf{F} = m \ddot{\mathbf{r}}_S = \dot{\mathbf{p}} \ . \tag{8.31}$$

In der anonymisierten Form (8.31) der Impulsbilanz sind die für das Massenpunktsystem verwendeten Voraussetzungen nicht mehr ersichtlich.
Linksseitige Kreuzproduktbildung von (8.28) mit dem Ortsvektor $\mathbf{r}_i$ und Summation über alle Massenpunkte i liefern noch

$$\sum_i \mathbf{r}_i \times \mathbf{F}_i + \sum_i \sum_j \mathbf{r}_i \times \mathbf{F}_{ij} = \sum_i \mathbf{r}_i \times m_i \ddot{\mathbf{r}}_i \ . \tag{8.32}$$

Der mittlere Term schreibt sich mit $\mathbf{F}_{ij} = -\mathbf{F}_{ji}$ als

$$\sum_i \sum_j r_i \times \mathbf{F}_{ij} = \frac{1}{2} \sum_i \sum_j (\mathbf{r}_i - \mathbf{r}_j) \times \mathbf{F}_{ij} \ , \tag{8.33}$$

und dieser verschwindet, wenn die Wechselwirkungskräfte jeweils auf der Verbindungsgeraden zwischen zwei Massenpunkten liegen

$$\frac{1}{2} \sum_i \sum_j (\mathbf{r}_i - \mathbf{r}_j) \times \mathbf{F}_{ij} = \mathbf{0} \ , \tag{8.34}$$

d. h. nach Voraussetzung [30], S. 81, 82 bzw. [33], S. 19 kollinear sind. Aus (8.32) verbleibt die Drehimpulsbilanz (auch der Momentensatz oder Drallsatz)

$$\sum_i \mathbf{r}_i \times \mathbf{F}_i = \sum_i \mathbf{r}_i \times m_i \ddot{\mathbf{r}}_i \tag{8.35}$$

für das Massenpunktsystem. Mit dem resultierenden äußeren Moment

$$\mathbf{M} = \sum_i \mathbf{r}_i \times \mathbf{F}_i \,, \tag{8.36}$$

dem Gesamtdrehimpuls

$$\mathbf{L} = \sum_i \mathbf{r}_i \times m_i \dot{\mathbf{r}}_i \tag{8.37}$$

und dessen Zeitableitung

$$\dot{\mathbf{L}} = \Big(\sum_i \mathbf{r}_i \times m_i \dot{\mathbf{r}}_i\Big)^{\cdot} = \sum_i (\dot{\mathbf{r}}_i \times m_i \dot{\mathbf{r}}_i + \mathbf{r}_i \times m_i \ddot{\mathbf{r}}_i) = \sum_i \mathbf{r}_i \times m_i \ddot{\mathbf{r}}_i \tag{8.38}$$

nimmt sie die zusammengefasste und damit anonymisierte Form

$$\mathbf{M} = \dot{\mathbf{L}} \tag{8.39}$$

an ([30], S. 87 und [34], S. 286). In der anonymisierten Form der Drehimpulsbilanz (8.39) sind wie in der anonymisierten Form der Impulsbilanz (8.31) die für das Massenpunktsystem angenommenen Voraussetzungen nicht mehr ersichtlich.

Die mit den Gleichungen (8.28) bis (8.39) dargelegte Prozedur für Massenpunktsysteme wird typischerweise in vielen Lehrbüchern der Physik und der Technischen Mechanik mitgeteilt. Sie enthält auch die Tatsache, dass für statisch bestimmte und statisch unbestimmte Fachwerke die Gleichgewichtsbedingungen der äußeren Kräfte und der Momente der äußeren Kräfte aus den Knotenkraftgleichgewichtsbedingungen nach Elimination der Stabkräfte folgen, wie oben für die Sonderfälle nach Bild 8.3a, b schon bemerkt wurde. Bei der Anwendung der anonymisierten Formeln für die Impulsbilanz (8.31) und Drehimpulsbilanz (8.39) sind die ursprünglich getroffenen Voraussetzungen für Massenpunktsysteme unbedingt in Erinnerung zu behalten. Es werden aber z. B. in [30], S. 87-90 im Gegensatz zu diesen Voraussetzungen mit einzelnen konzentrierten Massen m_i (nach [30] Massenpunkte) belegte Balkenanordnungen, d. h. kontinuierliche starre Körper, als Massenpunktsysteme betrachtet. Eines besteht wie in Bild 8.9 aus einer festen Drehachse, mit der in den senkrechten Abständen r_i bzw. r_j die konzentrierten Massen m_i bzw. m_j starr verbunden sind (s. dazu [30], Abb. 2.5). Ein anderes gibt Bild 8.7 für $r_2 = 2r_1$ wieder ([30], Abb. 2.6). In beiden Systemen besitzen die geradlinigen Bestandteile endliche Längen- aber keine

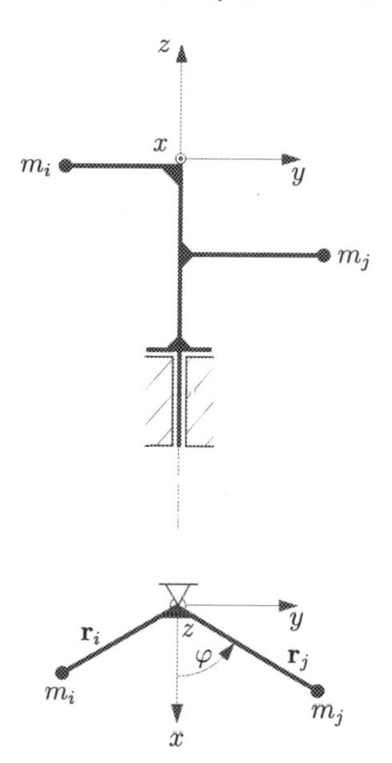

Bild 8.9. Balkenanordnung mit fester Drehachse längs der z Koordinate

Querabmessungen. Werden sie wie in [30] als Bestandteile von Massenpunktsystemen verstanden, so können sie als innere Wechselwirkungen nur Längskräfte übertragen. Bei allgemeiner Drehbewegung $\varphi(t)$ der Systeme als starre Körper entstehen aber noch innere Querkräfte und Biegemomente, in der Achse des erstgenannten Systems auch ein Torsionsmoment. Unter solchen Schnittreaktionen würden die geradlinigen Bestandteile der Massenpunktsysteme versagen. Die beiden, in [30] als starr bezeichneten, Anordnungen sind definitiv keine Massenpunktsysteme im Sinne der getroffenen Voraussetzungen sondern spezielle kontinuierliche starre Körper. Für diese Körper muss die Frage nach einer Begründung der Impulsbilanzen neu gestellt und beantwortet werden. Wegen der Äquivalenz von Gravitations- und Trägheitskräften reicht es dabei aus, die statischen Bilanzen zu betrachten. Diese lauten in Verallgemeinerung der mit Einzelkräften in (8.1) und (8.2) ausgedrückten unmittelbaren experimentellen Erfahrung [8], [10] bzw. (2.17) und (2.18)

$$\sum_i \mathbf{F}_i = \mathbf{0} \ , \qquad \sum_i \mathbf{r}_i \times \mathbf{F}_i = \mathbf{0} \ . \tag{8.40a,b}$$

Sie gelten für die Körper unter Einzelkräften nach Bild 8.1b, Bild 8.2a, b und d. Für Massenpunktsysteme und damit für Fachwerke mit massebehafteten Knoten wurde die Gültigkeit von (8.40) als Sonderfall $\ddot{\mathbf{r}}_i = 0$ durch (8.30) und (8.35) gezeigt. Dem lag die Erfüllung des NEWTONschen Bewegungsgesetzes einschließlich des Wechselwirkungsgesetzes für kollineare Wechselwirkungskräf-

te bzw. die Erfüllung der Kräftegleichgewichtsbedingungen an allen Fachwerkknoten und die Elimination der Stabkräfte zugrunde. Diese Tatsache begründet aber nicht eine Gültigkeit der statischen Bilanzen (8.40) sowie der kinetischen Bilanzen (8.30) und (8.35) für beliebige Körper, darunter diejenigen nach Bild 8.1b, Bild 8.2a, b und d.
Auf die Unzulässigkeit, für Massenpunktsysteme bewiesene Sätze ohne Weiteres auf Kontinua zu übertragen, hat bereits HAMEL 1912 [26] sehr deutlich hingewiesen.
Dass das Massenpunktsystem mit seinen kollinearen Wechselwirkungskräften kein korrektes Modell für freie Balken mit wenigstens drei konzentrierten Massen darstellt, wurde auch in [34], S. 286 mitgeteilt. Wegen der dort nicht kollinearen Wechselwirkungskräfte „kann das Verschwinden des resultierenden Moments der inneren Kräfte $\sum_i \sum_j \mathbf{r}_j \times \mathbf{F}_{ij}$ nur axiomatisch festgestellt werden:

$$\sum_i \sum_j \mathbf{r}_j \times \mathbf{F}_{ij} = \mathbf{0} \qquad \text{(Axiom)“} \; . \tag{8.41}$$

Dies widerspricht aber den Grundsatzannahmen am Beginn der Technischen Mechanik [33], S. 19: „Alle Formeln der Mechanik des starren Körpers werden auf der Grundlage der drei Newton'schen Gesetze der Bewegung formuliert, deren Gültigkeit auf experimentellen Beobachtungen beruht. Sie gelten für die Bewegung eines Massenpunktes, die in einem nicht - beschleunigten Bezugssystem gemessen wird.“ In NEWTONs drei Bewegungsgesetzen [1], S. 33-34 ist weder die „axiomatische“ Zusatzannahme (8.41) noch die Gleichung für die Kollinearität der Wechselwirkungskräfte mit den jeweiligen Verbindungsvektoren zwischen zwei Punkten

$$(\mathbf{r}_i - \mathbf{r}_j) \times \mathbf{F}_{ij} = \mathbf{0} \tag{8.42}$$

zu finden (s. a. [28]). Das Kapitel „Kinetik eines Massenpunktes: Impuls und Drehimpuls“ in [34] enthält dann ähnlich wie [30] unzutreffend begründete kinetische Berechnungen von Balkensystemen.
Im Folgenden werden die Beziehungen zwischen den Konzepten der Punktmechanik und der Kontinuumsmechanik angesprochen.

8.4.2 Zum Kontinuumskonzept in der Technischen Mechanik

Die meisten Lehrbuchreihen zur Technischen Mechanik der starren und elastischen Körper, darunter auch [31, 32, 30], [33, 35, 34] und die vorliegende Einführung in die Technische Mechanik des Autors, sind, bedingt durch den Ablauf der studentischen Mathematikausbildung, meist in der Reihenfolge Statik, Elastostatik bzw. Festigkeitslehre und Kinetik bzw. Dynamik angeordnet. Dabei wird der Massenpunktbegriff in der Statik und der Elastostatik eher selten benutzt.

Statt dessen werden kontinuierliche Körper vorausgesetzt. Für diese haben die von einzelnen Punkten qualitativ verschiedenen Längen-, Flächen- und Volumendifferenziale (auch -elemente) einschließlich ihrer Integrale fundamentale Bedeutung. Sie bilden die geometrische Grundlage der Kontinuumsmechanik.
In der Statik und der Elastostatik wurden außer in Punkten wirkenden Einzelkräften und -momenten Linien-, Flächen- und Volumenkräfte sowie Momente dieser Kräfte auf Basis kontinuierlicher Dichten eingeführt (s. z. B. die Streckenlast in der Statik [3], Linienmomente bleiben hier unberücksichtigt). Diese Dichten sind unabhängig von Einzellasten definiert. Diskrete Einzellasten (und -massen) können durch Zusammenziehung kontinuierlicher Verteilungen auf einen Punkt unter Beibehaltung ihrer integralen Größe gebildet werden. Insofern enthalten Kontinuumsmodelle auch Punktmodelle. Gegebene sprungartige Lasten werden in Randbedingungen berücksichtigt oder zwischen Bereichsgrenzen eingefügt.
Alle Lasten müssen den unabhängig voneinander geltenden und i. Allg. gemeinsam zu erfüllenden experimentell begründeten Bilanzen der Kräfte und Momente für den ganzen Körper genügen (s. [3] und Abschnitt 8.1). Für das Innere der belasteten, i. Allg. deformierbaren Körper werden Flächenkräfte (Spannungen) prognostiziert, die über die Materialsteifigkeit mit Körperverformungen einhergehen. Der Gebrauch der genannten kontinuumsmechanischen Annahmen ist letztlich in den meisten Teilen der Technischen Mechanik einschließlich der Kinetik bzw. Dynamik unverzichtbar. Häufig wird versucht, dieses Ziel von einem punktmechanisch geprägten Anfang aus zu erreichen. Das ist mit gewissen Schwierigkeiten verbunden, wie im Folgenden beispielhaft gezeigt werden soll.
So wird in [30], S. 79 erklärt, dass man sich einen einzelnen Körper aus einer Anzahl von Massenpunkten zusammengesetzt vorstellen kann. Außerdem heißt es auf S. 80, dass man den starren Körper „als System von unendlich vielen Massenpunkten auffassen kann.“ Es sei angemerkt, dass diese Aussage für kontinuierlich mit Masse belegte Körper keinen Ansatz zur Berechnung der Körpermasse bietet. Vielmehr wird der Körper nach den Regeln der angewandten Mathematik in unendlich viele differenzielle Volumenelemente zerlegt, deren Integration das Volumen eines kontinuierlichen Körpers ergibt und die bei Belegung mit einer Massendichte das Integral für die Masse des kontinuierlichen Körpers ermöglichen. So ist dann in [30] der starre Körper für die Kinematik auf S. 115 und für die Kinetik der räumlichen Bewegung auf S. 167 aus infinitesimalen Massenelementen statt Massenpunkten zusammengesetzt gedacht.
Eine ähnliche Begriffsvielfalt existiert in [33]. Dort kann unter den grundlegenden Begriffen ([33], S. 19) ein starrer Körper „als eine Anordnung vieler Massenpunkte betrachtet werden,...“. Dagegen besteht er für die Schwerpunkt-

berechnung in [33], S. 493 „aus einer unendlich großen Zahl von Teilchen“. Es folgt daher eine Integration mit einem „allgemeinen Massenelement“.
In den Werken [30, 34] wird dem an einem Körperpunkt befindlichen Massenelement dm im Kontinuumssinn das Produkt $dm = \varrho dV$ aus Massendichte ϱ und Volumenelementgröße dV zugeordnet. Dies hat Konsequenzen für die Begründung der statischen und kinetischen Bilanzen, wenn diese Begründung gedanklich mit der Anwendung des Bewegungsgesetzes von NEWTON auf den freien Massenpunkt beginnt und daran die Anwendung auf das freie Massenelement anschließt. Denn das Massenelement besitzt im Gegensatz zum (punktförmigen) Massenpunkt ein Volumen und eine Oberfläche. Massenpunkte unterliegen Einzelkräften, aber keinen Einzelmomenten. Bei den Massenelementen bleiben volumen- und flächenförmig verteilte Momente per Annahme unberücksichtigt. Es wird angenommen, nur die Volumen- und Flächenkräfte zuzulassen, welche schon in der Statik eingeführt wurden, s. [31, 33, 3]. Solche Kräfte treten als Wechselwirkung des Volumenelementes mit der Umgebung hervor, wenn das Volumenelement freigeschnitten wird. Innere Volumenkräfte, die innerhalb des Körpervolumens wirken wie z. B. infolge Gravitation oder Elektromagnetismus, bleiben außerhalb der Betrachtungen. Innere Flächenkräfte agieren im Kontakt zwischen lückenlos aneinandergrenzenden Volumenelementen. In diesem Zusammenhang darf der Körper nicht starr sein, weil die inneren Flächenkräfte dann i. Allg. physikalisch unbestimmt bleiben. Bei verformbaren Körpern sind die inneren Flächenkräfte durch die an der Schnittfläche geltende Materialgleichung erklärt. Dabei werden gegebenenfalls kleine Verformungen in den Bilanzen vernachlässigt, so dass die Bilanzen wie bei starren Körpern aufstellbar sind. Äußere Flächenkräfte, die von außen auf die Körperoberfläche wirken, können bekannt und damit vorgebbar sein. Vom Massenpunktmodell möglicherweise angeregte kugelförmige Volumenelemente sind wenig hilfreich, da ihre Integration nicht das Volumen eines kontinuierlichen Körpers liefert und sie keine kontaktbedingten Flächenkräfte erlauben. Sie werden aber häufig in Erläuterungsskizzen zur Anwendung des Bewegungsgesetzes

$$\dot{\mathbf{v}} dm = \dot{\mathbf{v}} \varrho dV = d\mathbf{F} \tag{8.43}$$

auf ein freigeschnittenes Massenelement dm zusammen mit der resultierenden elementaren Kraft $d\mathbf{F}$ und der Geschwindigkeit $\mathbf{v} = \dot{\mathbf{r}}$ angegeben.
Hinsichtlich (8.43) sei auf [30], S. 167-170 verwiesen, wo die Kraft $d\mathbf{F}$ nur von Quellen außerhalb des Körpers verursacht wird. Dazu heißt es: „durch geeignete Integration des Bewegungsgesetzes für den Massenpunkt erhalten wir den Kräfte- und den Momentensatz. Die inneren Kräfte brauchen dabei nicht berücksichtigt zu werden, da sie sich bei der Integration gegenseitig aufheben (vgl. Kapitel 2)“. Die „inneren Kräfte“ in „Kapitel 2“ sind Einzelkräfte an

Massenpunkten in Massenpunktsystemen. Diese Einzelkräfte erzeugen an Massenpunkten keine Kräftepaare. Die inneren Kräfte an lückenlos angeordneten Volumenelementen wie z. B. kartesische Quaderelemente in kontinuierlichen Körpern sind dagegen Flächenkräfte, die an Volumenelementflächen mit definierten Flächennormalen auftreten und elementare Kräftepaare bilden können. Sie dürfen in $d\mathbf{F}$ auf der rechten Seite von (8.43) nicht weggelassen werden. Dies ist auch aus der Elastostatik bzw. Festigkeitslehre bekannt, s. [32, 38, 4]. Die an dem Massenelement $dm = \varrho dV$, also an dem Volumenelement dV, angreifenden inneren Kräfte sind in der Kinetik von [30] nicht spezifiziert worden. Sie bestehen nach obigen Voraussetzungen wie in der Elastostatik aus Flächenkräften an Flächen zwischen Volumenelementen im Körper. Diese Flächenkräfte $\mathbf{t}$ werden im allgemeinen Fall durch den Spannungstensor $\boldsymbol{\sigma}$ und den Flächenelementnormalenvektor $\mathbf{n}$ ausgedrückt [32, 35, 4], in kartesischen Koordinaten x, y und z,

$$\begin{aligned} t_x &= \sigma_{xx} n_x + \tau_{yx} n_y + \tau_{zx} n_z \ , \\ t_y &= \tau_{xy} n_x + \sigma_{yy} n_y + \tau_{zy} n_z \ , \\ t_z &= \tau_{xz} n_x + \tau_{yz} n_y + \sigma_{zz} n_z \ . \end{aligned} \tag{8.44}$$

Hier wurden die Schubspannungen mit τ_{kl} für $k, l = x, y, z$ und $k \neq l$ bezeichnet. Der Spannungstensor geht zusammen mit der äußeren Volumenkraft $\mathbf{f}$ in die lokal gültige statische Kräftegleichgewichtsbedingung

$$\begin{aligned} \frac{\partial \sigma_{xx}}{\partial x} + \frac{\partial \tau_{yx}}{\partial y} + \frac{\partial \tau_{zx}}{\partial z} + f_x &= 0 \ , \\ \frac{\partial \tau_{xy}}{\partial x} + \frac{\partial \sigma_{yy}}{\partial y} + \frac{\partial \tau_{zy}}{\partial z} + f_y &= 0 \ , \\ \frac{\partial \tau_{xz}}{\partial x} + \frac{\partial \tau_{yz}}{\partial y} + \frac{\partial \sigma_{zz}}{\partial z} + f_z &= 0 \end{aligned} \tag{8.45}$$

ein [32, 35, 4], wobei gewisse Voraussetzungen über stetige Differenzierbarkeit erfüllt sein müssen.

Im kinetischen Modell sind die Volumenkraft $\mathbf{f}$, z. B. infolge Gravitation und die Trägheitskraft $-\varrho\dot{\mathbf{v}}$, wie oben begründet, äquivalent. Die statische Beziehung (8.45) ist entweder auf der rechten Seite durch $\varrho\dot{\mathbf{v}}$ oder auf der linken Seite durch $-\varrho\dot{\mathbf{v}}$ zu ergänzen. Die lokale Form der Impulsbilanz lautet demnach z. B.

$$\begin{aligned} \frac{\partial \sigma_{xx}}{\partial x} + \frac{\partial \tau_{yx}}{\partial y} + \frac{\partial \tau_{zx}}{\partial z} + f_x &= \varrho \dot{v}_x \ , \\ \frac{\partial \tau_{xy}}{\partial x} + \frac{\partial \sigma_{yy}}{\partial y} + \frac{\partial \tau_{zy}}{\partial z} + f_y &= \varrho \dot{v}_y \ , \\ \frac{\partial \tau_{xz}}{\partial x} + \frac{\partial \tau_{yz}}{\partial y} + \frac{\partial \sigma_{zz}}{\partial z} + f_z &= \varrho \dot{v}_z \ . \end{aligned} \tag{8.46}$$

Die Schubspannungen sind durch ihre gemischten Indizes eindeutig gekennzeichnet. Sie können auch durch $\tau_{kl} = \sigma_{kl}$ mit $k, l = x, y, z$ und $k \neq l$ ausgedrückt werden. Damit stellt die Gesamtheit der partiellen Ableitungen in (8.45) bzw. (8.46) die Divergenz des Spannungstensors mit Bezug auf den ersten Index der Tensorkoordinate σ_{kl} dar, in koordinatenfreier Vektorschreibweise div$\boldsymbol{\sigma}$. Die lokal gültige Kräftegleichgewichtsbedingung (8.45) lautet dann

$$\mathrm{div}\boldsymbol{\sigma} + \mathbf{f} = 0 \tag{8.47}$$

und die lokal gültige Impulsbilanz (8.46)

$$\mathrm{div}\boldsymbol{\sigma} + \mathbf{f} = \varrho\dot{\mathbf{v}} \ . \tag{8.48}$$

Die resultierende elementare Kraft $d\mathbf{F}$ in (8.43) enthält nach [30], S. 167-170 nicht den Quellterm div$\boldsymbol{\sigma}$ infolge der inneren Flächenkräfte. Demnach ist die Beziehung (8.43) aus [30] im Gegensatz zu (8.48) keine vollständige Bewegungsgleichung für das freigeschnittene Massenelement. Aus ihr können durch mathematische Umformungen allein weder die Impulsbilanz noch die Drehimpulsbilanz für den kontinuierlichen Körper gewonnen werden.
Hinsichtlich der Drehimpulsbilanz kann zunächst von der experimentell bestätigten Momentenbilanz (8.2c) bezüglich der z-Achse (Bild 8.2c) ausgegangen werden, die für die statisch und homogen belastete, d. h. von Volumenkräften freie Rechteckscheibe gilt. Wie oben schon bemerkt, entfällt in (8.2c) die Absolutabmessung der Rechteckscheibe. Die Momentenbilanz (8.2c) muss auch für differenzielle Abmessungen gelten. Sie wird jetzt durch die Schubspannungen

$$\frac{F_1}{hl_2} = \tau_{xy} = \sigma_{xy} \qquad \text{bzw.} \qquad \frac{F_2}{hl_1} = \tau_{yx} = \sigma_{yx} \tag{8.49}$$

ausgedrückt als

$$\sigma_{xy} = \sigma_{yx} \ . \tag{8.50}$$

Die entsprechenden Momentenbilanzen für die y- und die x-Achse lauten $\sigma_{xz} = \sigma_{zx}$ und $\sigma_{yz} = \sigma_{zy}$, so dass allgemein gilt

$$\sigma_{kl} = \sigma_{lk} \quad \text{mit} \quad k, l = x, y, z \quad \text{und} \quad k \neq l \ . \tag{8.51}$$

Der Spannungstensor σ_{kl} ist, wie schon in [32, 35, 4] festgestellt, symmetrisch. Diese Symmetrie bleibt erhalten, wenn in den lokal gültigen Momentenbilanzen partielle Ableitungen der Spannungen sowie Volumenkräfte und damit Trägheitskräfte einbezogen werden. Alle diese Terme gehen in höherer Ordnung im Vergleich zu den Schubspannungen exakt gegen null, wie die TAYLOR-Entwicklung zeigt [15], S. 134. Die Symmetrie (8.51) stellt demnach sowohl die lokal gültige statische Momentengleichgewichtsbedingung als auch die lokal gültige Drehimpulsbilanz für kontinuierliche Körper endlicher Abmessungen dar. Der mittels (8.51) ausgedrückte reine Schubspannungszustand kann durch eine Flächenkraft oder durch ein Flächenkräftepaar nicht realisiert werden. Dieser elementare Sachverhalt wird in werkstoffwissenschaftlichen Büchern oft ignoriert, was zur fehlerhaften Beschreibung der Schubbeanspruchung führen kann (s. z. B. [39, 40]).

Die lokal gültigen kinetischen Bilanzen (8.46) bzw. (8.48) und (8.51) sind mathematisch in global gültige Bilanzen umformbar. Hierzu werden für die kartesischen Vektor- und Tensorkoordinaten anstelle der Buchstabenindizes x, y und z die zahlenindizierten Symbole x_1, x_2 und x_3, abgekürzt als 1, 2 und 3, benutzt. Partielle Ableitungen nach den x_k heißen dann $\partial(\ )/\partial x_k = (\ )_{,k}$.

Die lokal gültige Impulsbilanz (8.46) bzw. (8.48) lautet in dieser Notation

$$\sum_{k=1}^{3} \sigma_{kl,k} + f_l = \varrho \dot{v}_l \ , \qquad l = 1,\ 2,\ 3\ . \tag{8.52}$$

Sie soll über ein beliebiges Körpervolumen V integriert werden, d. h.,

$$\int_V \left(\sum_{k=1}^{3} \sigma_{kl,k} + f_l \right) dV = \int_V \varrho \dot{v}_l dV = \int_V \dot{v}_l \varrho dV \ , \qquad l = 1,\ 2,\ 3\ . \tag{8.53}$$

Der Divergenzterm in (8.53) lässt sich mit Hilfe des Integralsatzes von GAUSS als Integral über die Körperoberfläche A, welche das Körpervolumen V umschließt, schreiben:

$$\int_V \sum_{k=1}^{3} \sigma_{kl,k} dV = \int_A \sum_{k=1}^{3} \sigma_{kl} n_k dA \ , \qquad l = 1,\ 2,\ 3\ . \tag{8.54}$$

Die rechte Seite von (8.54) enthält den Spannungsvektor in zahlenindizierten Koordinaten

$$t_l = \sum_{k=1}^{3} \sigma_{kl} n_k \ , \qquad l = 1,\ 2,\ 3 \tag{8.55}$$

auf der Körperoberfläche, d. h. die äußere Flächenkraft

$$\mathbf{t} = \sum_{l=1}^{3} t_l \mathbf{e}_l\ . \tag{8.56}$$

In deformierbaren Körpern gilt bei zeitlich konstanter Masse

$$(dm)^{\cdot} = (\varrho dV)^{\cdot} = 0\ ,$$

und auf der rechten Seite von (8.53) darf über ein zeitlich konstantes Volumen integriert werden. Deshalb kann auf der rechten Seite von (8.53) die Zeitableitung gemäß

$$\int_V \dot{v}_l \varrho dV = \left(\int_V v_l \varrho dV \right)^{\cdot} \tag{8.57}$$

aus dem Integral herausgezogen werden.
Die Impulsbilanz (8.53) nimmt mit (8.54), (8.55) und (8.57) in kartesischen Vektorkoordinaten die Form

$$\int_A t_l dA + \int_V f_l dV = \int_V \dot{v}_l \varrho dV = \left(\int_V v_l \varrho dV \right)^{\cdot} , \qquad l = 1,\ 2,\ 3 \tag{8.58}$$

an. Links steht die resultierende äußere Kraft infolge äußerer Flächenkräfte $\mathbf{t}$ und äußerer Volumenkräfte $\mathbf{f}$. Die rechte Seite von (8.58) erfasst mit $\varrho dV = dm$ und $dm = d\mathrm{M}$ wie bei EULER [10, 11] in (8.17) die „Summen aller beschleunigenden Kräfte“, welche der resultierenden Trägheitskraft entsprechen.
Die global gültige Form der Drehimpulsbilanz folgt aus der lokal gültigen Form (8.51) durch Kombination mit der lokal gültigen Impulsbilanz (8.46) bzw. (8.52) oder (8.48). Hierzu wird das linksseitige Kreuzprodukt von (8.48) mit dem auf einen raumfesten Punkt bezogenen Ortsvektor $\mathbf{r}$ gebildet

$$\mathbf{r} \times \mathrm{div}\boldsymbol{\sigma} + \mathbf{r} \times \mathbf{f} = \mathbf{r} \times \varrho \dot{\mathbf{v}} \ . \tag{8.59}$$

Zur Vereinfachung der Schreibarbeit werde ein Term mit einem doppelt vorkommenden Index von 1 bis 3 summiert, z. B.

$$\sigma_{kl,k} = \sum_{k=1}^{3} \sigma_{kl,k} = \sigma_{1l,1} + \sigma_{2l,2} + \sigma_{3l,3} \ , \qquad l = 1,\ 2,\ 3 \tag{8.60}$$

und entsprechend für Doppelsummen wie

$$\mathrm{div}\boldsymbol{\sigma} = \sum_{k=1}^{3} \sum_{l=1}^{3} \sigma_{kl,k} \mathbf{e}_l = \sigma_{kl,k} \mathbf{e}_l \ . \tag{8.61}$$

Damit lautet der erste Term in (8.59) wegen $\mathbf{e}_{l,k} = \mathbf{0}$

$$\mathbf{r} \times \mathrm{div}\boldsymbol{\sigma} = (\mathbf{r} \times \sigma_{kl} \mathbf{e}_l)_{,k} - \mathbf{r}_{,k} \times \sigma_{kl} \mathbf{e}_l \ . \tag{8.62}$$

Nach Einsetzen dieses Ausdruckes in (8.59) und Integration über das Körpervolumen unter Anwendung des Integralsatzes von GAUSS auf den Divergenzterm entsteht

$$\int_A \mathbf{r} \times \sigma_{kl}\mathbf{e}_l n_k dA - \int_V \mathbf{r}_{,k} \times \sigma_{kl}\mathbf{e}_l dV + \int_V \mathbf{r} \times \mathbf{f} dV = \int_V \mathbf{r} \times \dot{\mathbf{v}} \varrho dV \ . \tag{8.63}$$

Das linksstehende Kreuzprodukt enthält den Spannungsvektor (8.56) mit (8.55) als $\mathbf{t} = \sigma_{kl} n_k \mathbf{e}_l$. Die partielle Ableitung des Ortsvektors $\mathbf{r}$ liefert $\mathbf{r}_{,k} = \mathbf{e}_k$, so dass

$$\mathbf{r}_{,k} \times \sigma_{kl}\mathbf{e}_l = \mathbf{e}_k \times \sigma_{kl}\mathbf{e}_l \tag{8.64}$$

entsteht. Die Auswertung der rechten Seite von (8.64) für alle $k = 1,\ 2,\ 3$ und $l = 1,\ 2,\ 3$ ergibt nach Zwischenrechnung

$$\mathbf{e}_k \times \sigma_{kl}\mathbf{e}_l = (\sigma_{23} - \sigma_{32})\mathbf{e}_1 + (\sigma_{31} - \sigma_{13})\mathbf{e}_2 + (\sigma_{12} - \sigma_{21})\mathbf{e}_3 \ . \tag{8.65}$$

Dieser Ausdruck verschwindet für beliebige Spannungen genau dann, wenn die Symmetrie (8.51), d. h. die lokal gültige Drehimpulsbilanz, erfüllt ist. Es sei daran erinnert, dass die Symmetrie (8.51) durch das experimentell gewonnene Hebelgesetz begründet wurde. Mit (8.63), (8.64) und (8.65) verbleibt die Drehimpulsbilanz

$$\int_A \mathbf{r} \times \mathbf{t} dA + \int_V \mathbf{r} \times \mathbf{f} dV = \int_V \mathbf{r} \times \dot{\mathbf{v}} \varrho dV - \int_V \mathbf{r} \times \dot{\mathbf{r}} \varrho dV \tag{8.66}$$

oder wegen $\dot{\mathbf{r}} \times \mathbf{v} = \dot{\mathbf{r}} \times \dot{\mathbf{r}} = \mathbf{0}$ und $(\varrho dV)^{\cdot} = 0$ auch

$$\int_A \mathbf{r} \times \mathbf{t} dA + \int_V \mathbf{r} \times \mathbf{f} dV = \left(\int_V \mathbf{r} \times \mathbf{v} \varrho dV \right)^{\cdot} \ . \tag{8.67}$$

EULERs zweites Bewegungsgesetz (8.18) enthält bei Berücksichtigung äußerer Flächen- und Volumenkräfte die Drehimpulsbilanz (8.66) bzw. (8.67). Wird dieses an den Anfang gestellt und werden die Existenz des CAUCHYschen Spannungstensors in (8.55) sowie die Gültigkeit der lokalen Form der Impulsbilanz (8.48) vorausgesetzt, so folgt daraus die lokale Form der Drehimpulsbilanz bzw. der statischen Momentenbilanz, d. h. die Symmetrie des Spannungstensors. Sowohl in der Statik als auch in der Kinetik des kontinuierlichen Körpers sind zwei unabhängige Grundgesetze zu beachten. Hier wurde aus den beiden lokal gültigen Bilanzen auf die beiden global gültigen Bilanzen geschlossen. Für die umgekehrte Schlussfolgerung siehe z. B. [4, 41, 42].

Ergänzend sei angemerkt, dass in [41, 42] sowie auch in [43, 44] die EULERschen Impulsbilanzen (8.17) und (8.18) als Axiome eingeführt werden. Der Begriff „Axiom" schließt den Fakt ein, dass die betreffenden Bilanzen nicht ableitbar sind bzw. keines Beweises bedürfen. Mit der Abfassung der vorliegenden

Kommentare wird die Anwendung des Begriffes „Axiom“ auf die EULERschen Impulsbilanzen vermieden.
Es ist noch die Beziehung zwischen der Punktmechanik und der Kontinuumsmechanik in der Dynamik von [34] zu kommentieren. Im Fall der ebenen Kinetik des starren Körpers werden in [34] unzulässig innere Flächenkräfte zwischen kartesischen Volumenelementen postuliert. Diese Kräfte stammen aus der Festigkeitslehre [35], d. h. der Kontinuumselastostatik deformierbarer Festkörper. Dagegen wird in der räumlichen Kinetik starrer Körper nach [34] die Drehimpulsbilanz der Massenpunktsysteme von S. 286, gültig für ein „System von endlich vielen Massenpunkten“, übernommen für das „System aller Masselemente des betrachteten starren Körpers“, s. [34], S. 658. Die so gewonnene Drehimpulsbilanz bleibt deshalb wie auch die in [30] aus (8.43) mathematisch gefolgerte Drehimpulsbilanz unbegründet.
Die beiden für Massenpunktsysteme gewonnenen Impulsbilanzen (8.30) und (8.35) sowie die beiden von EULER [10, 11] für kontinuierliche Körper und kontinuierliche Lasten angegebenen Impulsbilanzen (8.17) und (8.18) haben in anonymisierter Schreibweise jeweils dieselbe Form (8.31) und (8.39). Werden die punktmechanischen Gleichungen (8.30) und (8.35) in der anonymisierten Form (8.31), (8.39) für kontinuierliche Körper und kontinuierliche Lasten, darunter Flächenkräfte, übernommen und dabei kontinuumsmechanisch wie (8.17) und (8.18) verstanden, so entstehen keine Fehler. Dass die punktmechanische Begründung der Impulsbilanzen auf Basis von (8.30) und (8.35) dann nicht zutrifft, bleibt unbemerkt. Dies ist möglicherweise die Ursache dafür, dass die von EULER in [10, 11] kontinuumsmechanisch begründeten und seit Langem praktisch erprobten kinetischen Bilanzen für kontinuierliche Körper unter kontinuierlichen Lasten häufig von Autoren der Punktmechanik kommentarlos benutzt werden und dabei EULERs diesbezügliche Arbeit nicht zitiert wird. Unter solchen Autoren befinden sich auch berühmte Physiker wie z. B. KIRCHHOFF [45] und andere.
Wie oben bemerkt, kommen die meisten Lehrbücher der Statik und Festigkeitslehre ohne das Konzept des Massenpunktes aus. Und auch die Kinetik starrer Körper mit kontinuierlicher Verteilung von Masse und Volumenkräften sowie Einbeziehung von Flächenkräften beruht auf dem Kontinuumskonzept. Die den Zitaten [30, 34] hier gewidmeten Ausführungen belegen, dass der Übergang von Massenpunktsystemen auf kontinuierliche Körper mit Widersprüchen verbunden ist. Diese Widersprüche entfallen in Lehrbüchern, welche durchgängig auf dem Kontinuumskonzept beruhen. Es muss dann nur zwischen dem Volumenelement des Körpers und dem Körper selbst als Ausgangspunkt der Betrachtung gewählt werden. Dem Volumenelement mangelt es an unmittelbarer Anschaulichkeit und Anwendbarkeit. Die hierfür benötigte Umformung der lokal gültigen Bilanzen in die globalen Versionen erfordert, wie oben zu sehen war, einen

gewissen mathematischen Aufwand (s. a. [15, 26, 37]). Dagegen ist die globale Betrachtung am kontinuierlichen Körper der Anschauung direkt zugänglich, und die erhaltenen Bilanzen können für gegebene äußere Lasten sofort ausgewertet werden. Diese Bilanzen beinhalten gemäß der obigen Argumentation die Prinzipien der Mechanik [5], aus denen in der Literatur andere sogenannte Prinzipien der Mechanik, auch als analytische oder mechanische Prinzipien bezeichnet, auf mathematischem Wege gewonnen werden können, s. z. B. [6, 15, 30, 31, 34, 33]. Hierfür wird der Begriff der virtuellen Verschiebung eingeführt. Die virtuelle Verschiebung entsteht als Differenzial verallgemeinerter Koordinaten bei festgehaltener Zeit (s. z. B. Kapitel 6). Sie ist nicht experimentell messbar. Deshalb sind die sogenannten Prinzipien der Mechanik im Gegensatz zu den Impulsbilanzen der Anschauung nicht unmittelbar zugänglich. Sie haben je nach Anwendungssituation, s. z. B. Kapitel 6, auswertetechnische Vorteile und dienen darüber hinaus als Grundlage für die Entwicklung numerischer Lösungsverfahren. Dies soll hier nicht weiter erörtert werden.
Die Zusammenfassung der vorgelegten Kommentare zu den Grundannahmen von Statik und Kinetik führt zu dem Schluss, dass das auf EULER [10] als Hauptautor zurückgehende Körperkonzept mit den dazugehörigen Impulsbilanzen für eine einführende Lehre der Technischen Mechanik als sehr gut geeignet erscheint. Es wurde deshalb allen Teilen der vorliegenden Einführung in die Technische Mechanik zugrunde gelegt.

Literaturverzeichnis zu Kapitel 8

1. NEWTON, I.: Die mathematischen Prinzipien der Physik, übersetzt und herausgegeben von V. Schüller. Verlag Walter de Gruyter, Berlin 1999. Originaltitel: NEWTON, I.: Philosophiæ Naturalis Principia Mathematica. London 1687, 2. Aufl. 1713, 3. Aufl. 1726
2. TRUESDELL, C.: Essays in the History of Mechanics. Springer-Verlag, Berlin 1968
3. BALKE, H.: Einführung in die Technische Mechanik/Statik. Springer-Verlag, Berlin 2010
4. BALKE, H.: Einführung in die Technische Mechanik/Festigkeitslehre. 3. Aufl., Springer-Verlag, Berlin 2014
5. TRUESDELL, C., TOUPIN, R. A.: The Classical Field Theories. In: Flügge, S. (Hrsg.): Handbuch der Physik, Bd. III/1. Springer-Verlag, Berlin 1960
6. SZABO, I.: Geschichte der mechanischen Prinzipien. Birkhäuser Verlag, Basel 1996

7. STEVIN, S.: Byvough der Weeghconst, Van het Tauwicht (1608). In: Devreese, J. T., Vanden Berghe, G.: 'Magic is No Magic' The Wonderful World of Simon Stevin. WIT Press, Southhampton 2008
8. RECKNAGEL, A.: Physik-Mechanik. VEB Verlag Technik, Berlin 1960
9. ARCHIMEDES von Syrakus: Vorhandene Werke, aus dem Griechischen übersetzt und mit Erläuterungen und kritischen Anmerkungen begleitet von Ernst Nizze. Verlag Carl-Löffler, Stralsund 1824
10. EULER, L.: Nova methodus motum corporum rigidorum determinandi. Novi Commentarii Acad. Sci. Imper. Petrop. 20 (1775) 208–238
11. EULER, L.: Nova methodus motum corporum rigidorum determinandi. Novi Commentarii Acad. Sci. Imper. Petrop. 20 (1775) 208–238. In: Wolfers, J. Ph. (Hrsg.): Leonhard Euler's Theorie der Bewegung fester oder starrer Körper, C.A. Koch's Verlagshandlung, Greifswald 1853
12. SCHNEIDER, M.: Himmelsmechanik, Bd. I: Grundlagen, Determinierung. Wissenschaftsverlag, Mannheim 1992
13. DIJKSTERHUIS, E. J. (Ed.): The Principal Works of Simon Stevin, Volume 1, General Introduction and Mechanics. Swets & Zeitlinger, Amsterdam 1955
14. GALILEI, G.: Unterredungen und mathematische Demonstrationen über zwei neue Wissenszweige, die Mechanik und die Fallgesetze betreffend. Erster bis sechster Tag (1638). Aus dem Italienischen und Lateinischen übersetzt und herausgegeben von A. von Oettingen. Verlag Harri Deutsch, Thun 1995
15. SZABO, I.: Einführung in die Technische Mechanik. Springer-Verlag, Berlin 1963
16. NEWTON, I.: Mathematische Prinzipien der Naturlehre, übersetzt von J. Ph. Wolfers, enthalten in: Die Klassiker der Physik, ausgewählt und eingeleitet von S. Hawking. Verlag Hoffmann und Campe, Hamburg 2004
17. BERTRAM, A.: Geschichtliches. E-Mail vom 06.02.2014
18. EINSTEIN, A., INFELD, L.: Die Evolution der Physik. Anaconda Verlag, Köln 2014
19. LÜDERS, K., POHL, R. O.: Pohls Einführung in die Physik, Band 1: Mechanik, Akustik und Wärmelehre. Springer Spektrum, Berlin 2017
20. EULER, L.: Mechanica sive motus scientia analytice exposita. T. 1. Ex Typographia Academiae Scientiarum, Petropoli 1736. In: Wolfers, J. Ph. (Hrsg.): Leonhard Euler's Mechanik oder analytische Darstellung der Wissenschaft von der Bewegung. Erster Theil. C. A. Koch's Verlagshandlung, Greifswald 1848
21. EINSTEIN, A.: Newtons Mechanik und ihr Einfluß auf die Gestaltung der theoretischen Physik. In: Einstein, A.: Mein Weltbild. Ullstein Verlag 2010

22. EULER, L.: Theoria motus corporum solidorum seu rigidorum. Rostochii et Gryphiswaldiae litteris et impensis 1765. In: Wolfers, J. Ph. (Hrsg.): Leonhard Euler's Theorie der Bewegung fester oder starrer Körper. C. A. Koch's Verlagshandlung, Greifswald 1853
23. KÖNIG, G.: Die Uhr: Geschichte, Technik, Stil. Koehler und Amelang, Berlin 1991
24. D'ALEMBERT, J. L.: Abhandlung über Dynamik, übersetzt und herausgegeben von Arthur Korn. Verlag von Wilhelm Engelmann, Leipzig 1899. Originaltitel: D'ALEMBERT, J. L.: Traité des Dynamique. Paris 1743, 2. Aufl. 1758
25. SPURK, J. H., AKSEL, N.: Strömungslehre, Einführung in die Theorie der Strömungen. Springer-Verlag, Berlin 2007
26. HAMEL, G.: Elementare Mechanik. Teubner, Leipzig 1912
27. HAMEL, G.: Theoretische Mechanik. Springer-Verlag, Berlin 1949
28. TRUESDELL, C.: Die Entwicklung des Drallsatzes. Z. Angew. Math. u. Mech. 44 (1964) 149–158
29. MAHNKEN, R.: Lehrbuch der Technischen Mechanik, Dynamik. Eine anschauliche Einführung. Springer-Verlag, Berlin 2012
30. GROSS, D., HAUGER, W., SCHRÖDER, J., WALL, W. A.: Technische Mechanik 3/Kinetik. Springer-Verlag, Berlin 2019
31. GROSS, D., HAUGER, W., SCHRÖDER, J., WALL, W. A.: Technische Mechanik 1/Statik. Springer-Verlag, Berlin 2016
32. GROSS, D., HAUGER, W., SCHRÖDER, J., WALL, W. A.: Technische Mechanik 2/Elastostatik. Springer-Verlag, Berlin 2017
33. HIBBELER, R. C.: Technische Mechanik 1/Statik. Pearson, München 2012
34. HIBBELER, R. C.: Technische Mechanik 3/Dynamik. Pearson, München 2012
35. HIBBELER, R. C.: Technische Mechanik 2/Festigkeitslehre. Pearson Studium, München 2006
36. MAGNUS, K., MÜLLER-SLANY, H. H.: Grundlagen der Technischen Mechanik. 6. Aufl., Teubner, Stuttgart 1990 und 7. Aufl., Springer Fachmedien, Wiesbaden 2005
37. PARKUS, H.: Mechanik der festen Körper. Springer-Verlag, Wien 1966
38. BREMER, H.: Dynamik und Regelung mechanischer Systeme. Teubner, Stuttgart 1988
39. GOTTSTEIN, G.: Materialwissenschaft und Werkstofftechnik. Springer-Verlag, Berlin 2014
40. SHACKELFORD, J. F.: Werkstofftechnologie für Ingenieure. Pearson Studium, München 2005
41. KREISSIG, R., BENEDIX, U.: Höhere Technische Mechanik, Lehr- und Übungsbuch. Springer-Verlag, Wien 2002

42. GUMMERT, P., RECKLING, K.-A.: Mechanik. Friedr. Vieweg & Sohn, Braunschweig 1987
43. KÜHHORN, A., SILBER, G.: Technische Mechanik für Ingenieure. Hüthig Verlag, Heidelberg 2000
44. BERTRAM, A.: Magdeburger Vorlesungen zur Technischen Mechanik. Otto-von-Guericke Universität, Magdeburg 2016 (im Internet frei zugänglich)
45. KIRCHHOFF, G.: Vorlesungen über Mechanik. 4. Aufl., B. G. Teubner, Leipzig 1897

Ergänzende und weiterführende Literatur

Bronstein, I.N., Semendjajew, K.A., Musiol, G., Mühlig, H.: Taschenbuch der Mathematik. Verlag Harri Deutsch, Frankfurt a.M. 2001

Bruhns, O.: Elemente der Mechanik I/Einführung, Statik. Shaker Verlag, Aachen 2001

Bruhns, O.: Elemente der Mechanik II/Elastostatik. Shaker Verlag, Aachen 2002

Bruhns, O.: Elemente der Mechanik III/Kinetik. Shaker Verlag, Aachen 2004

Szabo, I.: Höhere Technische Mechanik. Springer-Verlag, Berlin 2001

Sayir, M.B., Dual, J., Kaufmann, S.: Ingenieurmechanik 1/Grundlagen und Statik. B.G. Teubner Verlag, Wiesbaden 2004

Sayir, M.B., Dual, J., Kaufmann, S.: Ingenieurmechanik 2/Deformierbare Körper. B.G. Teubner Verlag, Wiesbaden 2004

Sayir, M.B., Kaufmann, S.: Ingenieurmechanik 3/Dynamik. B.G. Teubner Verlag, Wiesbaden 2005

Magnus, K.: Kreisel, Theorie und Anwendungen. Springer-Verlag, Berlin 1971

Pfeiffer, F., Schindler, T.: Einführung in die Dynamik. Springer-Verlag, Berlin 2014

Schiehlen, W., Eberhard, P.: Technische Dynamik. Springer Vieweg, Wiesbaden 2017

Weigand, A.: Einführung in die Berechnung mechanischer Schwingungen. VEB Fachbuchverlag, Leipzig 1965 (Bd. I, 3. Aufl.), 1962 (Bd. II, 2. Aufl.), 1962 (Bd. III)

Magnus, K., Popp, K.: Schwingungen. B.G. Teubner, Stuttgart 2005

Dresig, H., Holzweißig, F.: Maschinendynamik. Springer-Verlag, Berlin 2012

Malkin, J.G.: Theorie der Stabilität einer Bewegung. Akademie-Verlag, Berlin 1959

Ziegler, F.: Technische Mechanik der festen und flüssigen Körper. Springer-Verlag, Wien 1998

H. Balke, *Einführung in die Technische Mechanik*,
https://doi.org/10.1007/978-3-662-59096-6

Index

H. Balke, *Einführung in die Technische Mechanik*,
https://doi.org/10.1007/978-3-662-59096-6

Printed in the United States
By Bookmasters